科学出版社“十四五”普通高等教育本科规划教材

高等数学

（基础版）

（第三版）

主　编　王文强　朱　玮　杨　柳

副主编　朱少茗　朱　砾

科学出版社

北　京

内 容 简 介

本书是湘潭大学文科高等数学教学改革课题组编写的《高等数学》的第三版. 本书结合编者近几年湖南省线下一流课程的课程建设与教学改革实践，遵循模块化教学的要求与新时期教材改革的精神进行修订而成. 本次修订保留了第一、二版中的模块设置和风格，为了方便学生更好地自主学习，对部分内容进行了适当的增补和调整，以帮助学生提高数学素养、培养创新意识、支撑专业学习.

本书分基础版、加强版两册出版. 基础版为必修模块，包括函数与极限基础、函数微分学基础、一元函数积分学基础、微分方程初步等内容. 书末附有常见的数学公式、符号与希腊字母，常用积分公式，常见曲线及其方程，数学归纳法. 此外，本书通过二维码链接阅读材料和部分习题参考答案，供读者学习参考.

本书体系完整、结构严谨、逻辑清晰、叙述清楚、通俗易懂，例题与习题较多，可供高等院校文科类 (含经济、管理类) 专业的学生作为教材使用.

图书在版编目（CIP）数据

高等数学 ：基础版 / 王文强，朱玮，杨柳主编. 3 版. -- 北京：科学出版社，2025. 6. -- (科学出版社“十四五”普通高等教育本科规划教材).
ISBN 978-7-03-080775-5

Ⅰ. O13

中国国家版本馆 CIP 数据核字第 2024Z0Y974 号

责任编辑：王　静　贾晓瑞 / 责任校对：杨聪敏
责任印制：吴兆东 / 封面设计：陈　敬

科学出版社 出版
北京东黄城根北街 16 号
邮政编码: 100717
http://www.sciencep.com

北京华宇信诺印刷有限公司印刷
科学出版社发行　各地新华书店经销

*

2010 年 6 月第　一　版　开本: 720×1000　1/16
2016 年 8 月第　二　版　印张: 17 1/2
2025 年 6 月第　三　版　字数: 353 000
2026 年 1 月第二十四次印刷

定价：59.00 元

(如有印装质量问题，我社负责调换)

前　言

本书是在第一、二版原有的基础上, 结合编者近几年湖南省线下一流课程“高等数学 (文科类)”课程建设与教学改革实践, 遵循模块化教学的要求与新时期教材改革、课程思政的精神再次对教材进行修订. 在修订过程中, 坚持保留教材的模块设置和风格, 坚持保持与中学数学课程标准的无缝衔接, 吸收当前大学数学教学改革中一些成功的举措, 适应当前大学数学教与学的新要求.

为了更好地服务教师探究式教学与学生自主性学习, 此次修订对部分章节内容进行了增删, 使得本书涵盖的内容紧贴全国研究生入学考试大纲的要求, 更好地适应中学数学课程改革带来的新变化, 进而实现课程思政的目标.

本教材自 2010 年第一版出版以来, 我们收到广大同行和读者在教学实践或学习过程中提出的宝贵意见和建议, 使得教材通过多次修订后, 质量与内容都得到了很好的提升. 在此对他们表示衷心的感谢.

本教材的出版一直得到科学出版社的大力支持与关爱, 第二版入选了科学出版社“十三五”普通高等教育本科规划教材, 第三版入选了科学出版社“十四五”普通高等教育本科规划教材. 在此感谢科学出版社对本书的支持.

本教材的出版一直得到湘潭大学教务处、数学与计算科学学院的大力支持与资助, 得到湖南省普通高等学校教学改革研究项目“新时代新高考背景下文科高等数学课程建设探索与实践”资助.

此次修订具体工作由王文强、朱玮、杨柳、朱少茗、朱砾分工负责完成.

尽管通过了多次修订, 教材中依旧难免存在疏漏不足之处, 恳请广大专家、学者及读者批评指正.

编　者

2024 年 8 月

第二版前言

本书第二版是在第一版的基础上，根据我们近几年的教学改革实践，遵循模块化教学的要求与新时期教材改革的精神进行修订的. 因此，在修订中，保留了原教材的模块设置和风格，同时注意吸收当前教学改革中一些成功的举措，使得新版能更适应当前教与学的需要.

新版为了更好地与中学数学教学相衔接，基础版增加了空间解析几何简介这部分内容，充实了反三角函数的内容，将极坐标与常见曲线的方程相关内容作为附录放在书末，以方便学生查看.

根据本书初版以来广大同行和读者在教学实践中的意见和建议，对第一版中存在的不足之处作了修订，包括本书基础版、加强版内容的适当调整. 将基础版第 1 章中数项级数简介的内容移至加强版第 3 章中.

本书的修订工作由湘潭大学文科高等数学教学改革课题组全体成员朱砾、王文强、刘韶跃、唐树江、杨柳、颜艳华完成.

第二版中难免依旧存在疏漏不足之处，恳请广大专家、学者及读者批评指正.

编　者

2016 年 5 月

第一版前言

在现行的数学课程标准中, 部分属于大学数学的教学内容下放到中学, 而以往部分属于初等数学的教学内容没有涉及; 并且在教学中提倡选用与生活实际密切相关的素材、现实世界中的常见现象或其他科学的实例, 展现数学的概念、结论, 体现数学的思想、方法, 忽略一些抽象的推理与证明.

为了更好地与中学数学教学相衔接, 帮助文科类 (含经济、管理类) 专业的学生掌握、理解高等数学基础知识, 掌握基本方法与技能, 我们组织了数位工作在教学一线的中青年教师, 针对模块化教学的特点, 结合自身多年的教学实践和教学经验, 考虑到不同专业的要求和跨专业学习的需求, 编写了本书. 本书采用与传统教材不一样的分级模块形式, 针对文科类 (含经济、管理类) 专业对高等数学的不同要求, 将课程内容分成 8 个模块, 分基础版和加强版出版. 基础版内容含 4 个必修模块: 函数与极限基础, 函数微分学基础,一元函数积分学基础, 微分方程初步, 所需教学课时约 64 学时; 加强版内容含 4 个选修模块: 极限、连续与导数续论, 微分中值定理与导数的应用, 二重积分与无穷级数, 微分方程与差分方程, 所需教学课时约 80 学时. 每个模块又由相应的子模块组成, 可根据专业需要选修相关的模块及子模块. 本书可作为高等院校文科类 (含经济、管理类) 专业高等数学课程教材, 也可供自学者使用.

本书特色鲜明, 尽量做到知识点由浅入深、由粗到细, 希望能保持学生学习的统一性与连贯性.

在基础版中, 我们放弃传统意义下的经典, 尽可能地绕开数学的抽象, 试图以直观、描述性的形式来展示数学的内涵, 而对于知识点则试图广泛涉及, 即追求宽度、广度而不是深度. 例如, 不介绍极限的 “ε-N” 或 “ε-δ” 定义, 不局限于一元函数的讲授. 适合全体文科类 (含经济、管理类) 专业选用.

在加强版中, 我们力求重拾传统的经典. 针对学生的学习要求, 培养对数学抽象的理解, 让他们尽可能地理解高等数学的专业术语, 养成严格的数学思维, 能够较好地利用数学工具, 并以严谨、抽象的形式来展示数学的内涵, 增加对知识点进一步理解与掌握, 尽量做到刨根究底, 追求深度. 适合经济、管理类专业选用.

本书的编写得到湘潭大学教务处、数学与计算科学学院的大力支持.

由于我们水平有限, 成书仓促, 书中难免有疏漏之处, 请有关专家、学者及使用本书的老师、同学和读者批评指正.

编　者

2010 年 6 月于湘潭

目　录

第 1 章　函数与极限基础

静止是相对的, 运动是绝对的, 如何描述事物的运动状态是高等数学与初等数学对函数研究的关键区别. 函数与极限是高等数学这门课程最基本的核心概念, 其中函数是 “灵魂”, 极限是 “基础”, 极限思想和极限理论既是重点又是难点, 将直接影响到后续章节的学习.

本章从简单介绍 $\mathbf{R}^n$ 空间入手, 试图通过几何直观到数学的抽象来思考问题, 然后讨论函数及其图形, 以直观的形式给出极限在不同情形下的概念, 并介绍一些简单极限的计算方法.

1.1　$\mathbf{R}^n$ 空间简介

1. 了解 $\mathbf{R}^n$ 空间、距离、邻域等基本概念;
2. 熟知 $\mathbf{R}^n$ 空间的距离公式;
3. 注意区分 $\mathbf{R}^1$ 空间中几类常见的邻域的异同.

1.1.1　$\mathbf{R}^n$ 空间

空间不是一个陌生的词语, 人们常说的有: 生存空间、生活空间、私人空间等. 如何描述空间呢？在数学上, 空间是由满足一定 “关系” 的点组成的集合. 研究空间就是如何确定空间中的点及其关系. 例如: 当描述一个物体在空间中的位置时, 通常采用以下三种不同的描述方式: 一是按 “上下东西南北” 的方式; 二是按 “上下前后左右” 的方式; 三是按 “内外” 的方式. 其共同的特点是必须选择一个具体参照物的位置为基准点 (参照点), 然后才可以进行正确的描述.

人们常说数学的美在于抽象. 例如, 对于 “上下”“前后”“左右” 的描述方式, 如果只考虑其中一对方向上的位置, 那么, 数学上都抽象成用带方向的直线——数轴 (常用字母 $x, y, z, \cdots$) 来表示. 习惯上, 如果该直线是左右方向 (或说水平) 的, 则选右方为正向; 如果该直线是上下方向的, 则选上方为正向; 如果该直线是前后方向的, 则选前方为正向.

下面以考虑 “左右” 一对方向为例: 以坐标原点 O 表示参照点, 一条水平方向的数轴如图 1.1 所示, 若得知在 $x_1 = -3$ 处位置, 就可以明确该位置是在坐标原点 O 的左侧, 距离坐标原点 O 为 3 个单位长度的地方. 同理, 若得知在 $x_2 = 3$

处位置, 可以明确该位置是在坐标原点 O 的右侧, 距离坐标原点 O 为 3 个单位长度的地方.

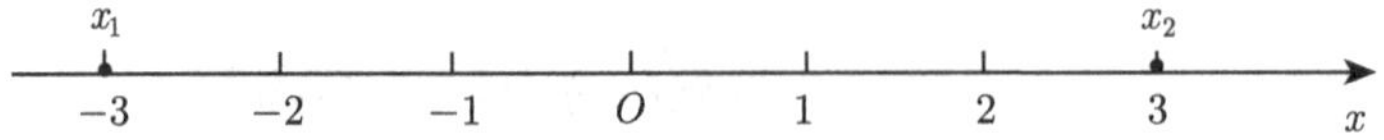

图 1.1

在直线上, 任意选定一个原点 O、一个正向 (正向有两种可能的情形) 和一个单位长度, 该直线就叫做**数轴**.

这里借助符号 "+" 和 "−" 来表示正向和负向, 用数值的大小来表示与原点 O 距离的远近. 因此, 数轴上的点和实数之间建立了一种 "一一对应" 关系, 即不仅数轴上每一点 P 确定唯一的一个实数 x, 而且每一个实数 x 也确定数轴上唯一的一点 P. 常常将点 P 称为点 x, 而不加以区分. 若以 O 为起点, P 为终点, 可以唯一确定一个向量 $\overrightarrow{OP}$, 且有

$$\overrightarrow{OP} = x,$$

如图 1.2 所示.

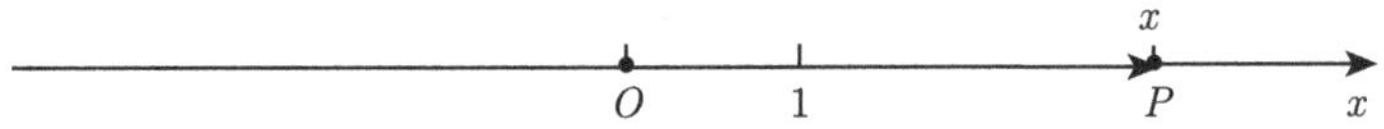

图 1.2

对应于数轴上一点 P 的实数 x 也叫做点 P **的坐标**, 数轴也可以称为**坐标轴**, 用 Ox 表示, 对应地称为 x **轴**.

与现实生活中一样, 当既要考虑 "左右" 方向, 又要考虑 "前后" 方向时, 可以借助两条相互垂直的数轴来表示, 即平面直角坐标系, 如图 1.3 所示.

在平面直角坐标系下, 有序实数对 (x,y) 表示平面所有点的位置. 类似于数轴的情形, 平面上的点和实数对 (x,y) 之间建立了一种 "一一对应" 关系, 即不仅平面上每一点 P 确定唯一的一个实数对 (x,y), 而且每一个实数对 (x, y) 也确定平面上唯一的一点 P. 也常常将点 P 称为点 (x,y), 而不加以区分. 若以 O 为起点, P 为终点, 可以唯一确定一个向量 $\overrightarrow{OP}$, 且有

$$\overrightarrow{OP} = (x,y)\,.$$

如图 1.4 所示.

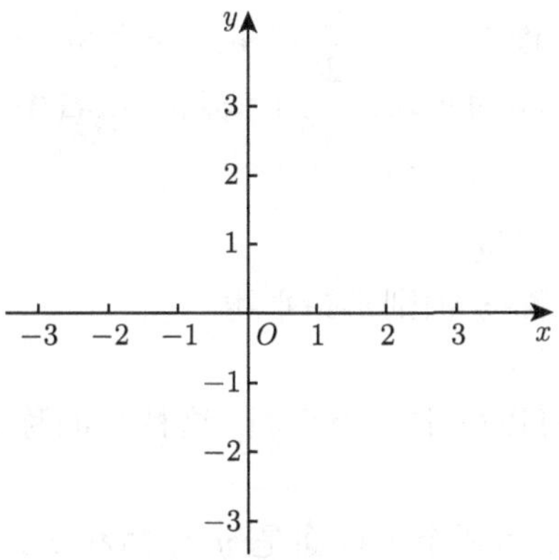

图 1.3

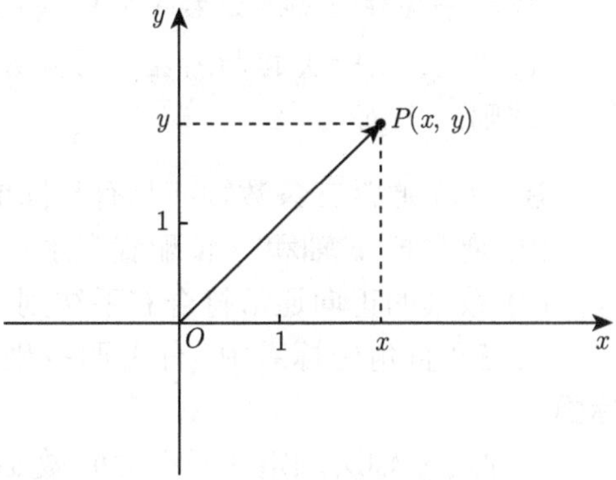

图 1.4

对应于平面上一点 P 的有序实数对 (x,y) 叫做**点 P 的坐标**, 数轴称为**坐标轴**, 分别用 Ox 和 Oy 表示, 对应地分别称为 x **轴**和 y **轴**, 或**横轴**和**纵轴**.

在现实生活中, 当不仅要考虑 "左右" 与 "前后" 位置关系, 而且还要考虑 "上下" 位置时, 可通过建立空间直角坐标系来描述, 即如图 1.5 所示: 在空间取一定点 O 和三个两两垂直的单位向量, 就确定了三条都以 O 为原点的两两垂直的数轴, 依次记为 x 轴 (横轴)、y 轴 (纵轴)、z 轴 (竖轴), 统称为**坐标轴**. 它们构成一个空间直角坐标系, 称为 $Oxyz$ **坐标系**.

各轴正向之间的顺序通常按下述法则确定 (图 1.6):

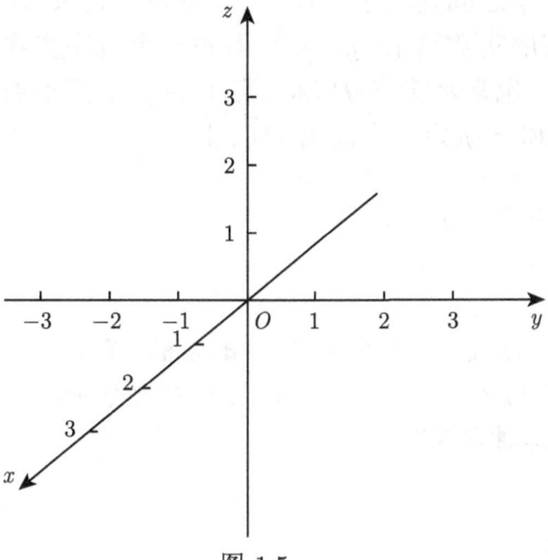

图 1.5

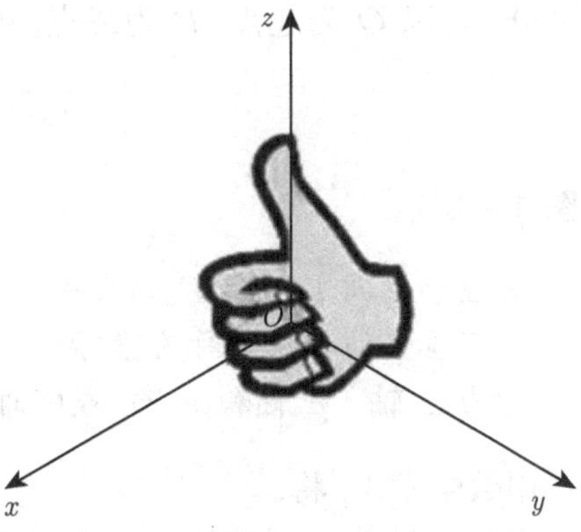

图 1.6

以右手握住 z 轴, 让右手的四指从 x 轴的正向, 以 $\frac{\pi}{2}$ 的角度转向 y 轴的正向, 这时大拇指所指的方向就是 z 轴的正向. 这个法则叫做**右手法则**.

注 (1) 通常三条数轴应具有相同的长度单位.

(2) 通常把 x 轴和 y 轴配置在水平面上, 而 z 轴则是铅垂线.

(3) 数轴的正向通常符合右手法则.

在空间直角坐标系中, 任意两条坐标轴可以确定一个平面, 这种平面称为**坐标面**.

x 轴及 y 轴所确定的坐标面叫做 xOy 面, 另两个坐标面是 yOz 面和 zOx 面.

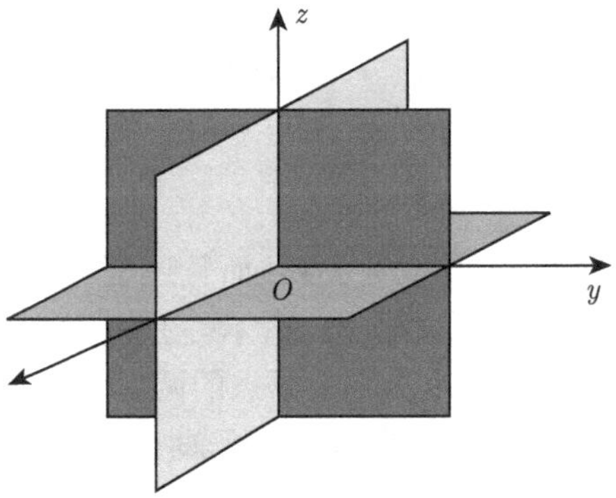

图 1.7

如图 1.7 所示: 三个坐标面把空间分成八个部分, 每一部分叫做**卦限**. 含有三条正半轴的卦限叫做第一卦限, 它位于 xOy 面的上方. 在 xOy 面的上方, 按逆时针方向排列着第二卦限、第三卦限和第四卦限. 在 xOy 面的下方, 与第一卦限对应的是第五卦限, 按逆时针方向还排列着第六卦限、第七卦限和第八卦限. 八个卦限分别用字母 Ⅰ、Ⅱ、Ⅲ、Ⅳ、Ⅴ、Ⅵ、Ⅶ、Ⅷ 表示.

类似于平面的情形, 借助有序实数组 (x, y, z) 来表示空间所有点的位置. 同理可得, 空间上的点和有序数组 (x, y, z) 之间建立了一种 "一一对应" 关系, 即不仅空间上每一点 P 确定唯一的一个有序实数组 (x, y, z), 而且每一个有序实数组 (x, y, z) 也确定空间上唯一的一点 P. 也常常将点 P 称为点 (x, y, z), 而不加以区分. 若以 O 为起点, P 为终点, 可以唯一确定一个向量 $\overrightarrow{OP}$, 且有

$$\overrightarrow{OP} = (x, y, z).$$

如图 1.8 所示.

对应于空间上一点 P 的有序实数组 (x, y, z) 也叫做点 P 的**坐标**, 三条相互垂直的数轴也称为**坐标轴**, 分别用 Ox, Oy 和 Oz 表示, 对应地分别称为 x **轴**、y **轴**和 z **轴**, 或**横轴**、**纵轴**和**竖轴**.

用数学术语, 将:

实数 x 称为 1 维实数组或 1 **维向量**;

有序实数对 (x, y) 称为 2 维实数组或 2 **维向量**;

有序实数组 (x, y, z) 称为 3 维实数组或 3 **维向量**.

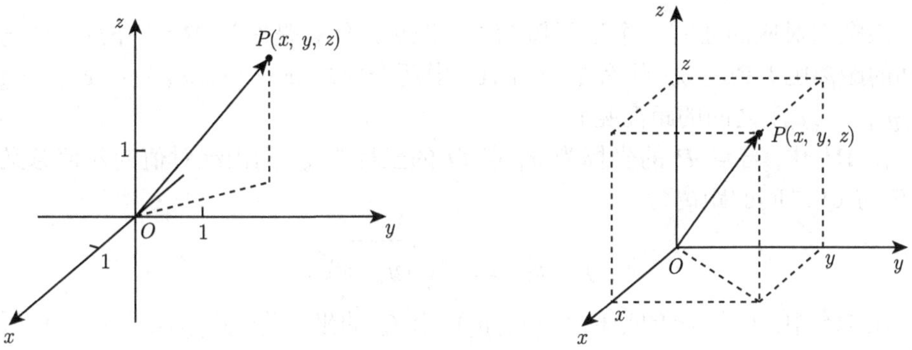

图 1.8

而且

所有 1 维实数组构成的集合称为 1 **维空间**, 记为 $\mathbf{R}$ 或 $\mathbf{R}^1$;

相应地,

所有 2 维实数组构成的集合称为 2 **维空间**, 记为 $\mathbf{R}^2$;

所有 3 维实数组构成的集合称为 3 **维空间**, 记为 $\mathbf{R}^3$.

在生产实践活动过程中, 因为时间对认识世界也很重要, 所以常常需要考虑 3 维空间中的点在不同时刻的位置, 类似地引入上述的描述方式, 在 3 维空间的基础上增加对时间度量 t 的考虑, 故可采用 4 维实数组 (x, y, z, t) 来表示, 虽然此时已经无法用几何直观来表达了, 但依旧类似上述表述方式, 定义如下:

所有 4 维实数组 (x, y, z, t) 构成的集合称为 4 **维空间**, 记为 $\mathbf{R}^4$.

更一般地, 有

定义 1.1.1 所有 n 维实数组 $(x_1, x_2, \cdots, x_n)$ 构成的集合称为 n **维空间**, 记为 $\mathbf{R}^n$, 即

$$\mathbf{R}^n = \{(x_1, x_2, \cdots, x_n) \,|x_i \in \mathbf{R}, i = 1, 2, \cdots, n\},$$

其中 n 维实数组 $(x_1, x_2, \cdots, x_n)$ 称为 n **维向量**, 通常用希腊字母 $\boldsymbol{\alpha}, \boldsymbol{\beta}, \boldsymbol{\gamma}$ 或粗体的 $\boldsymbol{x}, \boldsymbol{y}, \boldsymbol{z}$ 等表示, $x_i (i = 1, 2, \cdots, n)$ 称为**向量的第 i 个分量** (或第 i 个坐标).

注 空间的点与向量形成了“一一对应”, 因此在以后的章节里, 只要不会引起混淆, 常常不再加以区分.

在 n 维空间 $\mathbf{R}^n$ 中, 通常还定义以下两种运算.

设 $\boldsymbol{\alpha}=(x_1,x_2,\cdots,x_n)$, $\boldsymbol{\beta}=(y_1,y_2,\cdots,y_n)\in\mathbf{R}^n$, c 为实数, 则
(1) **加法**　$\boldsymbol{\alpha}+\boldsymbol{\beta}=(x_1+y_1,x_2+y_2,\cdots,x_n+y_n)$;
(2) **数乘**　$c\boldsymbol{\alpha}=c(x_1,x_2,\cdots,x_n)=(cx_1,cx_2,\cdots,cx_n)$.

跟空间对应的还有一个重要概念——距离. 什么是空间 $\mathbf{R}^n$ 中两点 P 与 Q 之间的距离呢? 或者说, 什么是空间 $\mathbf{R}^n$ 中两个向量 $\boldsymbol{x}=(x_1,x_2,\cdots,x_n)$ 与 $\boldsymbol{y}=(y_1,y_2,\cdots,y_n)$ 之间的距离呢?

在 $\mathbf{R}^1$ 中, 若点 P 的坐标为 x, 点 Q 的坐标为 y, 则由绝对值的几何意义知: 点 P 与 Q 之间的距离为

$$|y-x| \quad \text{或} \quad \sqrt{(y-x)^2}.$$

在 $\mathbf{R}^2$ 中, 若点 P 的坐标为 (x_1,y_1), 点 Q 的坐标为 (x_2,y_2), 如图 1.9 所示, 则由平面几何中勾股定理可知: 点 P 与 Q 之间的距离为

$$\sqrt{(x_2-x_1)^2+(y_2-y_1)^2}.$$

在 $\mathbf{R}^3$ 中, 若点 P 的坐标为 (x_1,y_1,z_1), 点 Q 的坐标为 (x_2,y_2,z_2), 如图 1.10 所示, 则由立体几何中长方体对角线长度的计算公式知: 点 P 与 Q 之间的距离为

$$\sqrt{(x_2-x_1)^2+(y_2-y_1)^2+(z_2-z_1)^2}.$$

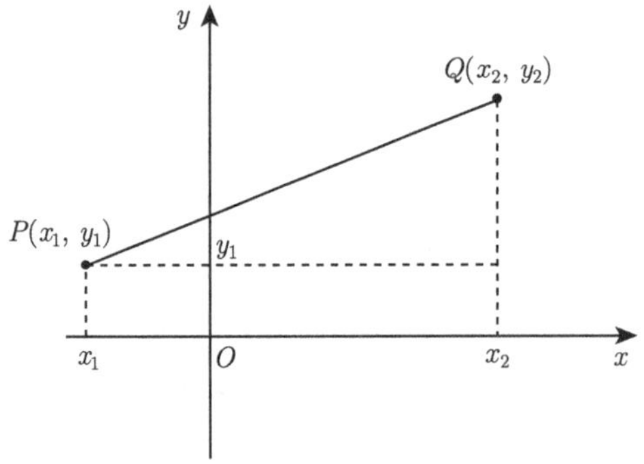

图 1.9

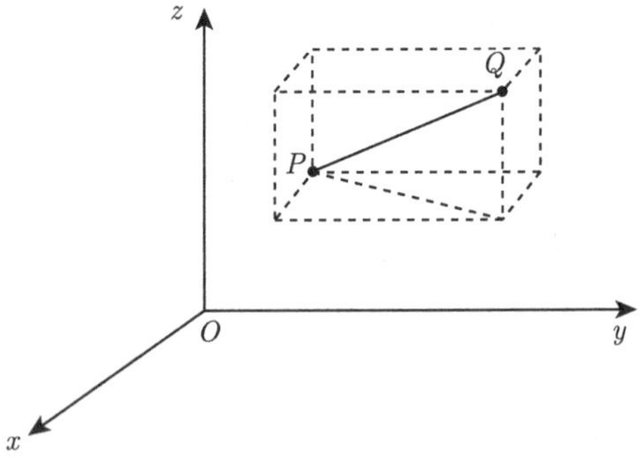

图 1.10

根据中学的几何知识, 不难看出上述两点之间的距离公式的实质是: 连接两点 P 与 Q 的线段的长度.

一般地, 在 $\mathbf{R}^n$ 中, 若点 P 的坐标为 $(x_1,x_2,\cdots,x_n)$, 点 Q 的坐标为 $(y_1,y_2,\cdots,y_n)$, 定义点 P 与 Q 之间的距离为

$$\sqrt{(y_1-x_1)^2+(y_2-x_2)^2+\cdots+(y_n-x_n)^2}.$$

记为 $|PQ|$, $|\boldsymbol{x}-\boldsymbol{y}|$ 或 $d(\boldsymbol{x},\boldsymbol{y})$, 即

$$|\boldsymbol{x}-\boldsymbol{y}|=\sqrt{(y_1-x_1)^2+(y_2-x_2)^2+\cdots+(y_n-x_n)^2}.$$

特别地, 当点 Q 与原点 O 重合时, 或者说 $(y_1,y_2,\cdots,y_n)=(0,0,\cdots,0)$ 时, 有

$$|\boldsymbol{x}|=\sqrt{x_1^2+x_2^2+\cdots+x_n^2}.$$

称 $|\boldsymbol{x}|$ 为向量 $\boldsymbol{x}$ 的**模**或**长度**.

设 $\boldsymbol{x},\boldsymbol{y}$ 为 $\mathbf{R}^n$ 中的向量, c 为实数, 可以验证向量的模具有下列性质:

(1) $|\boldsymbol{x}|\geqslant 0$, $|\boldsymbol{x}|=0$ 当且仅当 $\boldsymbol{x}=\mathbf{0}$;

(2) $|\boldsymbol{x}+\boldsymbol{y}|\leqslant|\boldsymbol{x}|+|\boldsymbol{y}|$;

(3) $|c\boldsymbol{x}|=|c||\boldsymbol{x}|$.

1.1.2 邻域

邻域是一个在高等数学中经常用到的概念, 同时也是一个极其重要的概念. 直观地说, **点 $\boldsymbol{x}_0$ 的 δ 邻域**是指位于定点 $\boldsymbol{x}_0$ 周围的点的集合, 其中每个点 $\boldsymbol{x}$ 与定点 $\boldsymbol{x}_0$ 的距离小于定长 δ, δ 通常是很小的正数. 换而言之, 一个点的邻域是包含这个点的集合, 可以稍微"抖动"一下这个点而不会离开这个集合.

在 $\mathbf{R}^n$ 中, 点 $\boldsymbol{x}_0$ 的 δ 邻域 $U(\boldsymbol{x}_0,\delta)=\{\boldsymbol{x}\in\mathbf{R}^n\,|\,|\boldsymbol{x}-\boldsymbol{x}_0|<\delta\}$.

从图形上看, 邻域可以看作是 $\mathbf{R}^1$(数轴) 中开区间概念的推广.

考虑 $\mathbf{R}^1$ 中开区间 (a,b), 若记

$$x_0=\frac{a+b}{2},\quad \delta=\frac{b-a}{2},$$

则有

$$U(x_0,\delta)=\{x|\,|x-x_0|<\delta\}=\{x|\,x_0-\delta<x<x_0+\delta\}=(a,b),$$

如图 1.11 所示.

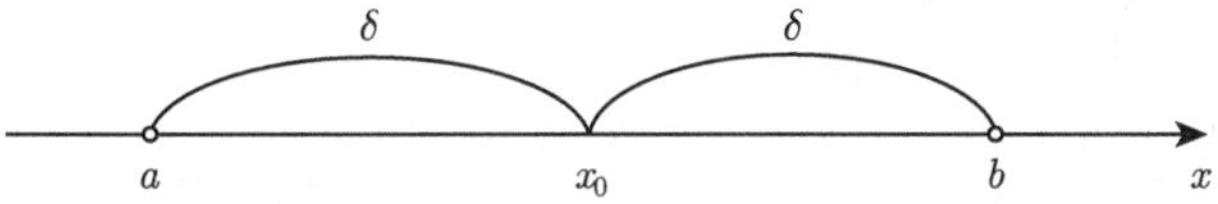

图 1.11

$\mathbf{R}^1$ 中点 x_0 的 δ 邻域就是到定点 x_0 的距离小于定长 $\delta>0$ 的所有点 x 的集合.

如图 1.12 所示, 在 $\mathbf{R}^2$ 中有

$$U(\boldsymbol{x}_0,\delta)=\left\{\boldsymbol{x}\in\mathbf{R}^2\big|\,|\boldsymbol{x}-\boldsymbol{x}_0|<\delta\right\}$$

表示的是以点 $\boldsymbol{x}_0$ 为圆心, $\delta>0$ 为半径的圆盘, 其中不包含边界圆

$$\left\{\boldsymbol{x}\in\mathbf{R}^2\big|\,|\boldsymbol{x}-\boldsymbol{x}_0|=\delta\right\}.$$

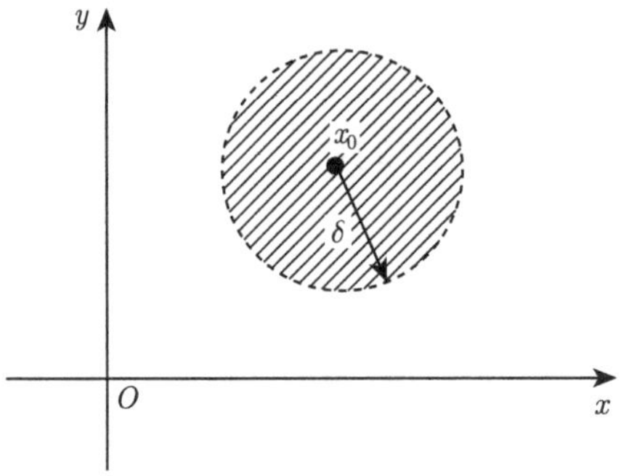

图 1.12

下面介绍一些跟邻域密切相关的概念.

点 $\boldsymbol{x}_0$ 的去心 δ 邻域, 记为

$$\mathring{U}(\boldsymbol{x}_0,\delta)=\{\boldsymbol{x}\mid 0<|\boldsymbol{x}-\boldsymbol{x}_0|<\delta\}.$$

特别在 $\mathbf{R}^1$ 中跟邻域相关的概念还有

点 x_0 的 δ 右邻域, 如图 1.13 所示, 记为

$$U_+(x_0,\delta)=\{x\,|x_0\leqslant x<x_0+\delta\};$$

点 x_0 的去心 δ 右邻域, 如图 1.14 所示, 记为

$$\mathring{U}_+(x_0,\delta)=\{x\,|x_0<x<x_0+\delta\};$$

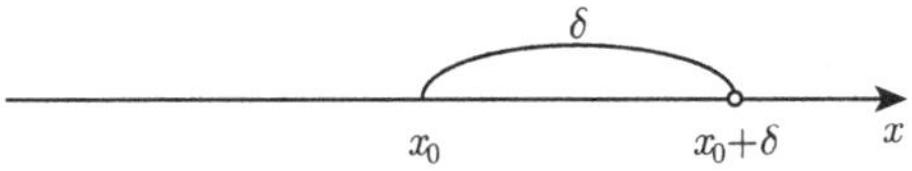

图 1.13

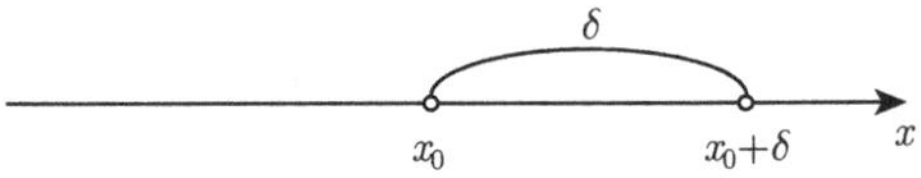

图 1.14

点 x_0 的 δ 左邻域, 如图 1.15 所示, 记为

$$U_-(x_0,\delta)=\{x\,|x_0-\delta<x\leqslant x_0\};$$

点 x_0 的去心 δ 左邻域, 如图 1.16 所示, 记为

$$\mathring{U}_-(x_0,\delta)=\{x\,|x_0-\delta<x<x_0\}.$$

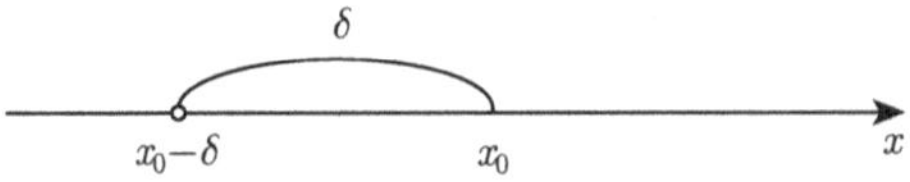

图 1.15

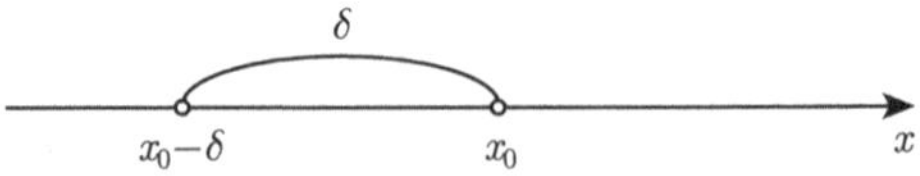

图 1.16

特别地, 若不需要指明邻域的大小, 常用 $U(\boldsymbol{x}_0)$ 表示 $\boldsymbol{x}_0$ 的邻域.

1.1.3 平面区域

如图 1.17 所示, 设 E 是一平面点集, 点 $M_0 \in E$, 如果存在 M_0 的一个邻域 $U(M_0,\varepsilon)$, 使得 $U(M_0,\varepsilon) \subset E$, 则称 M_0 是 E 的**内点**. 设 $M_1 \notin E$, 如果存在 M_1 的一个 η 邻域 $U(M_1,\eta)$, 使得 $U(M_1,\eta)$ 中没有 E 的点, 则称 M_1 是 E 的**外点**. 设 M^* 是平面上的一点, 如果对 M^* 的任何邻域 $U(M^*,\varepsilon)$, 都既含有 E 的点, 又含有非 E 中的点, 则称 M^* 为 E 的**边界点**, E 的边界点的全体称为 E 的**边界**, 记作 ∂E. 显然, E 的边界点可能属于 E, 也可能不属于 E.

如果 E 的每一个点都是 E 的内点, 则称 E 为**开集**.

如图 1.18 所示, 设平面点集

$$D = \left\{(x, y)\,|1 \leqslant x^2 + y^2 < 4\right\},$$

则满足 $1 < x^2 + y^2 < 4$ 的所有点都是 D 的内点; 满足 $x^2 + y^2 = 1$ 的所有点是 D 的边界点, 它们都属于 D; 满足 $x^2 + y^2 = 4$ 的所有点也是 D 的边界点, 但它们都不属于 D.

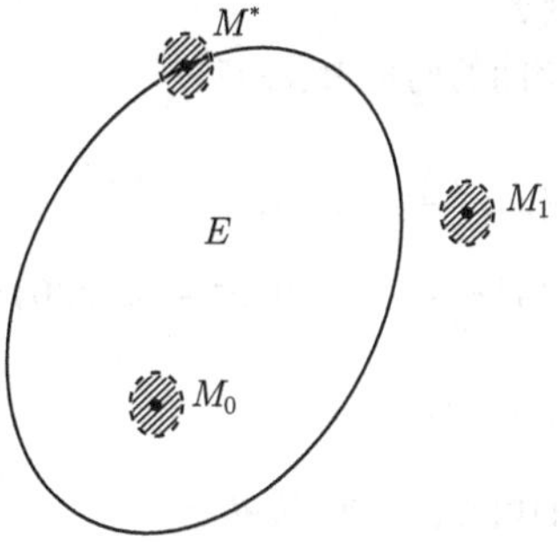

图 1.17

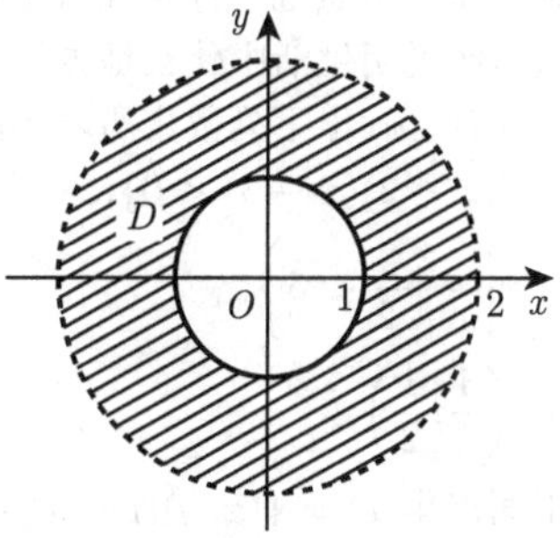

图 1.18

设 E 是一个点集, 并且 E 中任何两点 M_1 和 M_2 之间都可以用有限条含于 E 的直线段所组成的折线连接起来, 则称 E 为**连通集**.

连通的开集称为**区域或开区域**. 区域 E 加上它的边界 ∂E 称为**闭区域**.

设平面点集

$$E = \{(x, y)|\ xy > 0\},$$

则 E 是开集, 但因 I 和 III 象限之间不具有连通性, 所以 E 不是开域, 也不是区域.

设 E 是平面点集, 若存在某一正数 r, 使得

$$E \subset U\,(O, r)\,,$$

其中 O 是坐标原点 (也可以是其他固定点), 则称 E 为**有界集**. 如果 E 不是有界集, 则称 E 为**无界集**.

例如, 在平面点集

$$D_1 = \left\{(x,y)|\ 1 \leqslant x^2 + y^2 \leqslant 4\right\},$$

$$D_2 = \left\{(x,y)|\ x^2 + y^2 > 4\right\},$$

$$D_3 = \left\{(x,y)|\ x^2 + y^2 \geqslant 4\right\}$$

中, D_1 是有界闭区域; D_2 是无界开区域; D_3 是无界闭区域.

习 题 1.1

A 组

1. 在 $\mathbf{R}^2$ 中点集

$$A = \{(x,y)|\ 1 < x < 3, 1 < y < 3\}$$

包含点 (1, 1) 的一个邻域吗? 包含点 (2, 2) 的一个邻域吗? 请说明理由.

2. 试比较在 $\mathbf{R}^1$ 中的邻域与开区间、闭区间之间的区别与联系.

3. 试问 $\mathbf{R}^3$ 中点 $\boldsymbol{x}_0$ 的 δ 邻域 $U(\boldsymbol{x}_0,\delta)$ 是什么形状?

4. 试举例说明生活中什么地方用到了 $\mathbf{R}^n\ (n>3)$ 空间的向量来表示?

5. 在数轴上画出下列数集所表示的区间:

(1) $\{x|(x-2)(x-3)<0\}$; (2) $\left\{x|x^2+x\geqslant 2\right\}$;

(3) $\left\{x\left|\dfrac{2}{x-2}<5\right.\right\}$; (4) $\left\{x|x^2-16<0, x^2-2x\geqslant 0\right\}$;

(5) $U\left(\dfrac{1}{3},\dfrac{1}{2}\right)$; (6) $\mathring{U}(5,3)$.

6. 平面点集 $D=\{(x,y)|1\leqslant x^2+y^2\leqslant 4\}$, 求 D 的内点, 外点, 边界点.

7. 在空间直角坐标系 $Oxyz$ 下, 求 $M\,(a,b,c)$, $P(2,-3,-1)$ 关于

(1) 坐标平面; (2) 坐标轴; (3) 坐标原点

的各个对称点的坐标.

B 组

1. 设 $\boldsymbol{x},\boldsymbol{y}$ 为 $\mathbf{R}^3$ 中的向量, c 为实数, 试证:

(1) $|\boldsymbol{x}+\boldsymbol{y}|\leqslant|\boldsymbol{x}|+|\boldsymbol{y}|$; (2) $|c\boldsymbol{x}|=|c||\boldsymbol{x}|$.

2. 请思考: 空间与集合的关系, 区间与邻域的关系.

1.2 空间解析几何简介

1. 了解空间曲面和曲线等基本概念;

2. 理解曲面、曲线及其方程之间的联系, 会求空间曲线在坐标面上的投影.

1.2.1 曲面及其方程

在平面解析几何中，任何曲线都可以看作是平面点的几何轨迹，同样，在空间解析几何中，任何曲面都可以看作是空间点的几何轨迹. 在这样的意义下，如果曲面 S 与三元方程

$$F(x,y,z)=0$$

有下述关系:

(1) 曲面 S 上任一点的坐标都满足方程 $F(x,y,z)=0$;

(2) 不在曲面 S 上的点的坐标都不满足方程 $F(x,y,z)=0$.

那么，方程 $F(x,y,z)=0$ 就叫做**曲面 S 的方程**，而曲面 S 就叫做**方程 $F(x,y,z)=0$ 的图形**.

例 1 求球心在点 $M_0(x_0,y_0,z_0)$、半径为 R 的球面的方程.

解 设 $M(x,y,z)$ 是球面上的任一点，那么

$$|M_0M|=R,$$

即

$$\sqrt{(x-x_0)^2+(y-y_0)^2+(z-z_0)^2}=R$$

或

$$(x-x_0)^2+(y-y_0)^2+(z-z_0)^2=R^2.$$

这就是球面上的点的坐标所满足的方程. 而不在球面上的点的坐标都不满足这个方程. 所以

$$(x-x_0)^2+(y-y_0)^2+(z-z_0)^2=R^2,$$

就是球心在点 $M_0(x_0,y_0,z_0)$、半径为 R 的球面的方程.

特殊地，球心在原点 $O(0,0,0)$、半径为 R 的球面的方程为

$$x^2+y^2+z^2=R^2.$$

例 2 设有点 $A\ (1,2,3)$ 和 $B\ (2,-1,4)$，求线段 AB 的垂直平分面的方程.

解 由题意知道，所求的平面就是与 A 和 B 等距离的点的几何轨迹. 设 $M(x,y,z)$ 为所求平面上的任一点，则有

$$|AM|=|BM|,$$

即

$$\sqrt{(x-1)^2+(y-2)^2+(z-3)^2}=\sqrt{(x-2)^2+(y+1)^2+(z-4)^2}.$$

等式两边平方, 然后化简得

$$2x-6y+2z-7=0.$$

这就是所求平面上的点的坐标所满足的方程, 而不在此平面上的点的坐标都不满足这个方程, 所以这个方程就是所求平面的方程.

研究曲面的两个基本问题:

(1) 已知一曲面作为点的几何轨迹时, 建立该曲面的方程;

(2) 已知坐标 x, y 和 z 间的一个方程时, 研究该方程所表示的曲面的形状.

例 3　方程 $x^2+y^2+z^2-2x+4y=0$ 表示怎样的曲面?

解　通过配方, 原方程可以改写成

$$(x-1)^2+(y+2)^2+z^2=5.$$

这是一个球面方程, 球心在点 $M_0(1,-2,0)$、半径为 $R=\sqrt{5}$.

一般地, 设有三元二次方程

$$Ax^2+Ay^2+Az^2+Dx+Ey+Fz+G=0,\quad A\neq 0,$$

这个方程的特点是缺 xy,yz,zx 各项, 而且平方项系数相同, 只要将方程经过配方就可以化成方程

$$(x-x_0)^2+(y-y_0)^2+(z-z_0)^2=R^2$$

的形式, 它的图形就是一个球面.

与平面解析几何中规定的二次曲线相类似, 人们将三元二次方程所表示的曲面称为**二次曲面**, 将平面称为**一次曲面**.

怎样了解三元方程 $F(x,y,z)=0$ 所表示的曲面的形状呢? 方法之一是用坐标面和平行于坐标面的平面与曲面相截, 考察其交线的形状, 然后加以综合, 从而了解曲面的立体形状, 这种方法叫做**截痕法**.

几种常见的曲面.

1) 旋转曲面

以一条平面曲线绕其平面上的一条定直线旋转一周所成的曲面叫做**旋转曲面**, 这条定直线叫做**旋转曲面的轴**.

设在坐标平面 yOz 上有一已知曲线 C, 它的方程为

$$f(y,z)=0,$$

把这条曲线绕 z 轴旋转一周, 就得到一个以 z 轴为轴的旋转曲面. 它的方程可以如下求得.

设 $M(x,y,z)$ 为曲面上任一点, 它是曲线 C 上点 $M_1(0,y_1,z_1)$ 绕 z 轴旋转而得到的. 因此有如下关系式

$$f(y_1,z_1)=0,\quad z=z_1,\quad |y_1|=\sqrt{x^2+y^2},$$

从而得

$$f(\pm\sqrt{x^2+y^2},z)=0,$$

这就是所求**旋转曲面的方程**.

在曲线 C 的方程 $f(y,z)=0$ 中将 y 改成 $\pm\sqrt{x^2+y^2}$, 便得曲线 C 绕 z 轴旋转所成的旋转曲面的方程 $f(\pm\sqrt{x^2+y^2},z)=0$.

同理, 曲线 C 绕 y 轴旋转所成的旋转曲面的方程为

$$f(y,\pm\sqrt{x^2+z^2})=0.$$

例 4 直线 L 绕另一条与 L 相交的直线旋转一周, 所得旋转曲面称为**圆锥面**. 两直线的交点称为圆锥面的**顶点**, 两直线的夹角 $\alpha\left(0<\alpha<\dfrac{\pi}{2}\right)$ 称为圆锥面的**半顶角**. 试建立顶点在坐标原点 O, 旋转轴为 z 轴, 半顶角为 α 的圆锥面的方程.

解 如图 1.19 所示, 在坐标平面 yOz 内, 直线 L 的方程为

$$z=y\cot\alpha,$$

将方程 $z=y\cot\alpha$ 中的 y 改成 $\pm\sqrt{x^2+y^2}$, 就得到所要求的圆锥面的方程

$$z=\pm\sqrt{x^2+y^2}\cot\alpha$$

或

$$z^2=a^2(x^2+y^2),$$

其中 $a=\cot\alpha$.

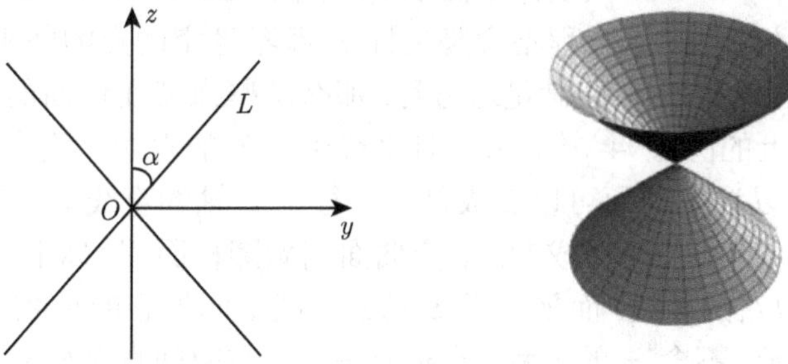

图 1.19

例 5　将坐标平面 zOx 上的双曲线 $\frac{x^2}{a^2}-\frac{z^2}{c^2}=1$ 分别绕 x 轴和 z 轴旋转一周, 求所生成的旋转曲面的方程.

解　如图 1.20 所示, 绕 x 轴旋转所成的旋转曲面的方程为

$$\frac{x^2}{a^2}-\frac{y^2+z^2}{c^2}=1;$$

绕 z 轴旋转所成的旋转曲面的方程为

$$\frac{x^2+y^2}{a^2}-\frac{z^2}{c^2}=1.$$

这两种曲面分别叫做**双叶旋转双曲面**和**单叶旋转双曲面**.

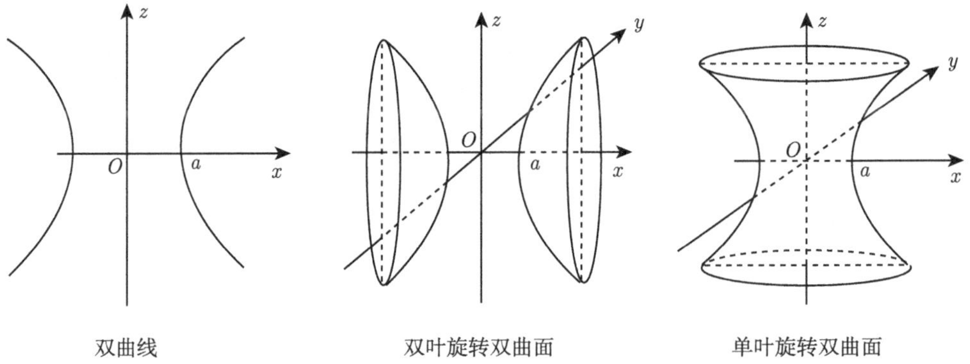

图 1.20

2) 柱面

平行于定直线并沿定曲线 C 移动的直线 L 形成的轨迹叫做**柱面**, 定曲线 C 叫做柱面的**准线**, 动直线 L 叫做**柱面的母线**.

例 6　方程 $x^2+y^2=R^2$ 表示怎样的曲面?

解　方程 $x^2+y^2=R^2$ 在坐标平面 xOy 上表示圆心在原点 O、半径为 R 的圆. 在空间直角坐标系中, 这方程不含竖坐标 z, 即不论空间点的竖坐标 z 怎样, 只要它的横坐标 x 和纵坐标 y 能满足这方程, 那么这些点就在这曲面上. 也就是说, 过坐标平面 xOy 上的圆 $x^2+y^2=R^2$, 且平行于 z 轴的直线一定在 $x^2+y^2=R^2$ 表示的曲面上. 所以这个曲面可以看成是由平行于 z 轴的直线 l 沿坐标平面 xOy 上的圆 $x^2+y^2=R^2$ 移动而形成的. 这个曲面叫做**圆柱面**, 坐标平面 xOy 上的圆 $x^2+y^2=R^2$ 叫做它的**准线**, 而平行于 z 轴的直线 l 叫做它的**母线**.

如图 1.21 所示, 不含 z 的方程 $x^2+y^2=R^2$ 在空间直角坐标系中表示圆柱面, 它的母线平行于 z 轴, 它的准线是坐标平面 xOy 上的圆 $x^2+y^2=R^2$.

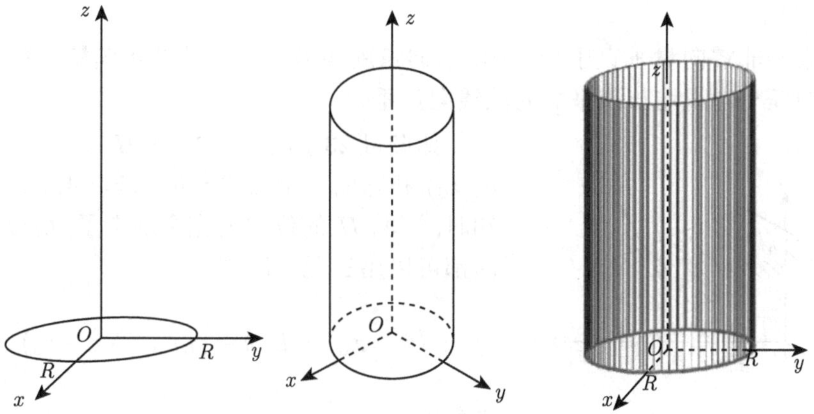

图 1.21 圆柱面

一般地, 只含 x, y 而缺 z 的方程 $F(x, y) = 0$, 在空间直角坐标系中表示母线平行于 z 轴的柱面, 其准线是坐标平面 xOy 上的曲线 $C: F(x, y) = 0$.

例如, 如图 1.22 所示, 方程 $y^2 = 2x$ 表示母线平行于 z 轴的柱面, 它的准线是坐标平面 xOy 上的抛物线 $y^2 = 2x$, 该柱面叫做**抛物柱面**.

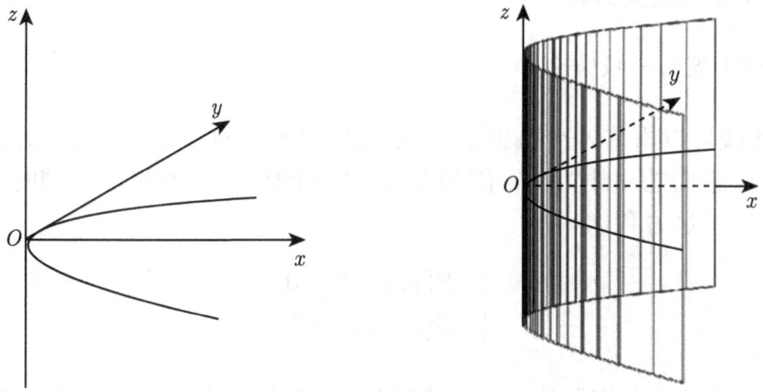

图 1.22 抛物柱面

又如, 方程 $x - y = 0$ 表示母线平行于 z 轴的柱面, 其准线是坐标平面 xOy 上的直线 $x - y = 0$, 所以它是过 z 轴的平面.

类似地, 只含 x, z 而缺 y 的方程 $G(x, z) = 0$ 和只含 y, z 而缺 x 的方程 $H(y, z) = 0$ 分别表示母线平行于 y 轴和 x 轴的柱面.

例如, 方程 $x - z = 0$ 表示母线平行于 y 轴的柱面, 其准线是坐标平面 zOx 上的直线 $x - z = 0$. 所以它是过 y 轴的平面.

3) 平面

如果一非零向量垂直于一平面, 这向量就叫做该平面的**法线向量**. 容易知道, 平面上的任一向量均与该平面的法线向量垂直.

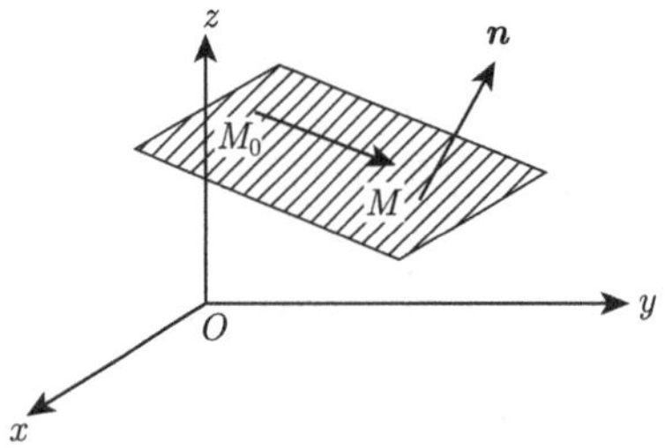

图 1.23

如图 1.23 所示, 当平面 Π 上一点 $M_0(x_0, y_0, z_0)$ 和它的一个法线向量 $\boldsymbol{n} = (A, B, C)$ 为已知时, 平面 Π 的位置就完全确定了, 所以任一平面都可以用三元一次方程

$$A(x - x_0) + B(y - y_0) + C(z - z_0) = 0$$

来表示.

一般地, 方程 $Ax + By + Cz + D = 0$ 称为**平面的一般方程**, 其中 x, y, z 的系数就是该平面的一个法线向量 $\boldsymbol{n}$ 的坐标, 即 $\boldsymbol{n} = (A, B, C)$.

思考: 当方程 $Ax + By + Cz + D = 0$ 中, A, B, C, D 分别为 0 时, 它表示什么样的平面?

1.2.2　空间曲线及其方程

1. 空间曲线的一般方程

空间曲线可以看作两个曲面的交线. 设 $F(x, y, z) = 0$ 和 $G(x, y, z) = 0$ 是两个曲面方程, 它们的交线为 C. 因为曲线 C 上的任何点的坐标应同时满足这两个方程, 所以应满足方程组

$$\begin{cases} F(x, y, z) = 0, \\ G(x, y, z) = 0. \end{cases}$$

反过来, 如果点 M 不在曲线 C 上, 那么它不可能同时在两个曲面上, 所以它的坐标不满足方程组. 因此, 曲线 C 可以用上述方程组来表示. 上述方程组叫做**空间曲线 C 的一般方程**.

例 7　方程组 $\begin{cases} x^2 + y^2 = 1, \\ 2x + 3z = 6 \end{cases}$ 表示怎样的曲线?

解　方程组中第一个方程表示母线平行于 z 轴的圆柱面, 其准线是坐标平面 xOy 上的圆, 圆心在原点 O, 半径为 1. 方程组中第二个方程表示一个母线平行于 y 轴的柱面, 由于它的准线是坐标平面 zOx 上的直线, 因此它是一个平面. 方程组就表示上述平面与圆柱面的交线, 如图 1.24 所示.

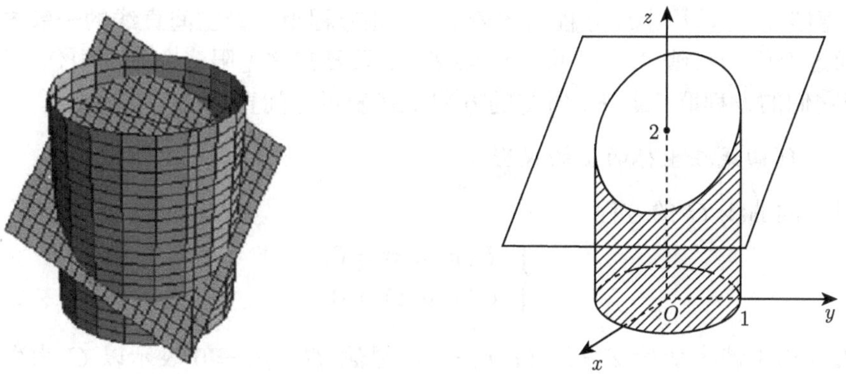

图 1.24

例 8 方程组 $\begin{cases} z=\sqrt{a^2-x^2-y^2}, \\ \left(x-\dfrac{a}{2}\right)^2+y^2=\left(\dfrac{a}{2}\right)^2 \end{cases}$ 表示怎样的曲线?

解 方程组中第一个方程表示球心在坐标原点 O, 半径为 a 的上半球面. 第二个方程表示母线平行于 z 轴的圆柱面, 它的准线是坐标平面 xOy 上的圆, 其圆心在点 $\left(\dfrac{a}{2},0,0\right)$, 半径为 $\dfrac{a}{2}$. 方程组就表示上半球面与圆柱面的交线, 如图 1.25 所示.

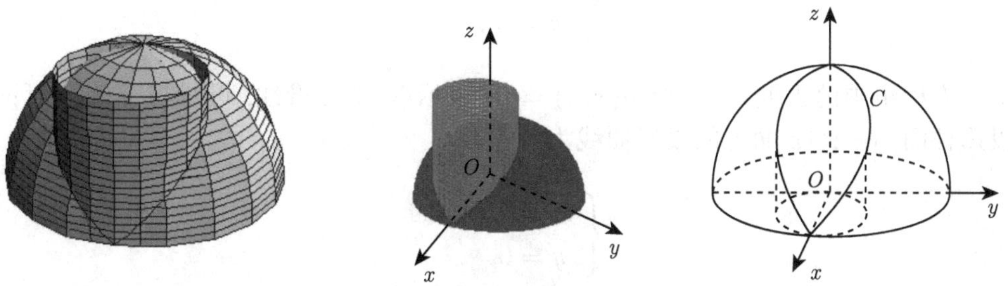

图 1.25

特别地, 空间直线 L 可以看作是两个平面 Π_1 和 Π_2 的交线.

设直线 L 是平面 Π_1 与平面 Π_2 的交线, 平面的方程分别为 $A_1x+B_1y+C_1z+D_1=0$ 和 $A_2x+B_2y+C_2z+D_2=0$, 那么点 M 在直线 L 上当且仅当它同时在这两个平面上, 当且仅当它的坐标同时满足这两个平面方程, 即满足方程组

$$\begin{cases} A_1x+B_1y+C_1z+D_1=0, \\ A_2x+B_2y+C_2z+D_2=0. \end{cases}$$

因此, 直线 L 可以用上述方程组来表示, 上述方程组叫做**空间直线的一般方程**.

通过空间一直线 L 的平面有无限多个, 只要在这无限多个平面中任意选取两个, 把它们的方程联立起来, 所得的方程组就表示空间直线 L.

2. 空间曲线在坐标面上的投影

设空间曲线 C 的方程

$$\begin{cases} F(x,y,z)=0, \\ G(x,y,z)=0. \end{cases}$$

方程组中消去变量 z, 得 $f(x,y)=0$. 显然 $f(x,y)=0$ 表示以 C 为准线, 母线与 z 轴平行的柱面, 称为曲线 C 的**投影柱面**.

曲线 C 的投影柱面与坐标面 xOy 的交线

$$\begin{cases} f(x,y)=0, \\ z=0 \end{cases}$$

称为曲线 C 在 xOy 面上的**投影曲线**.

方程组中消去变量 x, 得 $g(y,z)=0$, 表示以 C 为准线, 母线与 x 轴平行的投影柱面, 在 yOz 面上的投影曲线为

$$\begin{cases} g(y,z)=0, \\ x=0. \end{cases}$$

方程组中消去变量 y, 得 $h(x,z)=0$, 表示以 C 为准线, 母线与 y 轴平行的投影柱面, 在 zOx 面上的投影曲线为

$$\begin{cases} h(x,z)=0, \\ y=0. \end{cases}$$

例 9 求空间曲线

$$\begin{cases} z=\sqrt{x^2+y^2}, \\ z=6-x^2-y^2 \end{cases}$$

在坐标面 xOy 上的投影曲线方程.

解 由

$$\begin{cases} z^2=x^2+y^2, \\ z=6-x^2-y^2. \end{cases}$$

两式相加, 得 $z^2+z-6=0$, 则 $z=2$, 因此投影柱面方程为 $x^2+y^2=4$, 在 xOy 面的投影曲线方程为

$$\begin{cases} x^2+y^2=4, \\ z=0. \end{cases}$$

如图 1.26 所示.

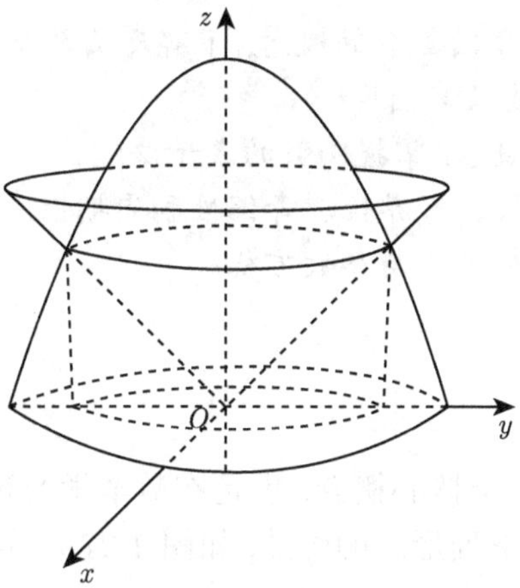

图 1.26

习 题 1.2

A 组

1. 已知 A,B,C 三点坐标如下:

(1) 在平面直角坐标系 Oxy 下, $A(0,1)$, $B(2,-2)$, $C(-2,4)$;

(2) 在空间直角坐标系 $Oxyz$ 下, $A(0,1,0)$, $B(-1,0,-2)$, $C(-2,3,4)$.

判别它们是否共线?

2. 一动点 P 到定点 $A(-4,0,0)$ 的距离是它到 $B(2,0,0)$ 的距离的两倍, 求该动点的轨迹方程.

3. 求以 z 轴为母线, 经过点 $A(4,2,2)$ 以及 $B(6,-3,7)$ 的圆柱面的方程.

4. 求 yOz 面上的抛物线 $z=y^2$ 绕 z 轴旋转一周而成的旋转抛物面方程.

5. 求空间曲线 $\begin{cases} z=x^2+y^2, \\ x^2+y^2+z^2=12 \end{cases}$ 在 xOy 面上的投影.

B 组

1. 一动点移动时, 与 $A(4,0,0)$ 及坐标平面 xOy 等距离, 求该动点的轨迹方程.

2. 求下列各球面的方程:

(1) 球心 $(2,-1,3)$, 半径为 $R=6$;
(2) 球心在原点, 且经过点 $(6,-2,3)$;
(3) 一条直径的两端点是 $(2,-3,5)$ 与 $(4,1,-3)$.
3. 平面 $x=c$ 与曲面 $x^2+y^2-2x=0$ 的公共交点组成怎样的图形?

1.3 函数及其图形

1. 理解复合函数及分段函数的概念, 了解反函数及隐函数的概念, 掌握基本初等函数的性质及其图形;
2. 了解初等函数的概念, 掌握函数的表示法;
3. 了解函数的单调性、有界性、奇偶性和周期性;
4. 了解平面曲线的极坐标与参数方程.

1.3.1 函数

1. 函数的定义

函数是高等数学的一个核心概念, 也是在数学学习过程中最早接触到的概念之一, 小学数学中最常见下列形式的函数, 如图 1.27 所示.

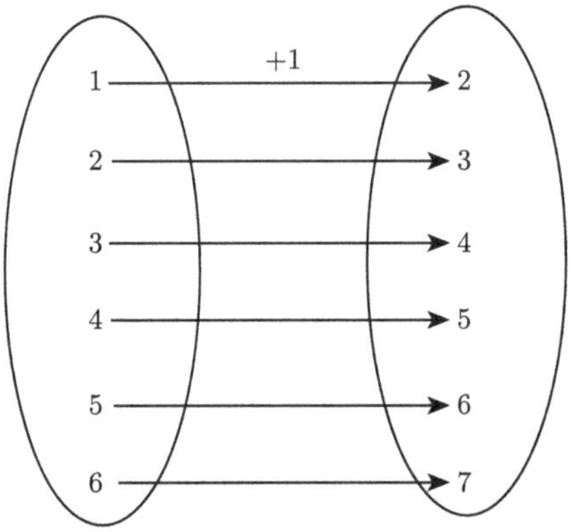

图 1.27

进一步学习过程中, 就会碰到如下形式的应用题.

引例 1.3.1 商家销售某种商品的价格为 7 元/kg, 每销售 1 kg 商家就获得 0.5 元利润. 那么该商家的销售量和总利润之间有什么联系?

当销售量在它可能的变化范围内取每一个值 q 时, 总利润 L 就会有一个被唯一确定的值 $0.5q$ 与之相对应. 销售量与总利润之间的这种对应关系就叫做函数关系, 即 $L=0.5q$.

在中学的数学学习过程中, 得到了函数的如下定义.

设 A, B 是非空数集, 如果按照某种确定的对应关系 f, 使对于集合 A 中的任意一个数 x, 在集合 B 中都有唯一确定的数值 $f(x)$ 和它对应, 那么就称 $f:A\to B$ 为从集合 A 到集合 B 的一个**函数** (function), 记作

$$y=f(x),\quad x\in A,$$

其中 x 叫做**自变量**, x 的取值范围叫做函数的**定义域** (domain), 与 x 的值对应的 y 值叫做**函数值**, 函数值的集合 $\{f(x)|x \in A\}$ 叫做函数的**值域** (range).

若借助中学课程中的映射定义, 上面函数的定义可以等价地表述如下.

设 D 是 $\mathbf{R}$ 中的非空数集, 则称映射 $f: D \to \mathbf{R}$ 为定义在 D 上的**函数**, 记作

$$y = f(x), \quad x \in D,$$

其中定义域 D 也可记作 D_f, 值域 $\{f(x)|x \in D\}$ 也可记作 R_f.

从空间的角度考虑, 上述函数的定义都是在一维空间 $\mathbf{R}^1$ 中得到的, 类似地, 在 n 维空间 $\mathbf{R}^n$ 中, 可以将函数的定义推广如下.

定义 1.3.1 设 D 是 $\mathbf{R}^n$ 中的非空点集, 则称映射 $f: D \to \mathbf{R}$ 为定义在 D 上的 n **元函数**, 记作

$$y = f(x_1, x_2, \cdots, x_n), \quad (x_1, x_2, \cdots, x_n) \in D,$$

其中向量 $(x_1, x_2, \cdots, x_n)$ 叫做**自变量**, y 叫做**因变量**, D 叫做**定义域**, 记作 D_f; 函数值的集合

$$\{y|y = f(x_1, x_2, \cdots, x_n), (x_1, x_2, \cdots, x_n) \in D\}$$

叫做函数的**值域**, 记作 R_f.

注 (1) 若将 $(x_1, x_2, \cdots, x_n)$ 记为点 P, 则 n 元函数可以看成 n 维空间中点的函数, 记作 $y = f(P)$. $n = 1$ 时就是一元函数.

(2) 当 $n \geqslant 2$ 时, n 元函数统称为**多元函数**.

多元函数对读者而言, 其实也并不陌生, 而且经常用到. 例如

长方形的面积公式为

$$S = xy,$$

其中 x, y 分别表示长和宽, 则由函数的定义可知 S 是关于 x, y 的二元函数;

长方体的体积公式为

$$V = xyz,$$

其中 x, y 和 z 分别表示长、宽和高, 则由函数的定义可知 V 是关于 x, y 和 z 的三元函数.

在引例 1.3.1 中, 如果商家销售的商品种类有 n 种, 则总利润就是销售量的 n 元函数. 因为当已知每销售 1 单位第 1 种商品能获利 c_1 元, 第 2 种能获利 c_2 元, $\cdots$, 第 n 种能获利 c_n 元时, 若它们的销售量依次为 $q_1, q_2, \cdots, q_n$ 时, 则有

$$L = c_1 q_1 + c_2 q_2 + \cdots + c_n q_n,$$

所以总利润 L 是销售量 $q_1, q_2, \cdots, q_n$ 的 n 元函数.

表示函数的方法主要有三种: 解析法 (公式法)、表格法和图形法. 其中, 用图形法表示函数是基于函数图形的概念. 平面上的点集

$$\{P(x,y)|y=f(x), x\in D\},$$

称为一元函数 $y=f(x), x\in D$ 的图形. 它通常是平面内的一条曲线.

$\mathbf{R}^3$ 上的点集

$$\{P(x,y,z)|z=f(x,y),(x,y)\in D\},$$

称为二元函数 $z=f(x,y),(x,y)\in D$ 的图形. 它通常是空间内的一张曲面.

2. 几类重要的函数

1) 反函数

引例 1.3.2 设 p 表示某产品的价格, q 表示销售量, 当产品的价格 p 固定时, 生产者出售一定数量的该产品所得到的全部收入 R 可以看成销售量 q 的函数, 即

$$R=pq,$$

反过来, 销售量 q 也可以看成全部收入 R 的函数, 即

$$q=\frac{R}{p},$$

称函数 $q=\dfrac{R}{p}$ 为 $R=pq$ 的反函数.

定义 1.3.2 设函数 $y=f(x)$ 的定义域为 D_f, 值域为 R_f, 若对任意 $y\in R_f$, 只有唯一的 $x\in D_f$, 使 $f(x)=y$, 则在 R_f 上定义了 y 的一个函数, 记为

$$x=f^{-1}(y),\quad y\in R_f,$$

称为函数 $y=f(x)$ 的**反函数**.

习惯上, 将函数 $y=f(x)$ 的反函数记为 $y=f^{-1}(x)$.

如果函数存在反函数, 则 x 与 y 是“一一对应”的.

函数

$$y=f(x)$$

与函数

$$y=f^{-1}(x)$$

是互为反函数的, **它们的图形关于直线 $y=x$ 对称**, 如图 1.28 所示.

注 由定义易知, 下列等式成立:

$$f^{-1}(f(x)) \equiv x, \quad f(f^{-1}(y)) \equiv y.$$

例如, 对数函数与指数函数互为反函数, 因此有

$$\mathrm{e}^{\ln x} \equiv x, \quad \ln(\mathrm{e}^x) \equiv x.$$

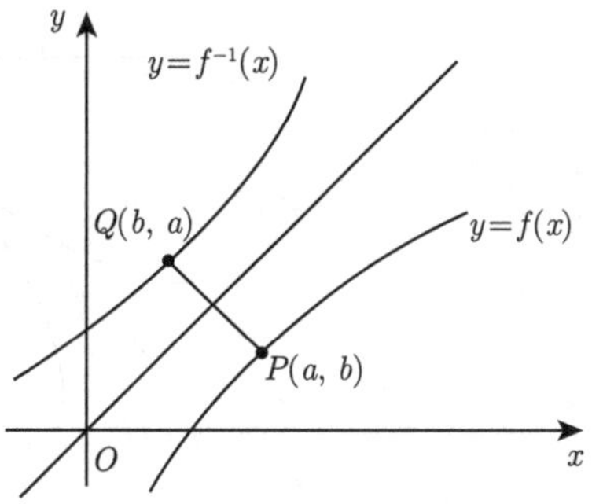

图 1.28

根据反函数的定义, 三角函数在它们的定义域内是没有反函数的. 如果把它们的定义域分成若干个小区间, 使它们在每个小区间上都是一一对应的, 那么三角函数在每个小区间上都分别有反函数.

设 $-1 \leqslant x \leqslant 1$, 满足 $\sin\theta = x$ 的 θ 值有无穷多个, 但若限制 $-\dfrac{\pi}{2} \leqslant \theta \leqslant \dfrac{\pi}{2}$, 则存在唯一的角 θ, 记作 $\arcsin x$.

一般地, 注意到正弦函数 $y=\sin x$ 当 $-\dfrac{\pi}{2} \leqslant x \leqslant \dfrac{\pi}{2}$ 时满足一一对应关系 (值域为 $[-1,1]$), 此时它存在反函数

$$x = f^{-1}(y), \quad y \in [-1,1],$$

称为**反正弦函数**, 记作 $x=\arcsin y$, 习惯上记为

$$y = \arcsin x, \quad x \in [-1,1].$$

注 当 $-\infty < x < +\infty$ 时, 因为正弦函数 $y=\sin x$ 在整个定义域上没有一一对应关系, 所以不存在反函数. 在反正弦函数 $y=\arcsin x$ 中, y 表示的是一个弧度制的角, 自变量 x 是一个正弦值. 由定义可知, 反正弦函数的定义域为 $[-1,1]$, 值域为 $\left[-\dfrac{\pi}{2}, \dfrac{\pi}{2}\right]$. 根据反函数的性质, 易知反正弦函数 $y=\arcsin x$ 是单调递增函数, 而且是奇函数, 函数图像关于原点对称, 如图 1.29 所示: $y=\arcsin x$ 与 $y=\sin x$ 的图像关于直线 $y=x$ 对称.

下面不加证明地给出反正弦函数 $y=\arcsin x$ 的下列性质:

(1) $\sin(\arcsin x) = x, x \in [-1,1]$;

(2) $\arcsin(\sin x) = x, x \in \left[-\dfrac{\pi}{2}, \dfrac{\pi}{2}\right]$;

(3) $\arcsin(-x) = -\arcsin x$.

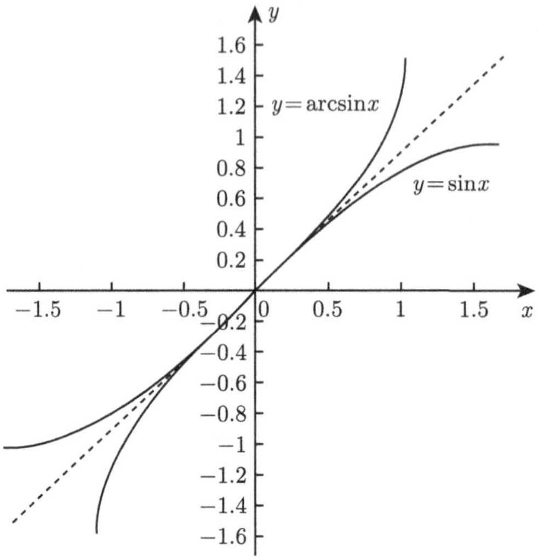

图 1.29

类似地, 余弦函数 $y = \cos x$ 当 $0 \leqslant x \leqslant \pi$ 时满足一一对应关系(值域为 $[-1,1]$), 此时它存在的反函数称为**反余弦函数**, 记作 $x = \arccos y$, 习惯上记为

$$y = \arccos x, \quad x \in [-1,1].$$

注 当 $-\infty < x < +\infty$ 时, 因为余弦函数 $y = \cos x$ 在整个定义域上没有一一对应关系, 所以不存在反函数. 在反余弦函数 $y = \arccos x$ 中, y 表示的是一个弧度制的角, 自变量 x 是一个余弦值. 由定义可知, 反余弦函数的定义域为 $[-1,1]$, 值域为 $[0,\pi]$. 根据反函数的性质, 易知反余弦函数 $y = \arccos x$ 是单调递减函数, 如图 1.30 所示: $y = \arccos x$ 与 $y = \cos x$ 的图像关于直线 $y = x$ 对称.

下面不加证明地给出反余弦函数 $y = \arccos x$ 的下列性质:

(1) $\cos(\arccos x) = x, \cos(\arcsin x) = \sqrt{1-x^2}, x \in [-1,1]$;

(2) $\arccos(\cos x) = x, x \in [0,\pi]$;

(3) $\arcsin x + \arccos x = \dfrac{\pi}{2}, x \in [-1,1]$.

正切函数 $y=\tan x$ 当 $-\dfrac{\pi}{2}<x<\dfrac{\pi}{2}$ 时满足一一对应关系 (值域为 $(-\infty,+\infty)$), 此时它存在的反函数称为**反正切函数**, 记作 $x = \arctan y$, 习惯上记为

$$y = \arctan x, \quad x \in \mathbf{R}.$$

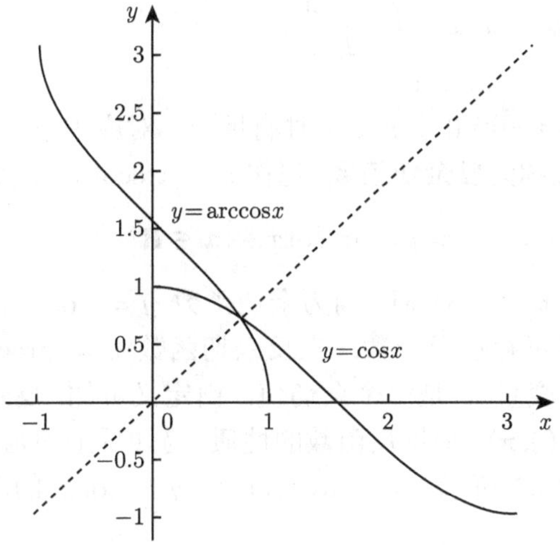

图 1.30

注 当 $-\infty < x < +\infty$ 时, 因为正切函数 $y = \tan x$ 在整个定义域上没有一一对应关系, 所以不存在反函数. 在反正切函数 $y = \arctan x$ 中, y 表示的是一个弧度制的角, 自变量 x 是一个正切值. 由定义可知, 反正切数的定义域为 $(-\infty, +\infty)$, 值域为 $\left(-\dfrac{\pi}{2}, \dfrac{\pi}{2}\right)$. 根据反函数的性质, 易知反正切函数 $y = \arctan x$ 是单调递增函数, 而且是奇函数, 函数图像关于原点对称, 如图 1.31 所示: $y = \arctan x$ 与 $y = \tan x$ 的图像关于直线 $y = x$ 对称.

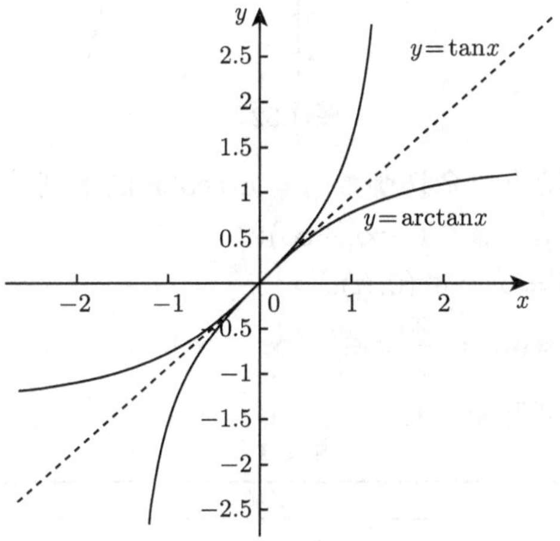

图 1.31

下面不加证明地给出反正切函数 $y = \arctan x$ 的下列性质:

(1) $\tan(\arctan x) = x, x \in (-\infty, +\infty)$;

(2) $\arctan(\tan x) = x, x \in \left(-\dfrac{\pi}{2}, \dfrac{\pi}{2}\right)$;

(3) $\arctan(-x) = -\arctan x$.

余切函数 $y = \cot x$ 当 $0 < x < \pi$ 时满足一一对应关系 (值域为 $(-\infty, +\infty)$), 此时它存在的反函数称为**反余切函数**, 记作 $x = \text{arccot}y$, 习惯上记为

$$y = \text{arccot}x, \quad x \in \mathbf{R}.$$

注 当 $-\infty < x < +\infty$ 时, 因为余切函数 $y = \cot x$ 在整个定义域上没有一一对应关系, 所以不存在反函数. 在反余切函数 $y = \text{arccot}x$ 中, y 表示的是一个弧度制的角, 自变量 x 是一个余切值. 由定义可知, 反余切函数的定义域为 $(-\infty, +\infty)$, 值域为 $(0, \pi)$. 根据反函数的性质, 易知反余切函数 $y = \text{arccot}x$ 是单调递减函数. 如图 1.32 所示: $y = \text{arccot}x$ 与 $y = \cot x$ 的图像关于直线 $y = x$ 对称.

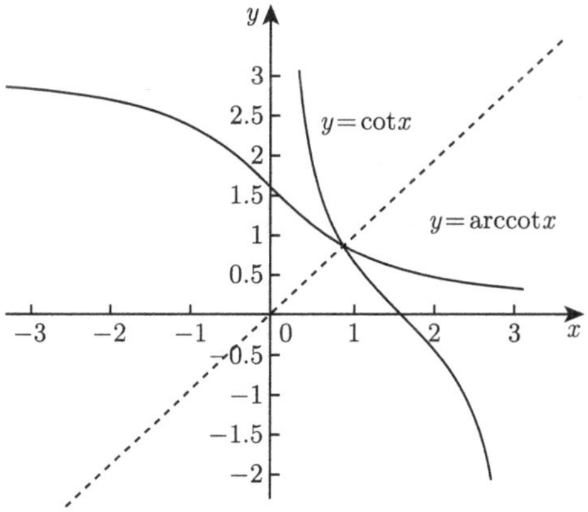

图 1.32

下面不加证明地给出反余切函数 $y = \text{arccot}x$ 的下列性质:

(1) $\cot(\text{arccot}x) = x, x \in (-\infty, +\infty)$;

(2) $\text{arc}\cot(\cot x) = x, x \in (0, \pi)$;

(3) $\arctan x + \text{arccot}x = \dfrac{\pi}{2}, x \in (-\infty, +\infty)$.

上述反三角函数可见表 1.1.

表 1.1

反三角函数	定义域	值域
$y = \arcsin x$	$-1 \leqslant x \leqslant 1$	$-\dfrac{\pi}{2} \leqslant y \leqslant \dfrac{\pi}{2}$
$y = \arccos x$	$-1 \leqslant x \leqslant 1$	$0 \leqslant y \leqslant \pi$
$y = \arctan x$	$-\infty < x < +\infty$	$-\dfrac{\pi}{2} < y < \dfrac{\pi}{2}$
$y = \text{arc}\cot x$	$-\infty < x < +\infty$	$0 < y < \pi$

2) 复合函数

引例 1.3.3 生产成本 C 可以看成产量 Q 的函数, 即

$$C = C(Q),$$

而产量 Q 又是时间 t 的函数, 即

$$Q = Q(t),$$

那么成本 C 又可以作为时间 t 的函数, 即

$$C = C[Q(t)].$$

成本 C 与时间 t 的这种函数关系叫做通过 Q 构成的复合函数关系.

定义 1.3.3 设 $y = f(u)$ 是 u 的函数, $u = \varphi(x)$ 是 x 的函数. 如果 $u = \varphi(x)$ 的值域与 $y = f(u)$ 的定义域的交集非空, 则称

$$y = f[\varphi(x)]$$

为由函数 $y = f(u)$ 和 $u = \varphi(x)$ 构成的**复合函数**, 其中 u 叫做**中间变量** (图 1.33).

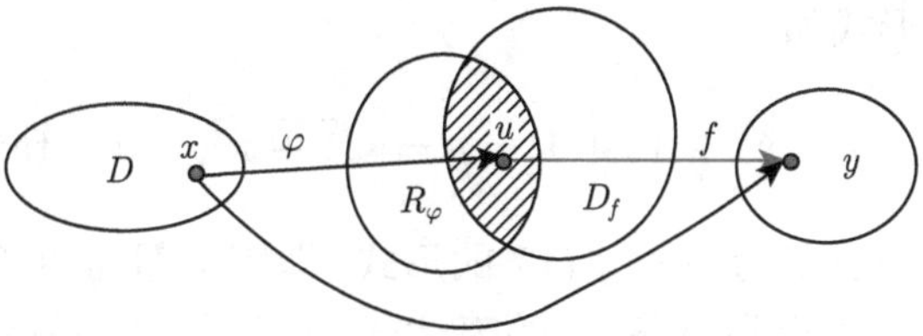

图 1.33

例如, 函数 $y = \arctan x^2$ 可看作由 $y = \arctan u$ 和 $u = x^2$ 复合而成的. 又例如 $y = \sqrt{x^2}$ 可看作由 $y = \sqrt{u}$ 和 $u = x^2$ 复合而成的, 这个函数实际上就是 $y = |x|$.

注 (1) 不是任何两个函数都能够复合成一个复合函数的. 例如, $y = \arcsin u$ 和 $u = x^2 + 3$ 就不能复合成一个复合函数. 因为对于 $u = x^2 + 3$ 的定义域 $(-\infty, +\infty)$ 内任何 x 值所对应的 u 值 (都大于或等于 3), 都不能使 $y = \arcsin u$ 有意义.

(2) 复合函数也可以由两个以上的函数经过复合构成. 例如, 设 $y = \sqrt{u}$, $u = \cot v$, $v = \dfrac{x}{2}$, 则得复合函数 $y = \sqrt{\cot \dfrac{x}{2}}$, 这里 u 及 v 都是中间变量.

(3) 常称函数 $y = f(u)$ 为**外函数**, 称函数 $u = \varphi(x)$ 为**内函数**, 当外函数或内函数是多元函数时, 所得的复合函数也称为**多元复合函数**. 例如

设 $z=\ln(u^2+v)$, 而 $u=x^2+y, v=\mathrm{e}^{x+y^2}$, 则复合函数

$$z=\ln\left[(x^2+y)^2+\mathrm{e}^{x+y^2}\right]=\ln(x^4+2x^2y+y^2+\mathrm{e}^{x+y^2})$$

是二元复合函数. 若改变中间变量为 $u=y, v=\mathrm{e}^{x+y^2}$, 则复合函数

$$z=\ln(y^2+\mathrm{e}^{x+y^2})$$

依然是二元复合函数. 由此可见多元复合函数的情形较一元复合函数复杂多了.

例 1　指出下列函数的复合过程.

(1) $y=\sqrt[3]{2x+1}$;　　(2) $y=\ln\tan\dfrac{x}{2}$.

解　(1) $y=\sqrt[3]{2x+1}$ 是由 $y=\sqrt[3]{u}$ 与 $u=2x+1$ 复合而成的;

(2) $y=\ln\tan\dfrac{x}{2}$ 是由 $y=\ln u, u=\tan v, v=\dfrac{x}{2}$ 复合而成的.

例 2　已知 $f(x)$ 的定义域为 $[-1,1]$, 求 $f(\ln x)$ 的定义域.

解　由 $-1\leqslant \ln x\leqslant 1$ 得 $\dfrac{1}{\mathrm{e}}\leqslant x\leqslant \mathrm{e}$, 所以 $f(\ln x)$ 的定义域为 $\left[\dfrac{1}{\mathrm{e}},\mathrm{e}\right]$.

3) 隐函数

函数常见表示形式如

$$y=\sin x,\quad y=x^2+3x+1,\quad y=\sqrt{1+x^2},\quad y=\tan(1+x^2),$$

它们的共同特点是均表示为 $y=f(x)$ 的形式, 即因变量 y 单独放在等式的一边, 而等式的另一边是只含有自变量 x 的表达式, 称这种形式表示的函数为**显函数**. 如果变量 x,y 之间的函数关系是通过一个二元方程

$$F(x,y)=0$$

来确定的, 则称这种形式表示的函数为**隐函数**.

例 3　对于任一 $x\neq 5$ 通过二元方程 $xy+3x^2-5y-7=0$ 可唯一确定一个 y, 即

$$y=\frac{3x^2-7}{5-x}.$$

由隐函数定义可知, 函数

$$y=\frac{3x^2-7}{5-x},\quad x\neq 5$$

是方程 $xy+3x^2-5y-7=0$ 所确定的隐函数. 这一过程也称为**隐函数显化**.

例 4 常数 $a>0$, 二元方程 $x^2+y^2-a^2=0$ 对任意 $x\in(-a,a)$, 通过方程对应两个 y. 若限定 y 的变化范围 $y>0$ 或 $y<0$, 则对任意 $x\in(-a,a)$ 能唯一确定一个 y, 即

$$y_1=\sqrt{a^2-x^2} \quad 或 \quad y_2=-\sqrt{a^2-x^2}.$$

由隐函数定义可知, 函数

$$y_1=\sqrt{a^2-x^2} \quad 与 \quad y_2=-\sqrt{a^2-x^2}$$

都是方程 $x^2+y^2-a^2=0$ 所确定的隐函数.

一般地, n 元函数由一个 $n+1$ 元方程确定.

定义 1.3.4 如果 $n+1$ 元方程

$$F(x_1,x_2,\cdots,x_n,y)=0$$

能确定 y 是 $x_1,x_2,\cdots,x_n$ 的函数, 记为

$$y=f(x_1,x_2,\cdots,x_n),$$

使

$$F(x_1,x_2,\cdots,x_n,f(x_1,x_2,\cdots,x_n))\equiv 0,$$

则称 n 元函数 $y=f(x_1,x_2,\cdots,x_n)$ 是由方程 $F(x_1,x_2,\cdots,x_n,y)=0$ 所确定的 **(n 元) 隐函数**.

例 5 三元方程

$$F(x,y,z)=x+xy+yz-4=0 \quad (y\neq 0),$$

则通过解方程可以唯一确定 z, 即

$$z=\frac{4-x-xy}{y}.$$

此时, 有

$$F\left(x,y,\frac{4-x-xy}{y}\right)\equiv 0.$$

因此由隐函数定义可知, 函数

$$z=\frac{4-x-xy}{y}$$

是方程 $F(x,y,z)=x+xy+yz-4=0$ 所确定的 (二元) 隐函数.

4) 分段函数

引例 1.3.4　设企业对某商品规定了价格差, 购买量在 10 kg 以下 (包括 10 kg), 价格 10 元/kg; 购买量小于等于 100 kg, 其中超过 10 kg 的部分, 价格 9 元/kg; 购买量大于 100 kg 的部分, 价格 8 元/kg, 试作出购买量为 x kg 的费用函数 $C(x)$.

解

$$C(x)=\begin{cases}10x, & 0\leqslant x\leqslant 10,\\ 100+9(x-10), & 10<x\leqslant 100,\\ 100+810+8(x-100), & x>100,\end{cases}$$

化简得

$$C(x)=\begin{cases}10x, & 0\leqslant x\leqslant 10,\\ 9x+10, & 10<x\leqslant 100,\\ 8x+110, & x>100.\end{cases}$$

费用函数 $C(x)$ 与购买量 x 的这种函数关系叫做**分段函数**.

定义 1.3.5　函数 $y=f(x)$ 在其定义域 D 的不同子集上具有两个或两个以上的不同的解析表达式, 则称函数 $y=f(x)$ 为**分段函数**, 其中一个表达式到另一个表达式的过渡点称为**分界点**或**分段点**.

下面介绍几种常见的分段函数.

例 6　绝对值函数

$$y=|x|=\begin{cases}x, & x\geqslant 0,\\ -x, & x<0,\end{cases}$$

分界点为 $x=0$. 它的图形如图 1.34 所示.

例 7　符号函数

$$y=\operatorname{sgn}x=\begin{cases}1, & x>0,\\ 0, & x=0,\\ -1, & x<0,\end{cases}$$

分界点为 $x=0$. 它的图形如图 1.35 所示. 对于任何实数 x, 下列关系成立:

$$x=|x|\cdot\operatorname{sgn}x.$$

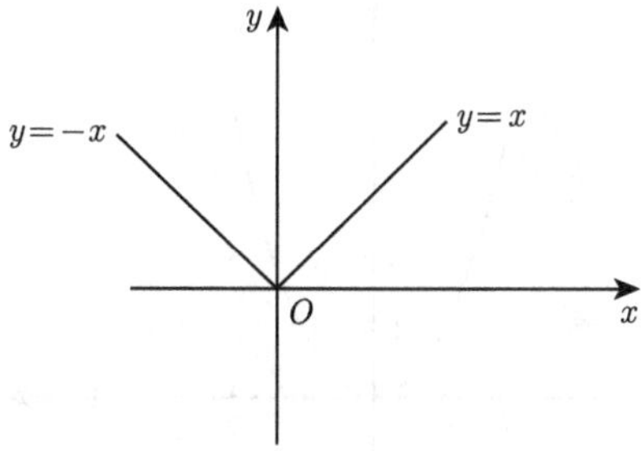

图 1.34

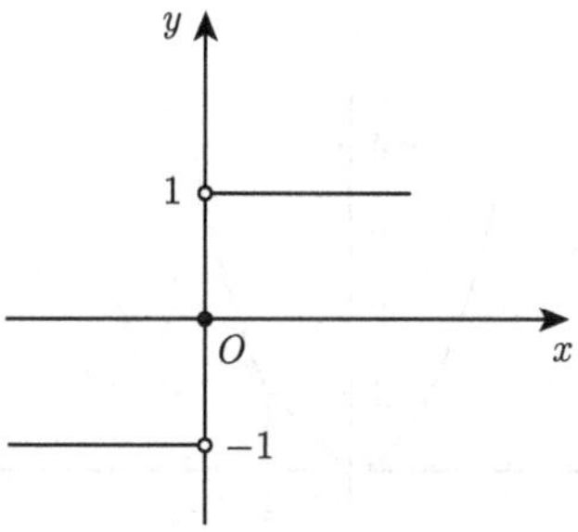

图 1.35

例 8 取整函数

$$y = [x],$$

其中 x 为任一实数, $[x]$ 表示不超过 x 的最大整数, 称为 x 的**整数部分**, 例如

$$\left[\frac{3}{5}\right] = 0, \quad [\sqrt{3}] = 1, \quad [\pi] = 3,$$

$$[-1] = -1, \quad [-3.5] = -4.$$

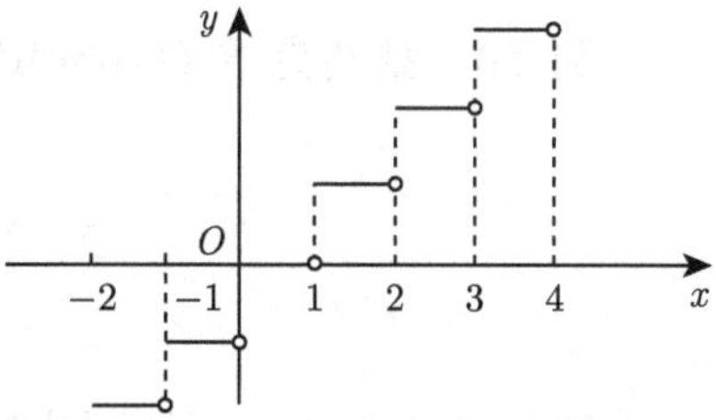

图 1.36

它的图形如图 1.36 所示. 类似图 1.36 的曲线称为**阶梯曲线**. 在 x 为整数值处, 图形发生跳跃, 跃度为 1, 分界点为

$$x = 0, \pm 1, \pm 2, \cdots.$$

例 9 最值函数 函数 $f(x) = \max\left(x, x^2\right)$, $x \in [-2, 2]$ 是一个分段函数, 作出 $y = x$ 及 $y = x^2$ 在 $[-2, 2]$ 上的图形, 如图 1.37 所示, 由图可知

$$f(x) = \max\left(x, x^2\right) = \begin{cases} x^2, & -2 \leqslant x < 0, \\ x, & 0 \leqslant x < 1, \\ x^2, & 1 \leqslant x \leqslant 2. \end{cases}$$

同样, 作出函数 $f(x) = \min\left(2, x^2\right)$ 在 $[-2, 2]$ 上的图形, 如图 1.38 所示, 由图可知

$$f(x) = \min\left(2, x^2\right) = \begin{cases} 2, & -2 \leqslant x < -\sqrt{2}, \\ x^2, & -\sqrt{2} \leqslant x \leqslant \sqrt{2}, \\ 2, & \sqrt{2} < x \leqslant 2. \end{cases}$$

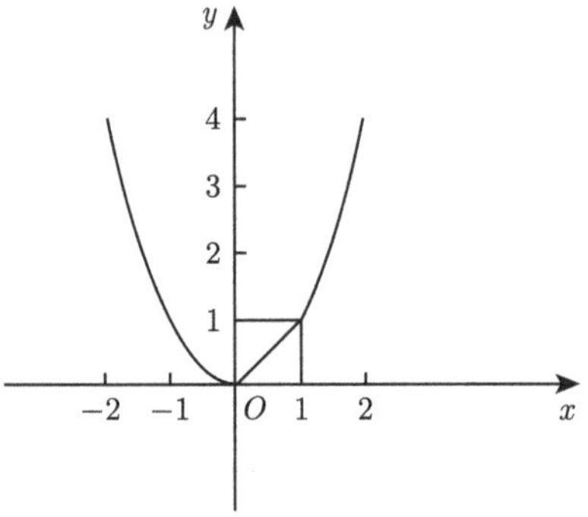

图 1.37

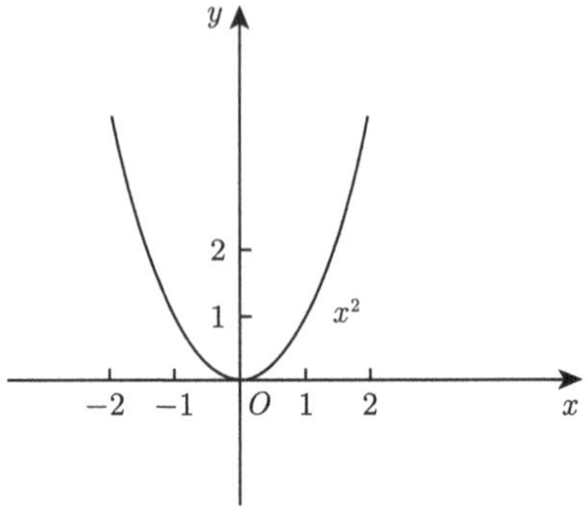

图 1.38

例 10 狄利克雷 (Dirichlet) 函数

$$D(x)=\begin{cases}1, & x\text{ 是有理数},\\ 0, & x\text{ 是无理数}.\end{cases}$$

这个函数的图形无法画出来, 它在数学史上起过重要作用, 帮助澄清过许多概念.

1.3.2 初等函数

1. 基本初等函数

(1) **常值函数** $y=C$ 或 $x=C$ (C 为常数), 如图 1.39 所示.

(2) **幂函数** $y=x^{\alpha}$(α 为任意实数), 如图 1.40 所示.

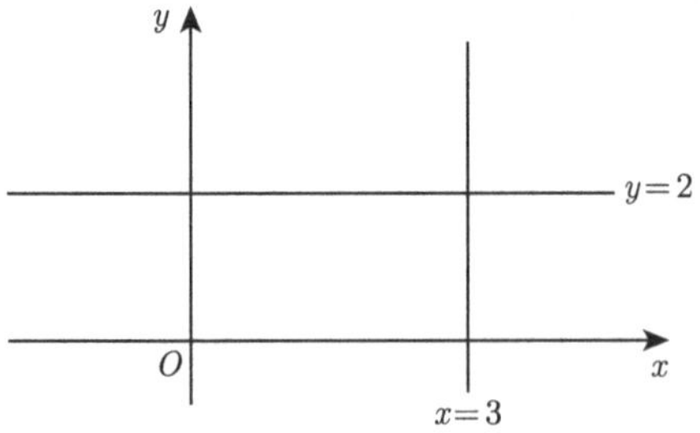

图 1.39

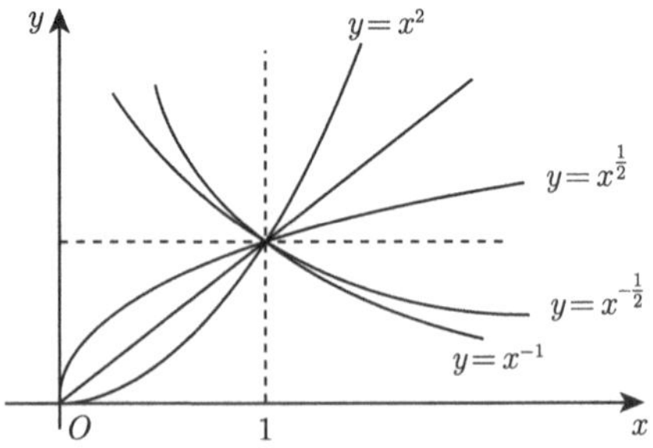

图 1.40

(3) **指数函数** $y=a^{x}$ ($a>0,\ a\neq 1,\ a$ 为常数), 如图 1.41 所示.

(4) **对数函数** $y=\log_a x$ ($a>0,\ a\neq 1,\ a$ 为常数), 如图 1.42 所示.

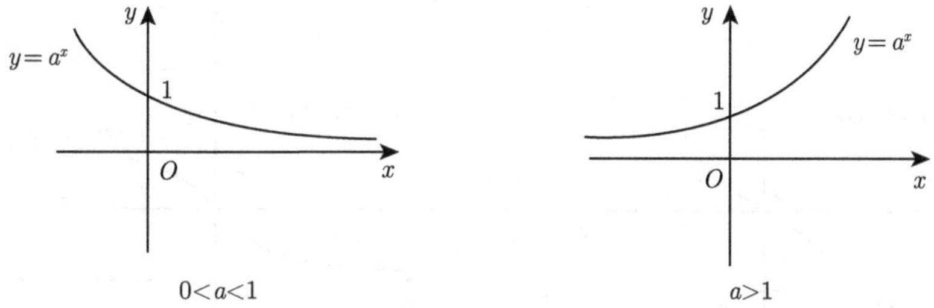

图 1.41

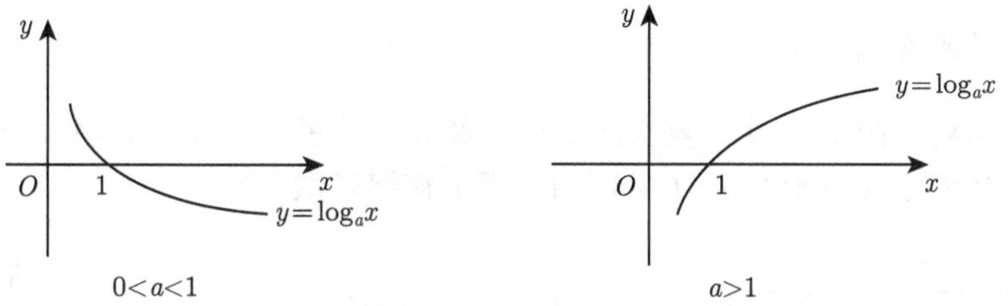

图 1.42

特别地, 以 e 为底的对数函数, 称为**自然对数函数**, 记为 $y=\ln x$.

(5) **三角函数** $y=\sin x, y=\cos x, y=\tan x, y=\cot x, y=\sec x, y=\csc x$, 如图 1.43 所示.

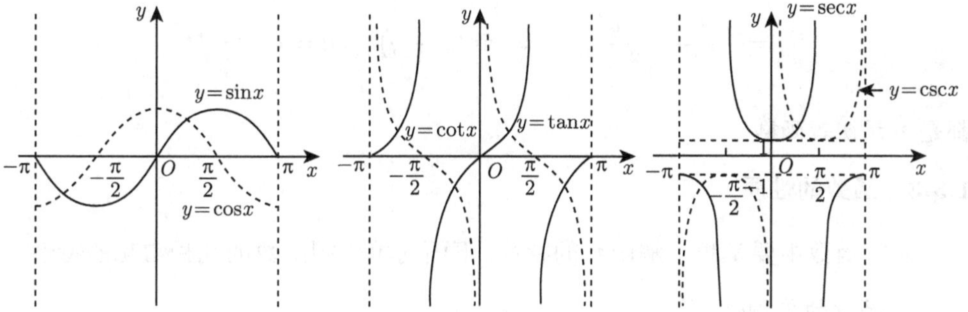

图 1.43

(6) **反三角函数** $y=\arcsin x, y=\arccos x, y=\arctan x, y=\mathrm{arccot} x$, 如图 1.44 所示.

常值函数、幂函数、指数函数、对数函数、三角函数和反三角函数统称为**基本初等函数**.

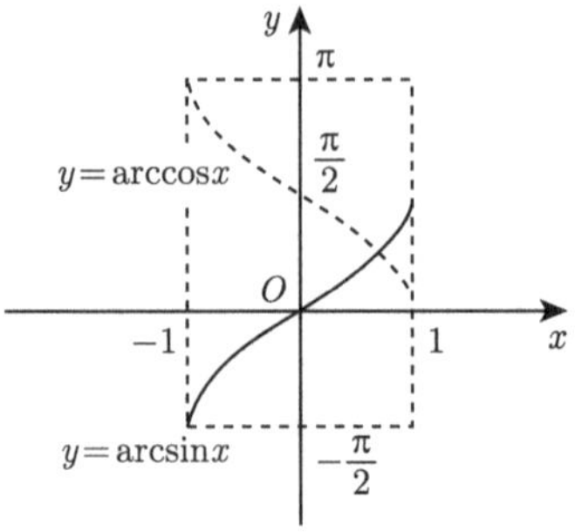

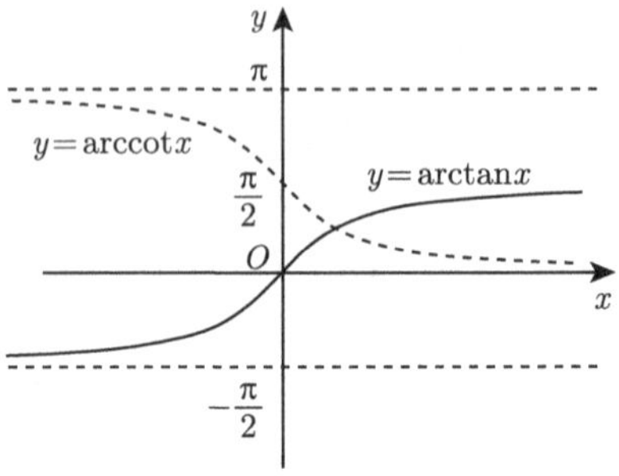

图 1.44

2. 初等函数的定义

由基本初等函数经过有限次四则运算和有限次的函数复合步骤所构成的, 且能够用一个表达式表示的函数, 称为 **(一元) 初等函数**. 例如

$$y=\sqrt{1+x},\ y=\sqrt{1-2^x},\ y=\sin^2 x,\ y=\tan(\ln x)^2,\ y=\arctan\sqrt{\frac{1+\sin x}{1-\sin x}}$$

等都是初等函数.

注 与一元初等函数类似, **多元初等函数**是指可用一个式子所表示的多元函数, 这个式子是由具有不同自变量的一元基本初等函数经过有限次的四则运算和复合运算而得到的. 例如

$$z=\frac{x+x^2-y^2}{1+y^2},\quad z=\sin(x+y),\quad u=\mathrm{e}^{x^2+y^2+z^2}$$

都是多元初等函数.

1.3.3 函数的性质

研究函数主要是想了解函数的特性, 下面简单介绍函数的几种常见的特性.

1. 函数的单调性

定义 1.3.6 设函数 $y=f(x)$ 在数集 D 上有定义, 对于任意 $x_1,x_2\in D$,
若 $x_1<x_2$, 有 $f(x_1)<f(x_2)$, 则称函数 $y=f(x)$ 为在 D 上的**单调增函数**;
若 $x_1<x_2$, 有 $f(x_1)>f(x_2)$, 则称函数 $y=f(x)$ 为在 D 上的**单调减函数**.

从几何图形上看, 单调增函数如图 1.45 所示随着自变量的增大而上升, 单调减函数如图 1.46 所示随着自变量的增大而下降.

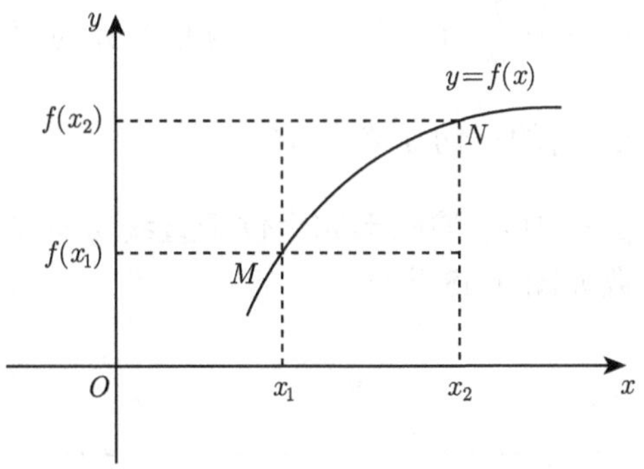

图 1.45

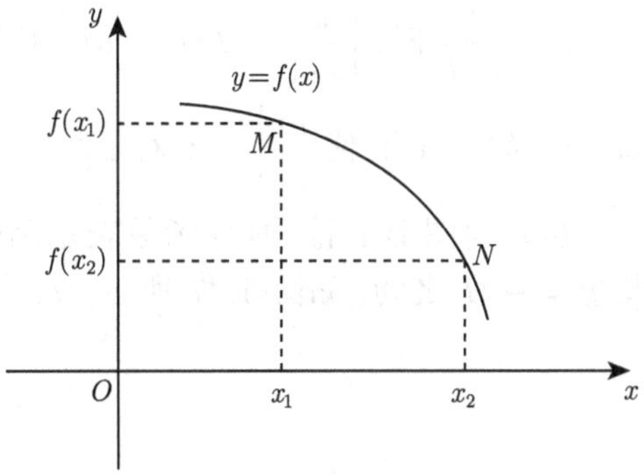

图 1.46

因此, 单调增函数 $y = f(x)$ 也说成函数 $y = f(x)$ 为在 D 上**单调递增**或**单调上升**, 单调减函数 $y = f(x)$ 也说成函数 $y = f(x)$ 为在 D 上**单调递减**或**单调下降**. 单调上升和单调下降函数统称为**单调函数**.

若 $x_1 < x_2$, 有 $f(x_1) \leqslant f(x_2)$, 则称函数 $y = f(x)$ 为在 D 上的**广义单调增函数**;

若 $x_1 < x_2$, 有 $f(x_1) \geqslant f(x_2)$, 则称函数 $y = f(x)$ 为在 D 上的**广义单调减函数**.

注 有时也称广义单调函数为**单调函数**; 而称单调函数为**严格单调函数**.

例如, 函数 $y = x^3$ 在 $(-\infty, +\infty)$ 上是单调上升的. 函数 $y = x^2$ 在 $(-\infty, 0)$ 上单调下降, 在 $(0, +\infty)$ 上单调上升, 但在 $(-\infty, +\infty)$ 上不是单调的. 函数 $y = [x]$ 在 $(-\infty, +\infty)$ 上不是单调上升的, 却是广义单调上升的.

2. *函数的有界性*

定义 1.3.7 设函数 $y = f(x)$ 在数集 D 上有定义, 若存在常数 $M > 0$, 对任意 $x \in D$, 都有

$$|f(x)| \leqslant M,$$

则称函数 $y = f(x)$ 在 D 上**有界**, 或称函数 $y = f(x)$ 在 D 上为**有界函数**; 如果这样的 M 不存在, 则称函数 $f(x)$ 在 D 上**无界**, 或称函数 $y = f(x)$ 在 D 上为**无界函数**.

例如, 函数 $f(x) = \sin x$, $f(x) = \cos x$ 在 $(-\infty, +\infty)$ 内是有界的, 因为存在正数 $M = 1$, 无论 x 取任何实数, 都有 $|\sin x| \leqslant 1$, $|\cos x| \leqslant 1$. 函数 $f(x) = \dfrac{1}{x}$ 在开区间 $(0, 1)$ 内是无界的, 因为不存在这样的正数 M, 使 $\left|\dfrac{1}{x}\right| \leqslant M$ 对于 $(0, 1)$ 内的一切 x 都成立, 事实上, 对于任意取定的正数 M(不妨设 $M > 1$), 则 $\dfrac{1}{2M} \in (0, 1)$,

当 $x_1=\dfrac{1}{2M}$ 时, $\left|\dfrac{1}{x_1}\right|=2M>M$, 但是 $f(x)=\dfrac{1}{x}$ 在区间 $(1,2)$ 内是有界的, 例如可取 $M=1$ 而使 $\left|\dfrac{1}{x}\right|\leqslant 1$ 对于区间 $(1,2)$ 内的一切 x 都成立.

从几何图形上看, 有界函数表示函数 $y=f(x)$ 的图形完全位于直线 $y=M$ 及 $y=-M$ 之间, 如图 1.47 所示, 无界函数如图 1.48 所示.

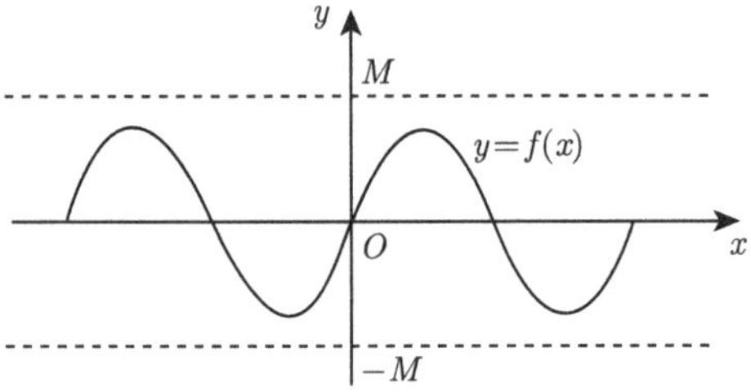

图 1.47

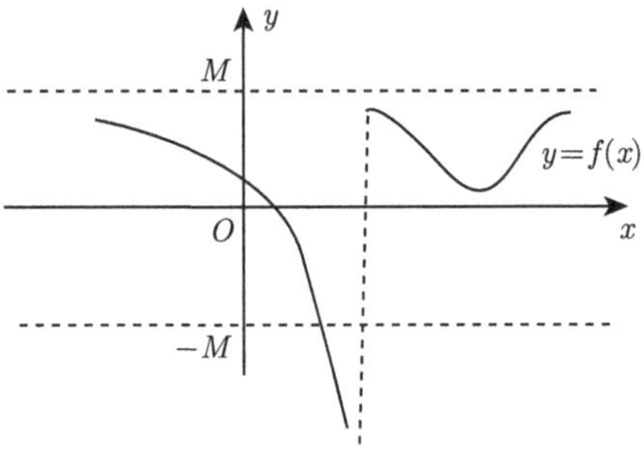

图 1.48

如果存在常数 M_1, 对任意 $x\in D$, 都有 $f(x)\leqslant M_1$, 则称函数 $f(x)$ 在 D 上有**上界**. 如果存在常数 M_2, 对任意 $x\in D$, 都有 $f(x)\geqslant M_2$, 则称函数 $f(x)$ 在 D 上有**下界**.

例如, 正弦函数 $y=\sin x$ 在 $(-\infty,+\infty)$ 上是有界函数, 1 是它的一个上界且是最小的上界, -1 是它的一个下界且是最大的下界.

注　将有界性定义中的一元函数换成 n 元函数, 数集 D 换成空间 $\mathbf{R}^n$ 中的点集 D, 可完全一样地得到 n 元函数的有界性定义. 例如, 二元函数

$$z=\frac{1+\cos(xy)}{1+x^2+y^2}$$

在整个平面 $\mathbf{R}^2$ 上是有界函数, 其中 2 是它的一个上界, 0 是它的一个下界. 二元函数

$$z=1+x^2+y^2+\cos(xy)$$

在整个平面 $\mathbf{R}^2$ 上是无界函数; 但在点集

$$D=\left\{(x,y)\,|\,x^2+y^2\leqslant 1\right\}$$

上有界, 此时容易知道 3 是它的一个上界, 0 是它的一个下界.

3. 函数的奇偶性

定义 1.3.8 设函数 $y=f(x)$ 的定义域 D 关于原点对称, 对于任意 $x \in D$,
(1) 如果 $f(-x)=f(x)$, 则称函数 $y=f(x)$ 为 D 上的**偶函数**;
(2) 如果 $f(-x)=-f(x)$, 则称函数 $y=f(x)$ 为 D 上的**奇函数**.
从几何图形上看, 偶函数的图像关于 y 轴对称 (图 1.49), 奇函数的图像关于原点对称 (图 1.50).

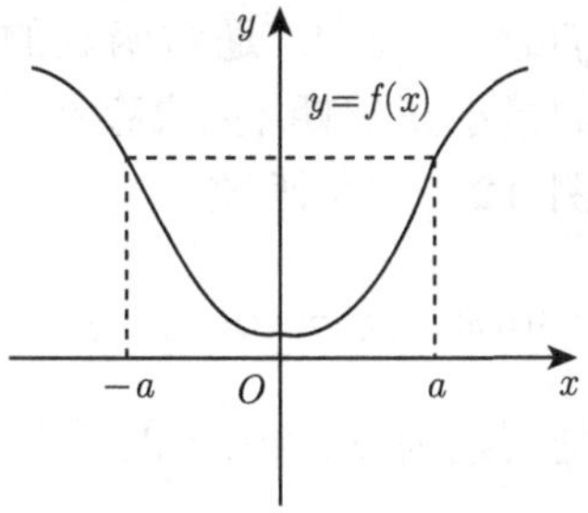

图 1.49

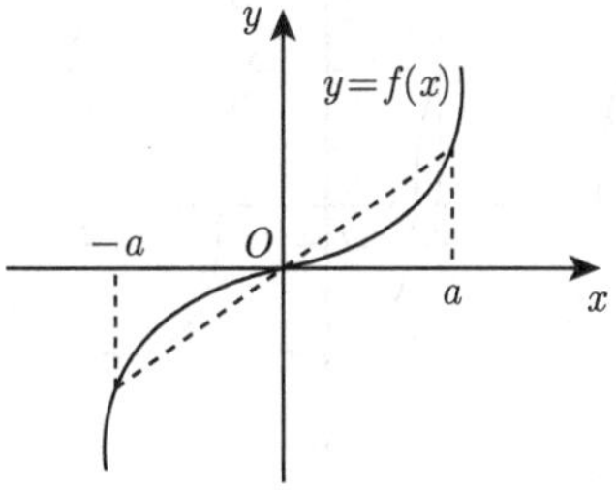

图 1.50

例如, 幂函数 $y=x^n$, 当 n 为奇数时是奇函数, 当 n 为偶数时是偶函数. 特别地, $y=x^3$ 是奇函数, 而 $y=x^2$ 是偶函数, 它们的图形分别如图 1.51 和图 1.52 所示.

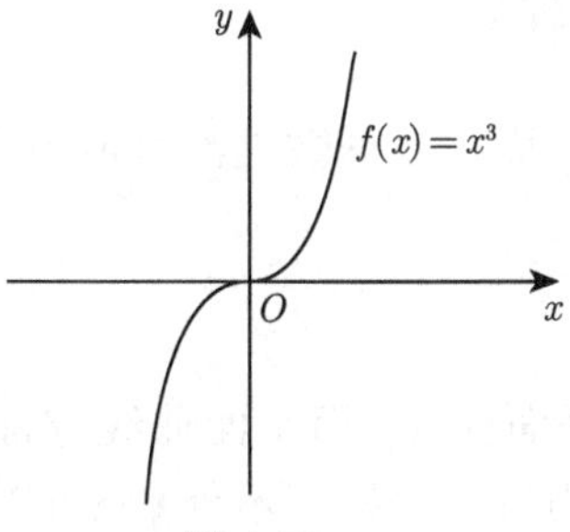

图 1.51

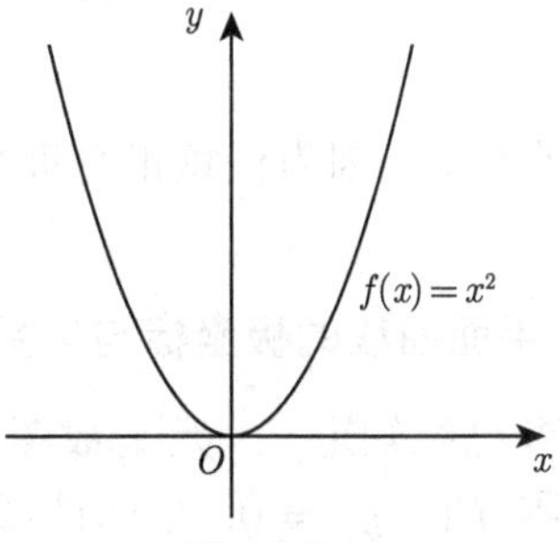

图 1.52

例 11 判断 $f(x)=\ln(\sqrt{x^2+1}+x)$ 的奇偶性.

解 $f(x)$ 的定义域为 $(-\infty,+\infty)$, 且

$$f(-x)=\ln(\sqrt{(-x)^2+1}-x)=\ln\frac{1}{\sqrt{x^2+1}+x}=-f(x),$$

所以 $f(x)$ 为奇函数.

4. 函数的周期性

定义 1.3.9　设函数 $y=f(x)$ 的定义域为 D_f, 若存在常数 T, 使得对于任意 $x\in D_f$, $x+T\in D_f$, 均有

$$f(x+T)=f(x),$$

则称函数 $y=f(x)$ 为**周期函数**, T 称为函数 $y=f(x)$ 的**周期**.

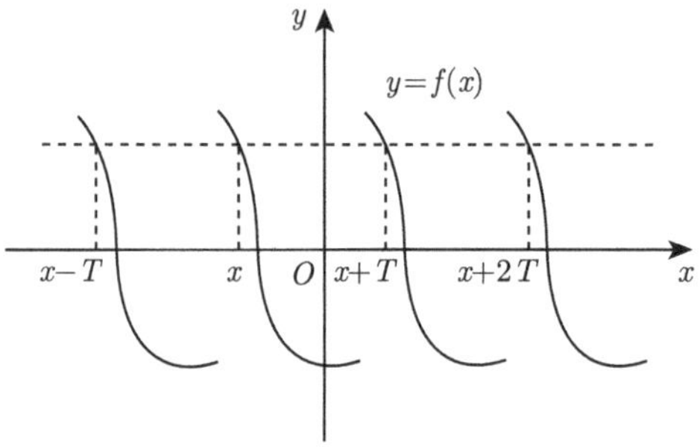

图 1.53

如图 1.53 所示, 若 T 是函数 $y=f(x)$ 的周期, 则 $2T, 3T, \cdots$ 都是函数 $y=f(x)$ 的周期. 通常函数的周期是指它的最小正周期 (如果存在的话).

例 12　三角函数

$$y=\sin x,\quad y=\cos x,\quad y=\tan x$$

分别是周期为 $2\pi, 2\pi, \pi$ 的周期函数.

$$y=x-[x]$$

是周期为 1 的函数.

注　并不是所有周期函数都有最小正周期. 例如, 狄利克雷函数

$$D(x)=\begin{cases}1, & x \text{ 是有理数},\\ 0, & x \text{ 是无理数}\end{cases}$$

没有最小周期. 因为任意正有理数都是它的周期, 而正有理数是没有最小 (正有理数) 的.

1.3.4　平面曲线的极坐标与参数方程

读者已经知道, 一元函数图形通常是一条平面曲线, 而平面曲线方程是一个二元方程 $F(x,y)=0$. 平面曲线方程除了可以用直角坐标表示外, 还可以用极坐标方程与参数方程来表示.

1. 平面曲线的极坐标方程

如图 1.54, 在平面内取一个定点 O, 叫做**极点**; 自极点 O 引一条射线 Ox, 叫做**极轴**; 再选定一个长度单位, 一个角度单位 (通常取弧度) 及其正方向 (通常取逆时针方向), 这样就建立了一个极坐标系.

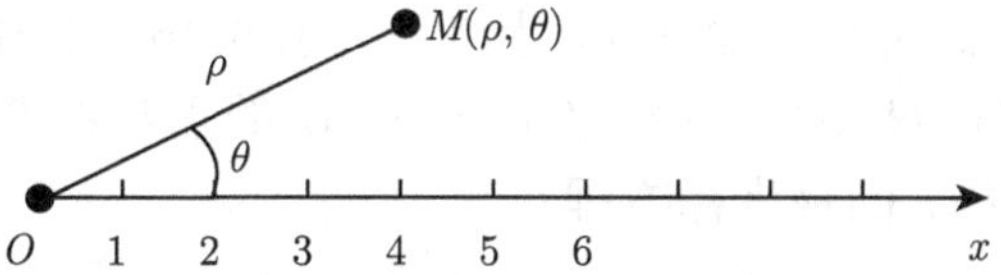

图 1.54

设 M 是平面内一点, 极点 O 与点 M 的距离 $|OM|$ 叫做点 M 的**极径**, 记作 ρ; 以极轴 Ox 为始边, 射线 OM 为终边的角 xOM 叫做点 M 的**极角**, 记作 θ. 有序对 (ρ,θ) 叫做点 M 的极坐标, 记作 $M(\rho,\theta)$.

一般地, 不作特殊说明时, $\rho \geqslant 0$, θ 可取任意实数.

建立极坐标系后, 给定 ρ 和 θ, 就可以在平面内唯一确定点 M; 反过来, 给定平面内任意一点, 也可以找到它的极坐标 (ρ,θ). 和直角坐标不同, 平面内一个点的极坐标有无数种表示, 极坐标 (ρ,θ) 与 $(\rho,\theta+2k\pi)(k\in\mathbf{Z})$ 表示同一个点.

如果规定 $\rho>0$, $0\leqslant\theta<2\pi$, 那么除极点外, 平面内的点可用唯一的极坐标 (ρ,θ) 表示; 同时, 极坐标 (ρ,θ) 表示的点也是唯一确定的.

把直角坐标系的原点作为极点, x 轴的正半轴作为极轴, 并在两种坐标系中取相同的长度单位. 设 M 是平面内任意一点, 它的直角坐标是 (x,y), 极坐标是 (ρ,θ), 如图 1.55 可知

$$x=\rho\cos\theta,\quad y=\rho\sin\theta$$

及

$$\rho^2=x^2+y^2,\quad \tan\theta=\frac{y}{x}.$$

称其为**极坐标与直角坐标的互换公式**.

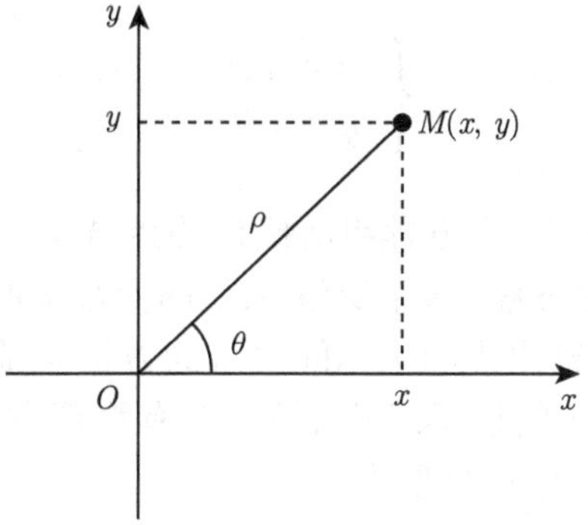

图 1.55

在极坐标系中, 如果平面曲线 C 上任意一点的极坐标中至少有一个满足方程 $f(\rho,\theta)=0$, 并且坐标适合方程 $f(\rho,\theta)=0$ 的点都在曲线 C 上, 那么方程 $f(\rho,\theta)=0$ 叫做曲线 C 的**极坐标方程**.

易知, $\rho=r$ 表示以极点为圆心, r 为半径的圆; $\theta=\dfrac{\pi}{4}$ 表示以极点为始点, 斜率为 1 的射线.

例 13 求 $x^2+y^2=2x$ 的极坐标方程.

解 令 $x=\rho\cos\theta$, $y=\rho\sin\theta$, 代入方程得

$$\rho^2=2\rho\cos\theta,$$

即

$$\rho=2\cos\theta,$$

因此, $x^2+y^2=2x$ 的极坐标方程为 $\rho=2\cos\theta$.

例 14 求双纽线 $\rho^2=2a^2\cos 2\theta(a>0)$ 的直角坐标方程.

解 由 $\rho^2=2a^2\cos 2\theta$, 得 $\rho^4=2a^2\rho^2(\cos^2\theta-\sin^2\theta)$. 因为

$$\rho^4=(x^2+y^2)^2,\quad \rho^2\cos^2\theta=x^2,\quad \rho^2\sin^2\theta=y^2,$$

代入方程得

$$(x^2+y^2)^2=2a^2(x^2-y^2).$$

因此, $\rho^2=2a^2\cos 2\theta(a>0)$ 的直角坐标方程为 $(x^2+y^2)^2=2a^2(x^2-y^2)$.

2. 平面曲线的参数方程

在平面直角坐标系中, 如果曲线上任意一点的坐标 x,y 都是某个变数 t 的函数

$$\begin{cases} x=f(t), \\ y=g(t), \end{cases}$$

并且对于 t 的每一个允许值, 由方程组所确定的点 $M(x,y)$ 都在这条曲线上, 方程组就叫做这条曲线的**参数方程**, 联系变量 x,y 的变数 t 叫做**参变数**, 简称**参数**. 相对于参数方程而言, 直接给出点的坐标间关系的方程叫做**普通方程**.

参数是联系变量 x,y 的桥梁, 可以是一个有物理意义或几何意义的变数, 也可以是一个没有明显实际意义的变数.

例如椭圆 $\dfrac{x^2}{a^2}+\dfrac{y^2}{b^2}=1$ 的一个参数方程为

$$\begin{cases} x = a\cos\theta, \\ y = b\sin\theta. \end{cases}$$

例 15 当一个半径为 r 的圆沿着一条定直线无滑动地滚动时, 圆周上一个定点 M 的轨迹叫做**摆线** (或**旋轮线**), 求摆线的方程.

解 取定直线为 x 轴, 定点 M 滚动时落在定直线上的一个位置为原点, 建立直角坐标系 (图 1.56).

设开始时定点 M 在原点, 圆滚动了 θ 角后与 x 轴相切于点 A, 圆心在点 B. 从点 M 分别作 AB, x 轴的垂线, 垂足分别为 C, D. 设点 M 的坐标为 (x, y), 取 θ 为参数, 有

$$x = |OD| = |OA| - |DA| = r\theta - r\sin\theta,$$

$$y = |DM| = |AC| = |AB| - |CB| = r - r\cos\theta.$$

因此, 摆线的参数方程为

$$\begin{cases} x = r(\theta - \sin\theta), \\ y = r(1 - \cos\theta). \end{cases}$$

注 摆线在它与定直线的两个相邻交点之间的部分叫做一个拱. 如图 1.56 中 O, E 间的部分就是一个拱.

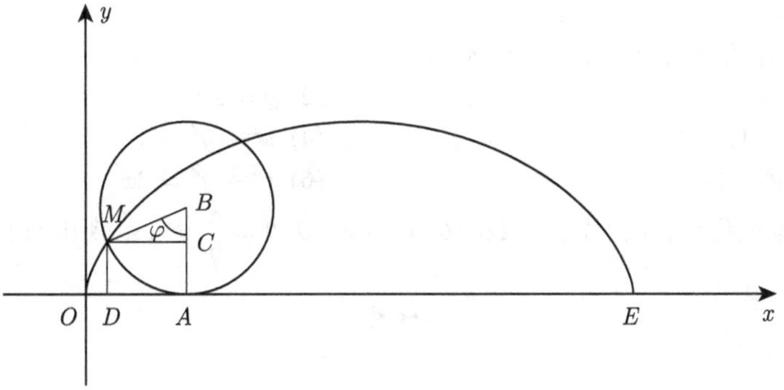

图 1.56

习 题 1.3

A 组

1. 下列各组函数是否表示相同的函数? 为什么?

(1) $y = \lg x^2$ 与 $y = 2\lg x$; (2) $y = 1$ 与 $y = \sin^2 x + \cos^2 x$;

(3) $y=\dfrac{x^2-1}{x-1}$ 与 $y=x+1$; (4) $y=-x|x|$ 与 $y=-x^2$.

2. 某销售商规定, 某产品销量在 10 件以内 (含 10 件) 时按每件 50 元销售, 超过 10 件时, 超过部分按每件优惠 10 元销售. 试建立销售收入与销售量之间的函数关系.

3. 判断下列函数的奇偶性.

(1) $f(x)=\dfrac{3^x+3^{-x}}{2}$; (2) $f(x)=\ln\left(\dfrac{1+x}{1-x}\right)$; (3) $f(x)=xe^x$.

4. 证明: 函数 $f(x)=x-[x]$ 是以 1 为周期的周期函数.

5. 设

$$f(x)=\begin{cases}1, & |x|\leqslant 1,\\ 0, & |x|>1,\end{cases}\qquad g(x)=\begin{cases}2-x^2, & |x|\leqslant 1,\\ 2, & |x|>1,\end{cases}$$

求 (1) $f[g(x)]$; (2) $g[f(x)]$.

6. 指出下列各复合函数的复合过程.

(1) $y=2^{\sin^2 x}$; (2) $y=\ln\sqrt{x^2-3x+2}$;

(3) $y=\tan^5\sqrt[3]{\lg(\arcsin x)}$; (4) $z=\sin\arctan\left(x^2+y\right)$.

7. 求下列函数的反函数.

(1) $y=2x^3+1$; (2) $y=1-\ln(x+2)$.

8. 设函数 $f(x)$ 在 $(-\infty,+\infty)$ 内单调增加, 且对一切 x 有 $f(x)\leqslant g(x)$, 证明

$$f[f(x)]\leqslant g[g(x)].$$

9. 设 $f(1-x)=\dfrac{1+x}{2x-1}$, 求 $f(x)$.

10. 求函数 $y=\sin^2 x$ 的周期.

11. 把下列直角坐标方程化成极坐标方程:

(1) $x=4$; (2) $y=2$;

(3) $x-y=1$; (4) $x^2+y^2=4$

(5) $x^2+y^2=2y$; (6) $x^2+y^2=2x$.

12. 在极坐标系下作出曲线 $\rho=2\cos\theta,\rho=4\cos\theta$, $\theta=\dfrac{\pi}{6},\theta=\dfrac{\pi}{3}$ 所围的平面区域.

B 组

1. 选择题

(1) 函数 $f(x)=xe^{\sin x}\tan x$ 是 (　　).

A. 偶函数　B. 无界函数　C. 周期函数　D. 单调函数

(2) 函数 $f(x)=|x\sin x|e^{\cos x}$ 是 (　　).

A. 有界函数　B. 单调函数　C. 周期函数　D. 偶函数

2. 已知 $f\left(x+\dfrac{1}{x}\right)=x^2+\dfrac{1}{x^2}$, 求 $f(x)$.

3. 已知函数 $f(x+1)=x^2-3x-2$, 求 $f(x)$.

4. 设 $f(x)$ 为定义在 $(-l,l)$ 内的奇函数, 若 $f(x)$ 在 $(0,l)$ 内单调增加, 证明 $f(x)$ 在 $(-l,0)$ 内单调增加.

5. 证明 $f(x)=\dfrac{ax^2+bx+c}{1+x^2}$ 在 $(-\infty, +\infty)$ 上为有界函数, 其中 a, b, c 为常数.

6. 已知 $f(x)$ 是二次多项式, 且 $f(x+1)-f(x)=8x+3$, 求 $f(x)$.

7. 设函数 $f(x)$ 的定义域为 $(-l,l)$, 证明必存在 $(-l,l)$ 上的偶函数 $g(x)$ 及奇函数 $h(x)$, 使得

$$f(x)=g(x)+h(x).$$

8. 求曲线 $x^2+y^2-xy=1$ 的一个参数方程.

1.4 数列的极限

1. 了解数列极限的概念;
2. 掌握数列极限的基本性质及运算法则;
3. 会求一些简单数列的极限.

1.4.1 问题的引入

通过前面的学习, 同学们对函数的概念有了进一步的了解. 如果研究物体运动只停留在函数概念本身, 即仅仅把运动看成物体某一时刻在某一地方, 这是以一种静态的观点来理解物体运动, 不能达到揭示变量变化的内部规律的目的, 也就意味着还没有脱离初等数学的范畴, 因此, 需要借助动态的观点来揭示函数所确定的自变量和因变量之间的变化关系, 只有这样才算是真正意义上开始进入高等数学的研究领域.

极限作为进入高等数学的钥匙和工具, 必须加以特别的重视和关注. 对此首先从最简单的、最基本的数列极限开始, 尽管 "极限" 作为一个名词对大家而言并不陌生.

定义 1.4.1 按照一定顺序排列的一列数

$$x_1, x_2, x_3, \cdots, x_n, \cdots \tag{1.4.1}$$

称为**数列**, 简记为 $\{x_n\}$, 第 n 项 x_n 称为**通项**或**一般项**.

数列 $\{x_n\}$ 也可看作是定义在正整数集合上的函数

$$x_n=f(n) \quad (n=1,2,\cdots). \tag{1.4.2}$$

对于一个给定的数列 $\{x_n\}$, 现在不是去研究它的每一项是什么, 而是想知道, 当 n 无限增大时, 它的通项 x_n 的变化趋势. 为了研究数列的变化趋势, 先看下面引例.

引例 1.4.1(芝诺悖论) 乌龟和兔子赛跑, 乌龟在兔子前面 100 m, 两者同时起跑, 兔子的速度是乌龟的 10 倍, 问兔子能否追上乌龟?

从常识的角度结论是显然的. 但是芝诺认为: 兔子跑完 100 m 时, 乌龟已前进 10 m; 当兔子跑完了这 10 m 时, 乌龟又前进了 1 m; 当兔子又跑了这 1 m 时, 乌龟又前进了 0.1 m; 如此下去, 龟兔的距离构成一个数列

$$100, 10, 1, \frac{1}{10}, \frac{1}{100}, \cdots \quad 或 \quad \left\{\frac{100}{10^{n-1}}\right\}.$$

兔子岂不是永远追不上乌龟了吗? 此数列的变化趋势为零. 在这个过程中, 兔子追上了乌龟. 芝诺的错误在于将无限变化的时间与无限变化的空间等同起来, 有时无穷与有限间的关系就是这样微妙地迷惑着人们的直觉.

引例 1.4.2 战国时代哲学家庄周所著的《庄子·天下篇》引用过一句话: "一尺之棰, 日取其半, 万世不竭. " 也就是说一根一尺长的木棒, 每天截去一半, 这样的过程可以一直无限制地进行下去, 将每天截后的木棒排成一列, 其长度组成的数列为

$$\frac{1}{2}, \frac{1}{4}, \frac{1}{8}, \cdots, \frac{1}{2^n}, \cdots \quad 或 \quad \left\{\frac{1}{2^n}\right\},$$

随着 n 无限的增加, 木棒的长度无限的趋近于零, 如图 1.57 所示.

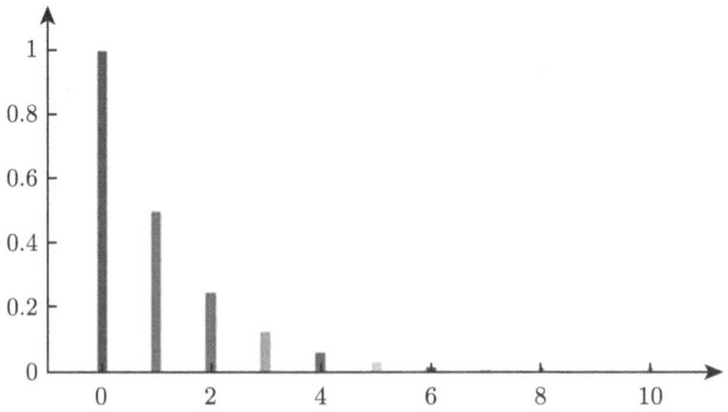

图 1.57

引例 1.4.3 三国时期, 刘徽提出了“割圆求周”的思想: 首先将直径为 1 的圆周分成六等份, 量得圆内接正六边形的周长, 再平分各弧, 量出内接正十二边形的周长, 这样无限制地分割下去, 设所得的正 3×2^n 边形的边长为 a_n, 则周长为 $C_n=3\times 2^n a_n$, 就得到一个 (内接正多边形的周长组成的) 数列 $\{C_n\}$, 如图 1.58 所示. 因为

$$a_1=r=\frac{1}{2},\quad DE=r-\sqrt{r^2-\frac{a_n^2}{4}},$$

所以根据勾股定理有

$$a_{n+1}^2=\left(\frac{a_n}{2}\right)^2+DE^2=\frac{a_n^2}{4}+\left(\frac{1}{2}-\sqrt{\frac{1}{4}-\frac{a_n^2}{4}}\right)^2=\frac{1}{2}\left(1-\sqrt{1-a_n^2}\right),\quad n=1,2,\cdots.$$

故

$$C_{n+1}=3\times 2^{n+1}a_{n+1}=3\cdot 2^{n+\frac{1}{2}}\left(1-\sqrt{1-a_n^2}\right)^{\frac{1}{2}},\quad n=1,2,\cdots.$$

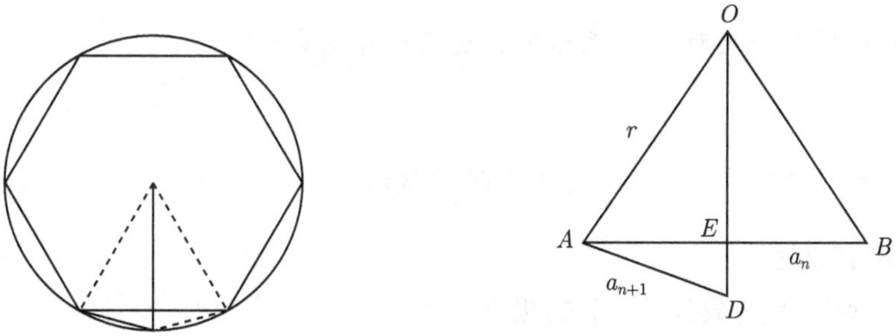

图 1.58

列表可得表 1.2.

表 1.2

n	正多边形	周长 C_n	n	正多边形	周长 C_n
1	6	3.00000000	9	1536	3.14159046
2	12	3.10582854	10	3072	3.141592106
3	24	3.13262861	11	6144	3.141592517
4	48	3.13935020	12	12288	3.141592619
5	96	3.14103195	13	24576	3.141592645
6	192	3.14145247	14	49152	3.141592651
7	384	3.14155761	15	98304	3.141592653
8	768	3.14158389	⋮	⋮	⋮

从上表可以看出, 随着 n 的无限增大, 正 3×2^n 边形的周长 C_n 无限地接近圆的周长 π. 这正如刘徽所说 "割之弥细, 所失弥少, 割之又割, 以至于不可割, 则与圆合体而无所失矣".

上述三个引例具有一个共同的特征:

随着自变量 n 的无限增大, 因变量 $f(n)$ 无限地接近于一个常数.

这就是即将要学习的 "极限" 的基本思想.

1.4.2 极限的定义

定义 1.4.2 对于数列 $\{x_n\}$, 如果当 n 无限增大时, x_n 无限趋向于某一个常数 A, 则称 A 为数列 $\{x_n\}$ 的**极限** (limit). 记作

$$\lim_{n\to\infty} x_n = A \quad 或 \quad x_n \to A \quad (n\to\infty).$$

如果一个数列 $\{x_n\}$ 有极限 A, 则称这个数列 $\{x_n\}$ 是**收敛数列**, 也称数列 $\{x_n\}$ 收敛于 A. 否则就称它是**发散数列**.

注 收敛数列 $\{x_n\}$ 的特性是

当 n 无限的增大时, x_n 无限地接近某一个常数 A.

这就是说

当 n 无限的增大时, $|x_n - A|$ 无限地接近 0.

发散数列没有极限.

例 1 观察下列数列 $\{x_n\}$ 的极限:

(1) $x_n = \dfrac{n}{n+1}$; (2) $x_n = \dfrac{1}{2^n}$; (3) $x_n = 2n+1$;

(4) $x_n = (-1)^{n+1}$; (5) $x_n = -2$; (6) $x_n = \dfrac{1}{n}$.

解 观察数列在 $n\to\infty$ 时的变化趋势, 得

(1) 当 n 依次取 1, 2, 3, 4, 5, $\cdots$ 时, 数列 $\left\{\dfrac{n}{n+1}\right\}$ 的各项依次为

$$\frac{1}{2}, \frac{2}{3}, \frac{3}{4}, \frac{4}{5}, \frac{5}{6}, \cdots, \frac{n}{n+1}, \cdots,$$

所以极限 $\lim\limits_{n\to\infty} \dfrac{n}{n+1} = 1$.

(2) 当 n 依次取 1, 2, 3, 4, 5, $\cdots$ 时, 数列 $\left\{\dfrac{1}{2^n}\right\}$ 的各项依次为

$$\frac{1}{2}, \frac{1}{4}, \frac{1}{8}, \frac{1}{16}, \frac{1}{32}, \cdots, \frac{1}{2^n}, \cdots,$$

所以极限 $\lim\limits_{n\to\infty} \dfrac{1}{2^n} = 0.$

一般地, 任何一个等比数列 $\{q^n\}\,(|q|<1)$ 的极限都是零, 即

$$\lim_{n\to\infty} q^n = 0 \quad (|q|<1).$$

(3) 当 n 依次取 1, 2, 3, 4, 5, $\cdots$ 时, 数列 $\{2n+1\}$ 的各项依次为

$$3, 5, 7, 9, 11, \cdots, 2n+1, \cdots,$$

所以极限 $\lim\limits_{n\to\infty}(2n+1)$ 不存在.

(4) 当 n 依次取 1, 2, 3, 4, 5, $\cdots$ 时, 数列 $\{x_n = (-1)^{n+1}\}$ 的各项依次为

$$1, -1, 1, -1, 1, \cdots, (-1)^{n+1}, \cdots,$$

所以极限 $\lim\limits_{n\to\infty}(-1)^{n+1}$ 不存在.

(5) 这个数列的各项都是 -2, 故有 $\lim\limits_{n\to\infty}(-2) = -2.$

一般地, 任何一个常数列 $\{C\}$ 的极限就是这个常数本身, 即

$$\lim_{n\to\infty} C = C \quad (C\text{ 为常数}).$$

(6) 当 n 依次取 1, 2, 3, 4, 5, $\cdots$ 时, 数列 $\left\{\dfrac{1}{n}\right\}$ 的各项依次为

$$\frac{1}{1}, \frac{1}{2}, \frac{1}{3}, \frac{1}{4}, \frac{1}{5}, \cdots, \frac{1}{n}, \cdots,$$

所以极限 $\lim\limits_{n\to\infty} \dfrac{1}{n} = 0.$

几个常用的数列极限:

$$\lim_{n\to\infty} C = C\ (C\text{ 为常数}); \quad \lim_{n\to\infty}\frac{1}{n} = 0; \quad \lim_{n\to\infty} q^n = 0\,(|q|<1).$$

1.4.3 基本性质

定理 1.4.1(唯一性) 若数列 $\{x_n\}$ 有极限, 则极限必唯一.

定理 1.4.2 将一个数列 $\{x_n\}$ 添加或减少有限项, 不影响其极限是否存在, 也不影响其极限值 (如果极限存在).

例如, 数列

$$2, \frac{3}{2}, \frac{4}{3}, \frac{5}{4}, \cdots, \frac{n+1}{n}, \cdots, \tag{1.4.3}$$

在前面增加三项可得新数列

$$100, 200, 5000, 2, \frac{3}{2}, \frac{4}{3}, \frac{5}{4}, \cdots. \tag{1.4.4}$$

同样, 数列 (1.4.3) 若去掉前面 9 项可得新数列

$$\frac{11}{10}, \frac{12}{11}, \frac{13}{12}, \frac{14}{13}, \cdots. \tag{1.4.5}$$

可以验证, 上述三个数列都是极限为 1 的数列.

数列 $\{x_n\}$ 的极限是否存在与前面有限项无关.

因为数列 $\{x_n\}$ 也可看作是定义在正整数集合上的函数, 因此根据函数有界性的定义, 可以给出数列 $\{x_n\}$ 有界性的定义如下.

定义 1.4.3 对于数列 $\{x_n\}$, 如果存在着正数 M, 使得对于一切 x_n 都满足不等式

$$|x_n| \leqslant M,$$

则称数列 $\{x_n\}$ 是**有界的**; 如果这样的正数 M 不存在, 就说数列 $\{x_n\}$ 是**无界的**.

定理 1.4.3 若数列 $\{x_n\}$ 收敛, 则 $\{x_n\}$ 一定有界.

思考 有界的数列一定收敛吗?

不一定. 例如, 数列

$$\left\{(-1)^{n+1}\right\}, \quad \left\{\sin\frac{n\pi}{2}\right\}$$

都是有界的数列, 但都是发散的.

注 有界性只是数列收敛的必要条件, 而非充分条件.

推论 1.4.1 如果数列 $\{x_n\}$ 无界, 那么数列 $\{x_n\}$ 一定发散.

定理 1.4.4 单调有界数列必有极限.

注 这里的单调数列指的是广义单调数列.

利用定理 1.4.4 可证明重要数列

$$\{x_n\}=\left\{\left(1+\frac{1}{n}\right)^n\right\}$$

收敛, 其极限记为 e, 证明过程从略, 仅列表 1.3 考察当 $n\to\infty$ 时, 数列 $\{x_n\}$ 的变化趋势.

表 1.3

n	10	100	1000	10000	100000	1000000	$\cdots\to+\infty$
x_n	2.59374	2.70481	2.71692	2.71815	2.71827	2.71828	$\cdots\to \mathrm{e}$

从上表可以看出, 当 $n\to\infty$ 时, $\left(1+\dfrac{1}{n}\right)^n$ 的值无限趋近于无理数

$$\mathrm{e}=2.718281828459045\cdots,$$

所以

$$\lim_{n\to\infty}\left(1+\frac{1}{n}\right)^n=\mathrm{e}.$$

定义 1.4.4 在数列 $\{x_n\}$ 中任意抽取无限多项并保持这些项在原数列 $\{x_n\}$ 中的先后次序, 这样得到的一个数列称为原数列 $\{x_n\}$ 的**子数列** (或**子列**).

设在数列 $\{x_n\}$ 中, 第一次抽取 x_{n_1}, 第二次在 x_{n_1} 后抽取 x_{n_2}, 第三次在 x_{n_2} 后抽取 $x_{n_3},\cdots$, 这样无休止地抽取下去, 得到一个数列

$$x_{n_1},x_{n_2},\cdots,x_{n_k},\cdots,$$

这个数列 $\{x_{n_k}\}$ 就是 $\{x_n\}$ 的一个子数列.

例如, 数列

$$\{x_n\}=\{(-1)^n\}=\{-1,1-1,1,\cdots,(-1)^n,\cdots\}$$

有子数列

$$\{x_{2n-1}\}=\{-1,\cdots,-1,\cdots\}$$

和

$$\{x_{2n}\}=\{1,\cdots,1,\cdots\}.$$

定理 1.4.5 如果数列 $\{x_n\}$ 收敛于 A, 那么它的任一子数列也收敛, 且极限也是 A. 特别地,

$$\lim_{n\to\infty}x_n=A\Longleftrightarrow\lim_{n\to\infty}x_{2n}=\lim_{n\to\infty}x_{2n+1}=A.$$

例如, 对 $\{x_n\}=\{(-1)^n\}$, 当 $n\to\infty$ 时,

$$x_{2n-1}\to -1,$$

而

$$x_{2n}\to 1,$$

故数列 $\{x_n\}$ 发散.

注 定理 1.4.5 被常用来反证某一数列是发散的.

1.4.4 基本运算法则

定理 1.4.6 数列极限的四则运算法则.

设 $\lim\limits_{n\to\infty} x_n$ 和 $\lim\limits_{n\to\infty} y_n$ 都存在, c 为常数, 则

(1) $\lim\limits_{n\to\infty}(x_n\pm y_n)=\lim\limits_{n\to\infty}x_n\pm\lim\limits_{n\to\infty}y_n$;

(2) $\lim\limits_{n\to\infty}(x_ny_n)=\lim\limits_{n\to\infty}x_n\lim\limits_{n\to\infty}y_n$;

(3) $\lim\limits_{n\to\infty}(cx_n)=c\lim\limits_{n\to\infty}x_n$;

(4) $\lim\limits_{n\to\infty}\dfrac{x_n}{y_n}=\dfrac{\lim\limits_{n\to\infty}x_n}{\lim\limits_{n\to\infty}y_n}\left(若\lim\limits_{n\to\infty}y_n\neq 0\right)$.

注 运用极限的四则运算法则时, 必须注意条件: 参与运算的数列极限必须存在; 分母的极限不能为 0; 只能对有限多个数列.

思考 若将条件变为: $\lim\limits_{n\to\infty}x_n$ 存在, $\lim\limits_{n\to\infty}y_n$ 不存在; 或 $\lim\limits_{n\to\infty}x_n$, $\lim\limits_{n\to\infty}y_n$ 都不存在, 你可得出什么样的结论?

例 2 利用 $\lim\limits_{n\to\infty}\left(1+\dfrac{1}{n}\right)^n=\mathrm{e}$ 求下列极限:

(1) $\lim\limits_{n\to\infty}\left(1-\dfrac{1}{n}\right)^n$; (2) $\lim\limits_{n\to\infty}\left(1+\dfrac{1}{n}\right)^{n+1}$; (3) $\lim\limits_{n\to\infty}\left(1+\dfrac{1}{n+1}\right)^n$.

解 (1) $\lim\limits_{n\to\infty}\left(1-\dfrac{1}{n}\right)^n=\lim\limits_{n\to\infty}\left(\dfrac{n-1}{n}\right)^n$

$$=\lim_{n\to\infty}\frac{1}{\left(1+\dfrac{1}{n-1}\right)^{n-1}\left(1+\dfrac{1}{n-1}\right)}=\frac{1}{\mathrm{e}}.$$

(2) $\lim\limits_{n\to\infty}\left(1+\dfrac{1}{n}\right)^{n+1}=\lim\limits_{n\to\infty}\left(1+\dfrac{1}{n}\right)^n\left(1+\dfrac{1}{n}\right)=\mathrm{e}$.

(3) $\lim\limits_{n\to\infty}\left(1+\dfrac{1}{n+1}\right)^n=\lim\limits_{n\to\infty}\dfrac{\left(1+\dfrac{1}{n+1}\right)^{n+1}}{\left(1+\dfrac{1}{n+1}\right)}=\mathrm{e}.$

例 3 求 $\lim\limits_{n\to\infty}\dfrac{2n^2+3n-2}{n^2+1}$.

解

$$\lim_{n\to\infty}\frac{2n^2+3n-2}{n^2+1}=\lim_{n\to\infty}\frac{2+\dfrac{3}{n}-\dfrac{2}{n^2}}{1+\dfrac{1}{n^2}}=\frac{\lim\limits_{n\to\infty}\left(2+\dfrac{3}{n}-\dfrac{2}{n^2}\right)}{\lim\limits_{n\to\infty}\left(1+\dfrac{1}{n^2}\right)}$$

$$=\frac{\lim\limits_{n\to\infty}2+\lim\limits_{n\to\infty}\dfrac{3}{n}-\lim\limits_{n\to\infty}\dfrac{2}{n^2}}{\lim\limits_{n\to\infty}1+\lim\limits_{n\to\infty}\dfrac{1}{n^2}}=\frac{2}{1}=2.$$

例 4 试问下面的解题方法是否正确:

(1) 求极限 $\lim\limits_{n\to\infty}\dfrac{1+2+\cdots+n}{n^2}$;

(2) 求极限 $\lim\limits_{n\to\infty}2^n$.

解 (1) $\lim\limits_{n\to\infty}\dfrac{1+2+\cdots+n}{n^2}=\lim\limits_{n\to\infty}\dfrac{1}{n^2}+\lim\limits_{n\to\infty}\dfrac{2}{n^2}+\cdots+\lim\limits_{n\to\infty}\dfrac{n}{n^2}=0.$

(2) 设 $a_n=2^n$ 及 $\lim\limits_{n\to\infty}a_n=a$. 由于

$$a_n=2a_{n-1},$$

两边取极限 $(n\to\infty)$ 得

$$a=2a,$$

所以

$$a=0.$$

答 (1) 不正确. 因为极限的运算法则只能用于有限多个数列之和差. 事实上, 因为

$$1+2+\cdots+n=\frac{n(n+1)}{2},$$

所以

$$\lim_{n\to\infty}\frac{1+2+\cdots+n}{n^2}=\lim_{n\to\infty}\frac{n+1}{2n}=\frac{1}{2}.$$

(2) 不正确. 因为极限 $\lim\limits_{n\to\infty} 2^n$ 是否存在还不知道 (事实上极限 $\lim\limits_{n\to\infty} 2^n$ 不存在), 所以设

$$\lim_{n\to\infty} 2^n = a$$

是错误的.

习 题 1.4

A 组

1. 观察下面数列 $\{x_n\}$ 的通项 x_n 的变化趋势, 并写出它们的极限:

(1) $x_n = \dfrac{1}{2^{n-1}}$; (2) $x_n = \dfrac{n+1}{n}$;

(3) $x_n = \dfrac{1}{(-3)^n}$; (4) $x_n = 4$.

2. 判断下列数列是否有界.

(1) $1, \dfrac{4}{3}, \cdots, \dfrac{2n}{n+1}, \cdots$; (2) $\{2^n\}$.

3. 求下列极限:

(1) $\lim\limits_{n\to\infty} \dfrac{n^3+3n^2+1}{4n^3+2n+3}$; (2) $\lim\limits_{n\to\infty} \dfrac{1+2n}{n^2}$; (3) $\lim\limits_{n\to\infty} \dfrac{(-2)^n+3^n}{(-2)^{n+1}+3^{n+1}}$;

(4) $\lim\limits_{n\to\infty} (\sqrt{n^2+n}-n)$; (5) $\lim\limits_{n\to\infty} \dfrac{2n^2-5n+3}{7n^2+3n-4}$; (6) $\lim\limits_{n\to\infty} \dfrac{1+3+\cdots+(2n-1)}{1+2+\cdots+n}$.

B 组

1. 设 $\{a_n\}$ 与 $\{b_n\}$ 中一个是收敛数列, 另一个是发散数列, 证明 $\{a_n \pm b_n\}$ 是发散数列, 又问 $\{a_n b_n\}$ 和 $\left\{\dfrac{a_n}{b_n}\right\}$ $(b_n \neq 0)$ 是否必为发散数列?

2. 求下列极限:

(1) $\lim\limits_{n\to\infty} \left(\dfrac{1}{1\cdot 2} + \dfrac{1}{2\cdot 3} + \cdots + \dfrac{1}{n(n+1)}\right)$; (2) $\lim\limits_{n\to\infty} \left(\dfrac{1}{2} + \dfrac{3}{2^2} + \cdots + \dfrac{2n-1}{2^n}\right)$.

3. 证明数列 $x_n = \dfrac{1}{2+1} + \dfrac{1}{2^2+1} + \cdots + \dfrac{1}{2^n+1}$ 有极限.

4. 证明数列 $a_n = \dfrac{c^n}{n!}(c>0, n=1,2,\cdots)$ 的极限存在.

1.5 函数的极限

1. 了解函数极限的概念, 理解函数的左极限与右极限及与极限存在的关系;
2. 掌握函数极限的基本性质及运算法则;
3. 会求一些简单函数的极限.

1.5.1 问题的引入

引例 1.5.1 如图 1.59 所示, 函数 $f(x)=\dfrac{1}{x}$, 当 $|x|$ 无限增大时, 函数值无限地接近于 0; 函数 $g(x)=\arctan x$, 当 x 趋于 $+\infty$ 时函数值无限地接近于 $\dfrac{\pi}{2}$.

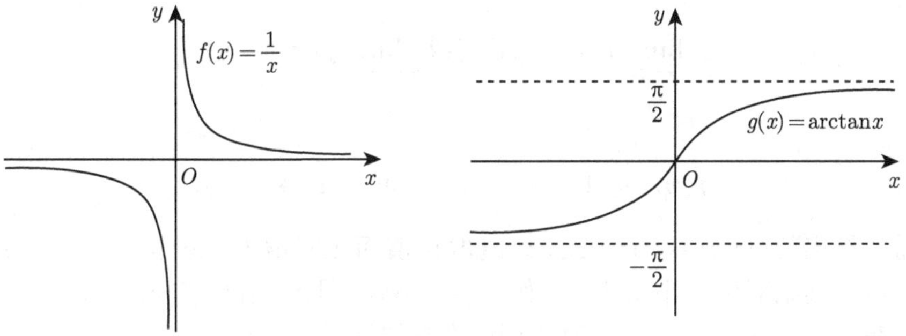

图 1.59

引例 1.5.2 测量正方形面积, 其中边长的真值为 x_0, 面积为 A.

测量中能够直接获得的是边长的观测值 x, 从而得到面积的间接观测值 x^2, 则当观测值 x 无限趋于 x_0 时, 间接观测值 x^2 无限地接近 A.

1.5.2 几种极限形式

1. 一元函数的极限

数列 $\{x_n\}$ 可看作自变量取正整数值的函数 $x_n=f(n)$, 因此数列极限

$$\lim_{n\to\infty} x_n = A$$

可写成

$$\lim_{n\to\infty} f(n) = A.$$

这时 A 就看作自变量取正整数值的函数 $f(n)$ 当 $n\to\infty$ 时的极限. 因此相对于数列的极限, 这节的内容也可称作连续自变量函数的极限.

1) 当 $x\to\infty$ 时, 函数 $f(x)$ 的极限

从引例 1.5.1 中可以看出: 函数 $f(x)=\dfrac{1}{x}$, 当 $|x|$ 无限增大时, 函数值无限地接近于 0, 仿照数列极限的定义, 可以得到下面定义.

定义 1.5.1 如果当 x 的绝对值无限增大 (即 $x\to\infty$) 时, 函数值 $f(x)$ 无限接近于一个确定的常数 A, 那么 A 就叫做函数 $f(x)$ 在 $x\to\infty$ 时的**极限**. 记为

$$\lim_{x\to\infty} f(x) = A \quad \text{或者} \quad f(x)\to A \quad (x\to\infty).$$

在以上的函数极限定义中, 自变量 x 的绝对值无限增大指的是: x 既可以取正值, 也可以取负值, 但其绝对值无限增大.

定义 1.5.2 如果当 x 仅取正值 (或仅取负值) 而绝对值无限增大, 即 $x \to +\infty$ (或 $x \to -\infty$) 时, 函数值 $f(x)$ 无限接近于一个确定的常数 A, 那么 A 就叫做函数 $f(x)$ 在 $x \to +\infty$ (或 $x \to -\infty$) 时的**极限**, 记为

$$\lim_{x\to+\infty} f(x) = A \quad (\text{或} \lim_{x\to-\infty} f(x) = A)$$

或者

$$f(x) \to A \quad (x \to +\infty \quad \text{或} \quad x \to -\infty).$$

需要指出的是: $x \to \infty$ 表示 x 既取正值而无限增大 (记作 $x \to +\infty$), 同时又取负值而其绝对值无限增大 (记作 $x \to -\infty$). 因此, 函数 $f(x)$ 在 $x \to \infty$ 时的极限与在 $x \to +\infty$, $x \to -\infty$ 时的极限存在以下关系.

定理 1.5.1 $\lim\limits_{x\to\infty} f(x) = A$ 的充要条件是

$$\lim_{x\to-\infty} f(x) = \lim_{x\to+\infty} f(x) = A.$$

例 1 讨论下列函数当 $x \to \infty$ 时的极限.

(1) $y = \dfrac{1}{x}$; (2) $y = 2^x$; (3) $y = \arctan x$.

解 (1) 由反比例函数的图形及性质可知, 当 $|x|$ 无限增大时, $\dfrac{1}{x}$ 无限接近于 0, 所以

$$\lim_{x\to\infty} \frac{1}{x} = 0.$$

(2) 由指数函数的图形及性质可知, 当 $x \to +\infty$ 时, 2^x 也无限增大, 而

$$\lim_{x\to-\infty} 2^x = 0,$$

所以 $\lim\limits_{x\to\infty} 2^x$ 不存在.

(3) 由反正切函数的图形及性质可知

$$\lim_{x\to+\infty} \arctan x = \frac{\pi}{2}, \quad \lim_{x\to-\infty} \arctan x = -\frac{\pi}{2},$$

所以 $\lim\limits_{x\to\infty} \arctan x$ 不存在.

2) 当 $x \to x_0$ 时, 函数 $f(x)$ 的极限

例 2 考察函数 $y = x^2$, 当 x 无限趋近于 2 时, 函数值 y 的变化趋势.

如图 1.60 所示, 不论 x 从左侧趋近于 $2\,(x \to 2^-)$ 时, 还是 x 从右侧趋近于 $2\,(x \to 2^+)$ 时, 函数值 y 都无限趋近于 4.

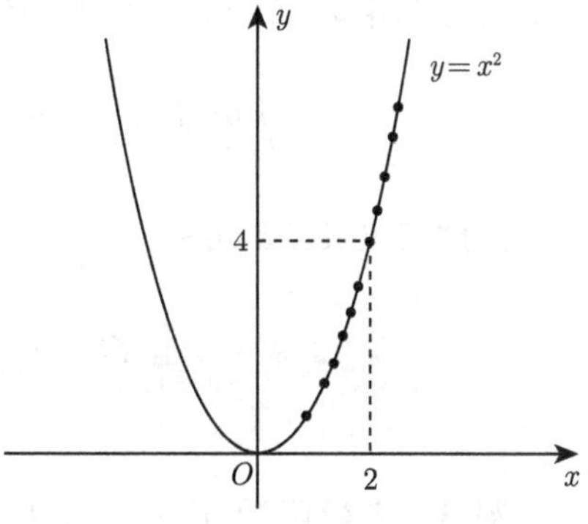

图 1.60

事实上, 我们也可以通过列表更加精确地得到同样的结论, 其中表 1.4 表示 x 从左侧趋近于 2 时的变化趋势, 表 1.5 表示 x 从右侧趋近于 2 时的变化趋势.

表 1.4

x	$y = x^2$	$\|y - 4\|$
1.5	2.25	1.75
1.9	3.61	0.39
1.99	3.96	0.04
1.999	3.996	0.004
1.9999	3.9996	0.0004
1.99999	3.99996	0.00004
1.999999	3.999996	0.000004
···	···	···

表 1.5

x	$y = x^2$	$\|y - 4\|$
2.5	6.25	2.25
2.1	4.41	0.41
2.01	4.04	0.04
2.001	4.004	0.004
2.0001	4.0004	0.0004
2.00001	4.00004	0.00004
2.000001	4.000004	0.000004
···	···	···

对于这种当 $x \to x_0$ 时, 函数 $f(x)$ 的变化趋势, 给出下面的定义.

定义 1.5.3 设函数 $f(x)$ 在点 x_0 的某一去心邻域内有定义 (在 $x = x_0$ 处可以无定义), 如果当 x 无限接近于定值 x_0, 即当 $x \to x_0$ 时, 函数 $f(x)$ 无限接近于

一个确定的常数 A, 那么 A 就叫做函数 $f(x)$ 当 $x \to x_0$ 时的**极限**. 记为

$$\lim_{x \to x_0} f(x) = A \quad 或者 \quad f(x) \to A \quad (x \to x_0).$$

根据定义 1.5.3 可得

$$\lim_{x \to x_0} C = C\,(C\ 为常数), \qquad \lim_{x \to x_0} x = x_0.$$

例 3 考察函数 $f(x) = x+1$ 和 $g(x) = \dfrac{x^2-1}{x-1}$, 当 $x \to 1$ 时, 函数值的极限.

解 如图 1.61 和图 1.62 所示, 当 $x \to 1$ 时, 函数 $f(x)$, $g(x)$ 都无限接近于 2. 因此

$$\lim_{x \to 1}(x+1) = \lim_{x \to 1} \frac{x^2-1}{x-1} = 2.$$

函数 $f(x) = x+1$ 与 $g(x) = \dfrac{x^2-1}{x-1}$ 是两个不同的函数, 其区别在于前者在 $x=1$ 处有定义, 而后者在 $x=1$ 处无定义.

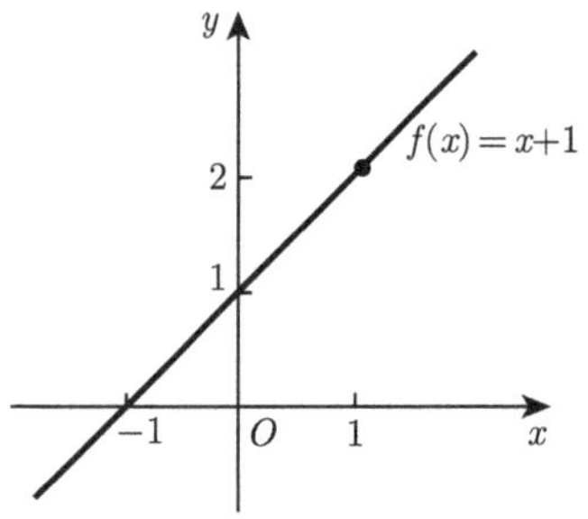

图 1.61

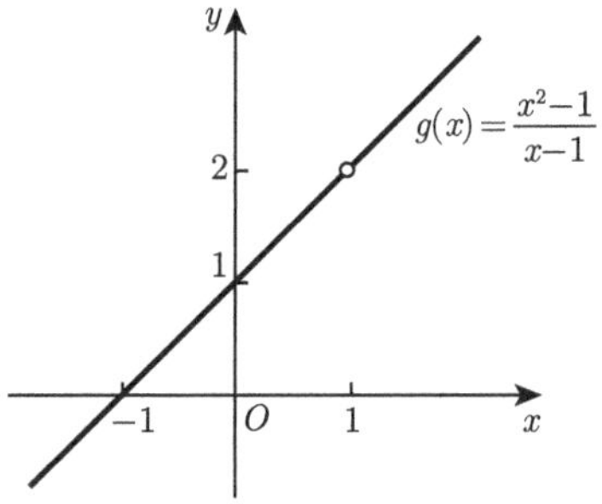

图 1.62

这就是说, 当 $x \to 1$ 时, $f(x)$, $g(x)$ 的极限是否存在与其在 $x=1$ 处是否有定义无关.

函数 $y = f(x)$ 在 $x = x_0$ 处的极限是否存在与其在该点是否有定义无关.

3) 当 $x \to x_0$ 时, 函数 $f(x)$ 的左极限与右极限

将 x 从 x_0 的左侧无限接近于 x_0 记为

$$x \to x_0^- \quad 或 \quad x \to x_0 - 0,$$

从 x_0 的右侧无限接近于 x_0 记为

$$x \to x_0^+ \quad 或 \quad x \to x_0 + 0,$$

则

$$x \to x_0 \Leftrightarrow x \to x_0^- \text{ 且 } x \to x_0^+.$$

下面给出当 $x \to x_0^-$ 或 $x \to x_0^+$ 时函数极限的定义.

定义 1.5.4 设函数 $f(x)$ 在点 x_0 的某一去心右邻域内有定义, 如果当 $x \to x_0^+$ 时, 函数 $f(x)$ 无限接近于一个确定的常数 A, 那么 A 就叫做函数 $f(x)$ 当 $x \to x_0$ 时的**右极限**. 记为

$$\lim_{x \to x_0^+} f(x) = A \quad 或 \quad f(x_0 + 0) = A.$$

设函数 $f(x)$ 在点 x_0 的某一去心左邻域内有定义, 如果当 $x \to x_0^-$ 时, 函数 $f(x)$ 无限接近于一个常数 A, 那么 A 就叫做函数 $f(x)$ 当 $x \to x_0$ 时的**左极限**. 记为

$$\lim_{x \to x_0^-} f(x) = A \quad 或 \quad f(x_0 - 0) = A.$$

右极限与左极限统称为**单侧极限**.

根据左、右极限的定义可知: 极限与左、右极限之间有以下关系.

定理 1.5.2 $\lim\limits_{x \to x_0} f(x) = A \Leftrightarrow \lim\limits_{x \to x_0^-} f(x) = \lim\limits_{x \to x_0^+} f(x) = A.$

例 4 讨论下列函数当 $x \to 0$ 时的极限.

(1) $f(x) = \operatorname{sgn}(x) = \begin{cases} 1, & x > 0, \\ 0, & x = 0, \\ -1, & x < 0; \end{cases}$ (2) $f(x) = \begin{cases} x+1, & x \geqslant 0, \\ 1-x, & x < 0. \end{cases}$

解 (1) 因为

$$\lim_{x \to 0^+} \operatorname{sgn}(x) = \lim_{x \to 0^+} 1 = 1, \quad \lim_{x \to 0^-} \operatorname{sgn}(x) = \lim_{x \to 0^-} (-1) = -1,$$

所以根据定理 1.5.2 知 $\lim\limits_{x \to 0} \operatorname{sgn}(x)$ 不存在, 如图 1.63 所示.

(2) 因为

$$\lim_{x \to 0^+} f(x) = \lim_{x \to 0^+} (x+1) = 1, \quad \lim_{x \to 0^-} f(x) = \lim_{x \to 0^-} (1-x) = 1,$$

所以根据定理 1.5.2 知 $\lim\limits_{x \to 0} f(x) = 1$, 如图 1.64 所示.

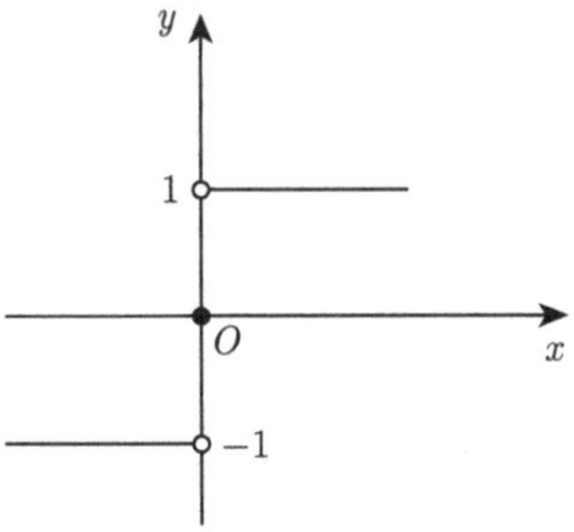

图 1.63

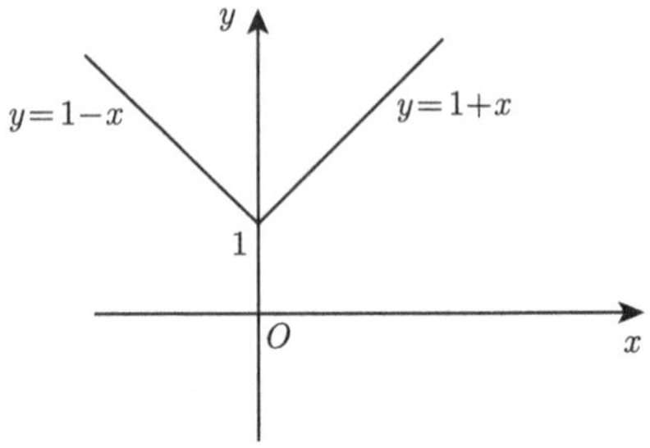

图 1.64

例 5　设函数

$$f(x)=\begin{cases}1, & x<0,\\ x, & x\geqslant 0.\end{cases}$$

讨论 $\lim\limits_{x\to 0} f(x)$ 是否存在.

解　因为

$$\lim_{x\to 0^-} f(x)=\lim_{x\to 0^-} 1=1,\quad \lim_{x\to 0^+} f(x)=\lim_{x\to 0^+} x=0,$$

所以

$$\lim_{x\to 0^-} f(x)\neq \lim_{x\to 0^+} f(x).$$

因此 $\lim\limits_{x\to 0} f(x)$ 不存在.

为了方便以后的学习, 在此简单介绍高等数学中的两个重要极限, 它们的严格证明将在加强版的教材中给出. 下面仅直接给出结论和直观验证.

第一个重要极限

$$\lim_{x\to 0}\frac{\sin x}{x}=1.$$

下面通过计算进行直观验证, 如表 1.6 所示 $\left(1^\circ=\dfrac{\pi}{180}\text{ 弧度}\right)$.

由表 1.6 可看出当 $x\to 0^+$ 时, $\dfrac{\sin x}{x}$ 与 1 无限接近, 又因为函数 $f(x)=\dfrac{\sin x}{x}$ 是偶函数, 因此有 $\lim\limits_{x\to 0}\dfrac{\sin x}{x}=1$.

第二个重要极限

$$\lim_{x\to\infty}\left(1+\frac{1}{x}\right)^x=\mathrm{e}\quad \text{或}\quad \lim_{x\to 0}(1+x)^{\frac{1}{x}}=\mathrm{e}.$$

注　此极限可以视为 1.4.4 节数列 $\{x_n\}=\left\{\left(1+\dfrac{1}{n}\right)^n\right\}$ 极限情形的推广, 因此直接验证就不再赘述了.

表 1.6

x(度)	x(弧度)	$\sin x$	$\dfrac{\sin x}{x}$
10	0.174532925199433	0.173648177666930	0.994930770045299
5	0.087266462599716	0.087155742747658	0.998731243953749
2	0.034906585039887	0.034899496702501	0.999796934092020
1	0.017453292519943	0.017452406437283	0.999949231203295
0.5	0.008726646259972	0.008726535498374	0.999987307655838
0.3	0.005235987755983	0.005235963831420	0.999995430744967
0.1	0.001745329251994	0.001745328365898	0.999999492304378
0.01	0.000174532925199	0.000174532924313	0.999999994923043
0.001	0.000017453292520	0.000017453292519	0.999999999949231
0.0001	0.000001745329252	0.000001745329252	0.999999999999492

2. 二元函数的极限

类似一元函数的极限的定义, 下面给出二元函数的极限的定义.

定义 1.5.5 设函数 $z=f(x,y)$ 在点 $P_0(x_0,y_0)$ 的某个去心邻域有定义, 点 $P(x,\ y)$ 是异于 P_0 的点, 若 P 无论以何种方式趋近 P_0 时, 函数在 P 点的对应值 $f(x,y)$ 都无限趋近于一个确定的常数 A, 则称 A 是函数 $z=f(x,y)$ 当 $x\to x_0, y\to y_0$ 时的**极限**, 记作

$$\lim_{(x,y)\to(x_0,y_0)} f(x,y)=A \quad 或 \quad \lim_{\substack{x\to x_0\\ y\to y_0}} f(x,y)=A,$$

或

$$f(x,y)\to A \quad ((x,y)\to(x_0,y_0)).$$

注 (1) 若将函数 $z=f(x,y)$ 看为点 P 的函数 $z=f(P)$, 则极限可记作

$$\lim_{P\to P_0} f(P)=A.$$

(2) 点 $P(x\ ,y)$ 以任何方式趋近于点 $P_0(x_0,y_0)$, 就是它们之间的距离趋于零, 即

$$d=|P\ P_0|=\sqrt{(x-x_0)^2+(y-y_0)^2}\to 0.$$

因此极限也可记作

$$f(x,y)\to A \quad (d\to 0).$$

二元函数的极限叫做**二重极限**.

二重极限存在是指 $P(x,y)$ 以任何方式趋近于 $P_0(x_0,y_0)$ 时, 函数都无限接近于 A, 因此, 如果 $P(x,y)$ 仅仅是沿着定直线或定曲线趋近于 $P_0(x_0,y_0)$ 时, 即使函数值都无限接近于某一确定值, 也不能由此断定函数的极限存在. 但是反过来, 如果当 $P(x,y)$ 以不同方式趋近于 $P_0(x_0,y_0)$ 时, 函数趋近于不同的值, 那么就可以判定这函数的极限不存在.

例 6 讨论二元函数

$$f(x,y)=\begin{cases}\dfrac{xy}{x^2+y^2}, & x^2+y^2\neq 0,\\ 0, & x^2+y^2=0\end{cases}$$

当 $(x,y)\to(0,0)$ 时是否存在极限.

解 显然, 当点 $P(x,y)$ 沿 x 轴或 y 轴趋近于点 (0, 0) 时,

$$\lim_{\substack{x\to 0\\ y=0}} f(x,y)=\lim_{x\to 0} f(x,0)=\lim_{x\to 0} 0=0,$$

$$\lim_{\substack{y\to 0\\ x=0}} f(x,y)=\lim_{y\to 0} f(0,y)=\lim_{y\to 0} 0=0.$$

虽然点 $P(x,y)$ 以上述两种特殊方式趋近于原点时, 函数的极限存在并且相等, 但是极限 $\lim\limits_{(x,y)\to(0,0)} f(x,y)$ 并不存在. 这是因为当点 $P(x,y)$ 沿着直线 $y=kx$ 趋近于点 (0, 0) 时,

$$f(x,y)=f(x,kx)=\frac{kx^2}{x^2+k^2x^2}=\frac{k}{1+k^2},$$

从而

$$\lim_{\substack{(x,y)\to(0,0)\\ y=kx}} f(x,y)=\lim_{(x,kx)\to(0,0)}\frac{xy}{x^2+y^2}=\lim_{x\to 0}\frac{kx^2}{x^2+k^2x^2}=\frac{k}{1+k^2}.$$

因此它的极限不存在.

例 7 讨论二元函数

$$f(x,y)=\begin{cases}1, & -\infty<x<+\infty, 0<y<x^2,\\ 0, & 其他\end{cases}$$

当 $(x,y)\to(0,0)$ 时是否存在极限.

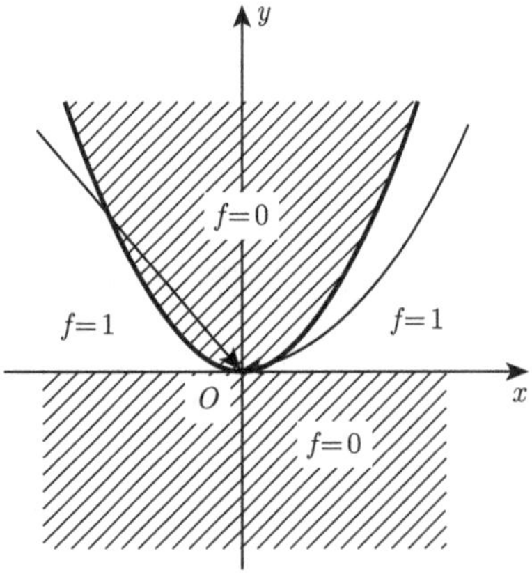

图 1.65

解 如图 1.65 所示, 当 (x,y) 沿任何直线趋于原点时, 相应的 $f(x,y)$ 都趋于零, 但这并不表明此函数在 $(x,y)\to(0,0)$ 时极限存在. 因为当点 (x,y) 沿抛物线 $y=kx^2(0<k<1)$ 趋于原点时, $f(x,y)$ 将趋于 1. 所以 $\lim\limits_{(x,y)\to(0,0)} f(x,y)$ 不存在.

1.5.3 基本性质与运算法则

此部分主要讨论一元函数的情形.

1) 函数极限的性质

定理 1.5.3 (唯一性) 如果 $\lim\limits_{x\to x_0} f(x)$ 存在, 则极限必唯一.

定理 1.5.4 (局部有界性) 如果 $\lim\limits_{x\to x_0} f(x)=A$, 则存在常数 $M>0$ 和 $\delta>0$, 使得当 $0<|x-x_0|<\delta$ 时, 有 $|f(x)|\leqslant M$.

定理 1.5.5 (局部保号性) 如果 $\lim\limits_{x\to x_0} f(x)=A$, 且 $A>0\,(或A<0)$, 则存在常数 $\delta>0$, 使得当 $0<|x-x_0|<\delta$ 时, 有 $f(x)>0\,(或\,f(x)<0)$.

反之呢? (请同学们思考)

注 上述性质对于其他形式的极限, 只要相应地做一些修改, 则同样可得.

2) 极限的四则运算法则

定理 1.5.6 如果 $\lim f(x)=A$, $\lim g(x)=B$, 则

(1) $\lim[f(x)\pm g(x)]=\lim f(x)\pm\lim g(x)=A\pm B$;

(2) $\lim[f(x)g(x)]=\lim f(x)\cdot\lim g(x)=AB$;

(3) 当 $B\neq 0$ 时, 有 $\lim\dfrac{f(x)}{g(x)}=\dfrac{\lim f(x)}{\lim g(x)}=\dfrac{A}{B}$.

注 符号 lim 表示某一极限过程, 若无特别说明, 均指的是同一极限过程.

思考 如果 $\lim\limits_{x\to x_0} f(x)$ 存在, $\lim\limits_{x\to x_0} g(x)$ 不存在, 能否判定 $\lim\limits_{x\to x_0}[f(x)+g(x)]$ 必定不存在?

推论 1.5.1 设 $\lim f(x)=A$, k 为常数, 则有 $\lim[kf(x)]=k\lim f(x)=kA$.

定理 1.5.6 的结论 (1) 和 (2) 可推广到任意有限个函数的情形. 特别地有

推论 1.5.2 设 $\lim f(x)=A$, n 为正整数, 则有

$$\lim[f(x)]^n=[\lim f(x)]^n=A^n.$$

注 在使用这些法则时, 必须满足所需条件: (1) 参与运算的每个函数的极限都存在; (2) 分母的极限不能为零.

例 8 求 $\lim\limits_{x\to 1}(2x-1)$.

解 $\lim\limits_{x\to 1}(2x-1)=\lim\limits_{x\to 1}2x-\lim\limits_{x\to 1}1=2\lim\limits_{x\to 1}x-1=2\cdot 1-1=1.$

若 $f(x)=a_0x^n+a_1x^{n-1}+\cdots+a_n$ 是一多项式, 则有

$$\begin{aligned}\lim_{x\to x_0}f(x)&=a_0(\lim_{x\to x_0}x)^n+a_1(\lim_{x\to x_0}x)^{n-1}+\cdots+a_n\\&=a_0x_0^n+a_1x_0^{n-1}+\cdots+a_n=f(x_0).\end{aligned}$$

例 9　求 $\lim\limits_{x\to 2}\dfrac{x^3-1}{x^2-5x+3}$.

解　$\lim\limits_{x\to 2}\dfrac{x^3-1}{x^2-5x+3}=\dfrac{\lim\limits_{x\to 2}(x^3-1)}{\lim\limits_{x\to 2}(x^2-5x+3)}$

$$=\frac{2^3-1}{2^2-10+3}=-\frac{7}{3}.$$

若 $f(x)=\dfrac{q(x)}{p(x)}\,(p(x_0)\neq 0)\,,p(x),q(x)$ 是多项式, 则

$$\lim_{x\to x_0}f(x)=\lim_{x\to x_0}\frac{q(x)}{p(x)}=\frac{\lim\limits_{x\to x_0}q(x)}{\lim\limits_{x\to x_0}p(x)}=\frac{q(x_0)}{p(x_0)}.$$

若 $p(x_0)=0$ 呢？此时商的运算法则不能用, 如下例.

例 10　求 $\lim\limits_{x\to 3}\dfrac{x-3}{x^2-9}$.

解　约去趋于零而不为零的因子 $x-3$ 后, 再求极限

$$\lim_{x\to 3}\frac{x-3}{x^2-9}=\lim_{x\to 3}\frac{x-3}{(x-3)(x+3)}=\lim_{x\to 3}\frac{1}{x+3}=\frac{1}{6}.$$

注　这种先约去趋于零而不为零的因子后, 再求极限的方法称为**消去零因子法**.

例 11　求 $\lim\limits_{x\to\infty}\dfrac{3x^3+4x^2+1}{7x^3+5x^2-3}$.

解　因为 $x\to\infty$ 时, 分子分母的极限都不存在, 所以不能直接应用商的运算法则. 可考虑先用 x^3 同除分子、分母, 然后再求极限

$$\lim_{x\to\infty}\frac{3x^3+4x^2+1}{7x^3+5x^2-3}=\lim_{x\to\infty}\frac{3+\dfrac{4}{x}+\dfrac{1}{x^3}}{7+\dfrac{5}{x}-\dfrac{3}{x^3}}=\frac{3}{7}.$$

一般地, 若 $a_0 \neq 0, b_0 \neq 0, m, n$ 为非负整数, 则有

$$\lim_{x\to\infty}\frac{a_0x^m+a_1x^{m-1}+\cdots+a_m}{b_0x^n+b_1x^{n-1}+\cdots+b_n}=\begin{cases}0, & m<n,\\ \dfrac{a_0}{b_0}, & m=n,\\ \text{不存在}, & m>n.\end{cases}$$

注 这种以分母中自变量的最高次幂除分子、分母, 以分出趋于零的因子, 然后再求极限的方法称为**无穷小分出法**.

定理 1.5.7 (复合函数的极限运算法则) 设函数 $y=f[g(x)]$ 是由函数 $y=f(u)$ 与函数 $u=g(x)$ 复合而成, $f[g(x)]$ 在点 x_0 的某去心邻域内有定义, 若 $\lim\limits_{x\to x_0} g(x)=u_0$, $\lim\limits_{u\to u_0} f(u)=A$, 且在 x_0 的某去心邻域内 $g(x)\neq u_0$, 则

$$\lim_{x\to x_0} f[g(x)]=\lim_{u\to u_0} f(u)=A.$$

例 12 求 $\lim\limits_{x\to 3}\sqrt{\dfrac{x^2-9}{x-3}}$.

解 函数 $y=\sqrt{\dfrac{x^2-9}{x-3}}$ 可视为由 $y=\sqrt{u}$ 与 $u=\dfrac{x^2-9}{x-3}$ 复合而成的. 因为

$$\lim_{x\to 3}\frac{x^2-9}{x-3}=6,$$

所以

$$\lim_{x\to 3}\sqrt{\frac{x^2-9}{x-3}}=\lim_{u\to 6}\sqrt{u}=\sqrt{6}.$$

例 13 求下列极限.

(1) $\lim\limits_{x\to 0}\dfrac{\sin 5x}{x}$; (2) $\lim\limits_{x\to 0}\dfrac{\sin 8x}{\sin 5x}$;

(3) $\lim\limits_{x\to\infty}\left(1+\dfrac{2}{x}\right)^x$; (4) $\lim\limits_{x\to\infty}\left(1-\dfrac{3}{x}\right)^x$.

解 (1) 令 $u=5x$, 当 $x\to 0$ 时, 有 $u\to 0$, 因此

$$\lim_{x\to 0}\frac{\sin 5x}{x}=\lim_{x\to 0}\frac{\sin 5x}{5x}\cdot 5=5\lim_{5x\to 0}\frac{\sin 5x}{5x}=5\lim_{u\to 0}\frac{\sin u}{u}=5\times 1=5.$$

(2) $$\lim_{x\to 0}\frac{\sin 8x}{\sin 5x}=\lim_{x\to 0}\frac{\dfrac{\sin 8x}{8x}\cdot 8}{\dfrac{\sin 5x}{5x}\cdot 5}=\frac{8}{5}\,\frac{\lim\limits_{x\to 0}\dfrac{\sin 8x}{8x}}{\lim\limits_{x\to 0}\dfrac{\sin 5x}{5x}}=\frac{8}{5}.$$

(3) 令 $u=\dfrac{2}{x}$, 当 $x\to\infty$ 时, 有 $u\to 0$, 因此

$$\lim_{x\to\infty}\left(1+\frac{2}{x}\right)^{x}=\lim_{x\to\infty}\left(1+\frac{2}{x}\right)^{\frac{x}{2}\cdot 2}=\lim_{u\to 0}[(1+u)^{\frac{1}{u}}]^2=[\lim_{u\to 0}(1+u)^{\frac{1}{u}}]^2=\mathrm{e}^2.$$

(4) $$\lim_{x\to\infty}\left(1-\frac{3}{x}\right)^{x}=\lim_{x\to\infty}\left[1+\left(-\frac{3}{x}\right)\right]^{-\frac{x}{3}\cdot(-3)}$$
$$=\lim_{x\to\infty}\left\{\left[1+\left(-\frac{3}{x}\right)\right]^{-\frac{x}{3}}\right\}^{-3}=\mathrm{e}^{-3}.$$

注　二元函数的极限具有与一元函数极限类似的运算性质. 因此可以借助于一元函数求极限的方法求一些简单的二元函数的极限.

例 14　求极限.

(1) $\lim\limits_{\substack{x\to 1\\ y\to 2}}\dfrac{xy+1}{x^2+y}$;　　(2) $\lim\limits_{(x,y)\to(0,1)}\left(\dfrac{1-xy}{x^2+y^2}+x\right)$.

解　(1) $\lim\limits_{\substack{x\to 1\\ y\to 2}}\dfrac{xy+1}{x^2+y}=\dfrac{1\cdot 2+1}{1^2+2}=\dfrac{3}{3}=1$.

(2) 由极限运算法则得

$$\lim_{(x,y)\to(0,1)}\left(\frac{1-xy}{x^2+y^2}+x\right)=\lim_{(x,y)\to(0,1)}\frac{1-xy}{x^2+y^2}+\lim_{x\to 0}x$$
$$=\lim_{(x,y)\to(0,1)}\frac{1-xy}{x^2+y^2}$$
$$=\frac{1-0}{0+1}=1.$$

习　题　1.5

A 组

1. 根据函数的图形求下列极限:

(1) $\lim\limits_{x\to\infty}\dfrac{1}{1-x}$;　　(2) $\lim\limits_{x\to-\infty}2^x$;　　(3) $\lim\limits_{x\to 0}\sin x$;

(4) $\lim\limits_{x\to 0}\arcsin x$;　　(5) $\lim\limits_{x\to 0}\cos x$;　　(6) $\lim\limits_{x\to 0}\arccos x$.

2. 求下列函数极限:

(1) $\lim\limits_{x\to 1}(x^2+2x+3)$;　　(2) $\lim\limits_{x\to 2}\dfrac{2x^2-3x+2}{x-1}$;　　(3) $\lim\limits_{x\to 2}\dfrac{x^2-4}{x-2}$;

(4) $\lim\limits_{x\to 1}\left(\dfrac{1}{1-x}-\dfrac{3}{1-x^3}\right)$;　　(5) $\lim\limits_{x\to\infty}\dfrac{3x^2-4x-5}{4x^2+x+2}$;　　(6) $\lim\limits_{x\to\infty}\dfrac{2x^2+x-3}{3x^3-2x^2-1}$.

3. 求函数 $f(x,y)=x\cos y+y\sin x$ 在点 $(1,0)$ 处的二重极限.

B 组

1. 设函数 $f(x)=\begin{cases}1, & x<0,\\ x, & x\geqslant 0,\end{cases}$ 讨论 $\lim\limits_{x\to 0}f(x)$ 是否存在.

2. 求 $f(x)=\dfrac{x}{x},\varphi(x)=\dfrac{|x|}{x}$ 当 $x\to 0$ 时的左、右极限, 并说明它们的极限是否存在.

3. 证明: 函数 $f(x,y)=\dfrac{x^2y}{x^4+y^2}((x,y)\neq(0,0))$ 在原点 $(0,0)$ 不存在极限.

1.6 无穷小量与无穷大量

1. 掌握无穷小量、无穷大量的概念和基本性质;
2. 了解无穷小量和无穷大量之间的关系;
3. 会比较同阶、等价、高阶无穷小量. 会用等价无穷小量求极限.

1.6.1 无穷小量

1. 无穷小量的提出

引例 1.6.1 飞机降落在跑道上后, 其速度 $v(t)$ 随时间 t 的增加逐渐减小到零. 对于这种以零为极限的变量, 有以下定义.

定义 1.6.1 如果函数 $f(x)$ 当 $x\to x_0$ (或 $x\to\infty$) 时的极限为零, 那么称函数 $f(x)$ 为 $x\to x_0$ (或 $x\to\infty$) 时的**无穷小量**, 简称**无穷小**.

例如, 当 $x\to 0$ 时, 有 $x^2\to 0$, 则称当 $x\to 0$ 时, 函数 $f(x)=x^2$ 是无穷小. 当 $x\to\infty$ 时, $\dfrac{1}{x}\to 0$, 则称当 $x\to\infty$ 时, 函数 $f(x)=\dfrac{1}{x}$ 是无穷小.

注 (1) 对于 $x\to x_0^+, x\to x_0^-$, $x\to+\infty$ 或 $x\to-\infty$ 时有类似的定义.

(2) 说一个函数是无穷小, 必须指明自变量的变化趋势. 例如函数

$$f(x)=(x-1)^2,$$

当 $x\to 1$ 时, 它是无穷小, 而当 x 趋向其他数值时, 它就不是无穷小, 如

$$\lim_{x\to 2}f(x)=\lim_{x\to 2}(x-1)^2=1.$$

(3) 常数中只有 “0” 可以看成无穷小, 其他无论绝对值多么小的常数都不是无穷小.

2. 无穷小的基本性质

在自变量的同一变化过程中的无穷小有下述运算性质.

性质 1.6.1 有限个无穷小的代数和仍是无穷小.

性质 1.6.2 有界量与无穷小之积仍是无穷小.

推论 1.6.1 常数与无穷小之积仍是无穷小.

推论 1.6.2 有限个无穷小之积仍是无穷小.

注 (1) 无限个无穷小的代数和不一定是无穷小. 例如

$$\lim_{n\to\infty}\left(\frac{1}{n^2}+\frac{2}{n^2}+\cdots+\frac{n}{n^2}\right)=\lim_{n\to\infty}\frac{n(n+1)}{2n^2}=\lim_{n\to\infty}\left(\frac{1}{2}+\frac{1}{2n}\right)=\frac{1}{2}.$$

(2) 两个无穷小的和、差、积仍是无穷小, 但是其商却不一定是无穷小. 例如

$$\lim_{x\to 0}\frac{x^2}{2x}=0,\quad \lim_{x\to 0}\frac{x}{2x}=\frac{1}{2}.$$

例 1 求极限 $\lim\limits_{x\to 0}x\sin\dfrac{1}{x}$.

解 因为当 $x\to 0$ 时, x 是无穷小, 且对一切 $x\neq 0$ 总有

$$\left|\sin\frac{1}{x}\right|\leqslant 1,$$

即 $\sin\dfrac{1}{x}$ 是有界函数, 所以 $x\sin\dfrac{1}{x}$ 是当 $x\to 0$ 时的无穷小, 即

$$\lim_{x\to 0}x\sin\frac{1}{x}=0.$$

思考 指出下列运算的错误之处.

$$\lim_{x\to 0}x\sin\frac{1}{x}=\lim_{x\to 0}x\cdot\lim_{x\to 0}\sin\frac{1}{x}=0\cdot\lim_{x\to 0}\sin\frac{1}{x}=0.$$

例 2 求 $\lim\limits_{(x,y)\to(0,2)}\dfrac{\sin(xy)}{x}$.

解 由极限运算法则得

$$\lim_{(x,y)\to(0,2)}\frac{\sin(xy)}{x}=\lim_{(x,y)\to(0,2)}\left(\frac{\sin(xy)}{xy}\cdot y\right)=\lim_{xy\to 0}\frac{\sin(xy)}{xy}\cdot\lim_{y\to 2}y=1\cdot 2=2.$$

3. 有极限的量与无穷小的关系

定理 1.6.1 在自变量的某一变化过程中, 函数 $f(x)$ 的极限为 A 的充要条件是 $f(x)$ 可以表示成 A 与一个同一变化过程中的无穷小 $\alpha(x)$ 之和. 即

$$\lim f(x)=A \Leftrightarrow f(x)=A+\alpha(x).$$

证 必要性. 令 $\alpha(x)=f(x)-A$, 因为 $\lim f(x)=A$, 则由极限的运算法则知

$$\lim \alpha(x)=\lim[f(x)-A]=\lim f(x)-\lim A=A-A=0,$$

即 $\alpha(x)$ 是无穷小, 因此 $f(x)$ 可以表示成 A 与一个同一变化过程中的无穷小 $\alpha(x)$ 之和.

充分性. 因为 $\alpha(x)$ 是无穷小, 且 $f(x)=A+\alpha(x)$, 则由极限的运算法则知

$$\lim f(x)=\lim[A+\alpha(x)]=\lim A+\lim \alpha(x)=A+0=A.$$

4. 无穷小的比较

两个无穷小的和、差、乘积仍是无穷小. 两个无穷小的商有不同的情况. 两个无穷小之商的极限的各种不同情况, 其实质反映了不同的无穷小趋向于零的“快慢”程度.

引例 1.6.2 观察表 1.7, 当 $x\to 0$ 时, 对函数 $x, x^2, 2x$ 的变化进行对比.

表 1.7

x	1	0.5	0.1	0.01	0.001	0.0001	0.00001	$\cdots$
x^2	1	0.25	0.01	0.0001	0.000001	0.00000001	0.0000000001	$\cdots$
$2x$	2	1	0.2	0.02	0.002	0.0002	0.00002	$\cdots$

当 $x\to 0$ 时, 函数 x^2 比 x 趋近于零的速度要快得多, 而函数 $2x$ 与 x 趋近于零的速度相当. 为了比较无穷小趋近于零的快慢程度, 引入无穷小的**阶**的概念.

定义 1.6.2 若 $\lim \dfrac{\beta}{\alpha}=0$, 则称 β 是 α 的**高阶无穷小**, 记作 $\beta=o(\alpha)$, 也称 α 是 β 的**低阶无穷小**; 若 $\lim \dfrac{\beta}{\alpha}=c\neq 0$, 则称 β 与 α 是**同阶无穷小**; 若 $\lim \dfrac{\beta}{\alpha}=1$, 则称 β 与 α 是**等价无穷小**, 记作 $\alpha\sim\beta$. 这里 α,β 均是此极限过程中的无穷小.

例如, $\lim\limits_{x\to 0}\dfrac{x^2}{2x}=0$, 当 $x\to 0, x^2$ 是 $2x$ 的高阶无穷小, 即 $x^2=o(2x)(x\to 0)$; $\lim\limits_{x\to 0}\dfrac{2x}{x}=2, 2x$ 与 x 是同阶无穷小.

易知, 如果在同一极限过程中, 若 $\beta_1 = o(\alpha)$,$\beta_2 = o(\alpha)$, 则

$$\beta_1 \pm \beta_2 = o(\alpha), \quad \beta_1\beta_2 = o(\alpha);$$

若 $\alpha_1 \sim \beta_1, \alpha_2 \sim \beta_2$, 则

$$\alpha_1\alpha_2 \sim \beta_1\beta_2,$$

但 $\alpha_1 + \alpha_2$ 与 $\beta_1 + \beta_2$ 不一定等价.

为方便无穷小进行比较, 还可以定义无穷小的阶: 设 $x \to x_0$ 时, $f(x)$ 为无穷小, 若 $\lim\limits_{x\to x_0} \dfrac{f(x)}{(x-x_0)^k} = l(l \neq 0)$, 称 $f(x)$ 为 $x - x_0$ 的 k **阶无穷小**.

例如, $x \to 0^+$ 时, $\sqrt{x+\sqrt{x}}$ 是 x 的 $\dfrac{1}{4}$ 阶无穷小, x^2 是 x 的 2 阶无穷小.

例 3　下列函数是当 $x \to 1$ 时的无穷小, 试与 $x - 1$ 相比较, 哪个是高阶无穷小？哪个是同阶无穷小？哪个是等价无穷小？

(1) $2(\sqrt{x}-1)$;　　(2) $x^3 - 1$;　　(3) $x^3 - 3x + 2$.

解　因为

$$\lim_{x\to 1} \frac{2(\sqrt{x}-1)}{x-1} = \lim_{x\to 1} \frac{2}{\sqrt{x}+1} = 1,$$

$$\lim_{x\to 1} \frac{x^3-1}{x-1} = \lim_{x\to 1}(x^2+x+1) = 3,$$

$$\lim_{x\to 1} \frac{x^3-3x+2}{x-1} = \lim_{x\to 1}(x^2+x-2) = 0.$$

所以当 $x \to 1$ 时, $2(\sqrt{x}-1)$ 是与 $x-1$ 等价的无穷小; x^3-1 是与 $x-1$ 同阶的无穷小; x^3-3x+2 是比 $x-1$ 高阶的无穷小.

定理 1.6.2　在某一极限过程中, 若 $\alpha \sim \gamma$, $\beta \sim \lambda$, 且 $\lim \dfrac{\beta}{\alpha}$ 存在, 则

$$\lim \frac{\beta}{\alpha} = \lim \frac{\lambda}{\gamma}.$$

当 $x \to 0$ 时, 常见的等价无穷小:

$$\sin x \sim x, \quad \tan x \sim x, \quad 1-\cos x \sim \frac{x^2}{2}, \quad \ln(1+x) \sim x,$$

$$\mathrm{e}^x - 1 \sim x, \quad \arcsin x \sim x, \quad \arctan x \sim x, \quad \sqrt[n]{1+x} - 1 \sim \frac{1}{n}x.$$

根据定理 1.6.2 可利用等价无穷小简化极限运算, 即求两个无穷小之商的极限时, 分子和分母都可用等价无穷小来代替.

例 4 求 $\lim\limits_{x\to 0}\dfrac{1-\cos x}{x^2}$.

解 $\lim\limits_{x\to 0}\dfrac{1-\cos x}{x^2}=\lim\limits_{x\to 0}\dfrac{2\sin^2\dfrac{x}{2}}{x^2}=\lim\limits_{x\to 0}\dfrac{2\left(\dfrac{x}{2}\right)^2}{x^2}=\dfrac{1}{2}\lim\limits_{x\to 0}\dfrac{x^2}{x^2}=\dfrac{1}{2}\cdot 1=\dfrac{1}{2}.$

例 5 求极限 $\lim\limits_{x\to\infty}x\sin\dfrac{2x}{x^2+1}$.

解 直接用无穷小的等价代换即可计算, 当 $x\to\infty$ 时, $\sin\dfrac{2x}{x^2+1}\sim\dfrac{2x}{x^2+1}$, 所以

$$\lim_{x\to\infty}x\sin\frac{2x}{x^2+1}=\lim_{x\to\infty}x\frac{2x}{x^2+1}=2.$$

例 6 求 $\lim\limits_{x\to 0}\dfrac{\sin x}{x^3+3x}$.

解 当 $x\to 0$ 时, $\sin x\sim x$, 无穷小 x^3+3x 与自身等价, 所以

$$\lim_{x\to 0}\frac{\sin x}{x^3+3x}=\lim_{x\to 0}\frac{x}{x^3+3x}=\lim_{x\to 0}\frac{1}{x^2+3}=\frac{1}{3}.$$

例 7 当 $x\to 0^+$ 时, 无穷小 $x\sin\sqrt{x}$, $\mathrm{e}^{x^2}-1$, $\sqrt{1+x^3}-1$, x^3+x 中, 哪个阶数最高, 哪个阶数最低?

解 当 $x\to 0^+$ 时,

$x\sin\sqrt{x}\sim x\sqrt{x}$, 所以 $x\sin\sqrt{x}$ 是 x 的 $\dfrac{3}{2}$ 阶无穷小;

$\mathrm{e}^{x^2}-1\sim x^2$, 所以 $\mathrm{e}^{x^2}-1$ 是 x 的 2 阶无穷小;

$\sqrt{1+x^3}-1\sim\dfrac{1}{2}x^3$, 所以 $\sqrt{1+x^3}-1$ 是 x 的 3 阶无穷小;

$x^3+x\sim x$, 所以 x^3+x 是 x 的 1 阶无穷小.

因此, $\sqrt{1+x^3}-1$ 阶数最高, x^3+x 阶数最低.

例 8 求 $\lim\limits_{x\to 0}\dfrac{2\sin x+1-\mathrm{e}^x}{(1+\cos x)\arcsin x}$.

解 当 $x\to 0$ 时, $\arcsin x\sim x$, $\mathrm{e}^x-1\sim x$, $\sin x\sim x$, $1+\cos x\to 2$, 则

$$\begin{aligned}\lim_{x\to 0}\frac{2\sin x+1-\mathrm{e}^x}{(1+\cos x)\arcsin x}&=\lim_{x\to 0}\frac{2\sin x}{(1+\cos x)\arcsin x}-\lim_{x\to 0}\frac{\mathrm{e}^x-1}{(1+\cos x)\arcsin x}\\&=\lim_{x\to 0}\frac{2x}{2x}-\lim_{x\to 0}\frac{x}{2x}=\frac{1}{2}.\end{aligned}$$

例 9 下列求极限的方法对吗?

求 $\lim\limits_{x\to 0}\dfrac{\sin x-\tan x}{x^3}$.

解 当 $x\to 0$ 时, $\sin x\sim x,\tan x\sim x$, 则

$$\lim_{x\to 0}\frac{\sin x-\tan x}{x^3}=\lim_{x\to 0}\frac{x-x}{x^3}=0.$$

答 不对. 因为等价无穷小之和差不一定等价. 正确的解答是:

当 $x\to 0$ 时, $\sin x\sim x, 1-\cos x\sim\dfrac{x^2}{2}$, 则

$$\lim_{x\to 0}\frac{\sin x-\tan x}{x^3}=\lim_{x\to 0}\frac{\sin x}{x}\cdot\frac{\cos x-1}{x^2}\cdot\frac{1}{\cos x}=1\cdot\frac{-1}{2}\cdot 1=-\frac{1}{2}.$$

注 利用等价无穷小代换求极限, 必须注意分别用分子与分母的整体等价无穷小代换. 如果分子或分母是多个因子的乘积, 则可对其某一个或几个无穷小因子作等价代换, 但如果是多个因子之和差, 则不能对其某一个或几个无穷小因子作等价代换.

例 10 求 $\lim\limits_{x\to 0}\dfrac{a^x-1}{x}\ (a>0,a\neq 1)$.

解 令 $t=a^x-1$, 则

$$x=\log_a(1+t)=\frac{\ln(1+t)}{\ln a},$$

当 $x\to 0$ 时, $t\to 0$, 所以

$$\lim_{x\to 0}\frac{a^x-1}{x}=\lim_{t\to 0}\frac{t\ln a}{\ln(1+t)},$$

而当 $t\to 0$ 时, $\ln(1+t)\sim t$, 因此

$$\lim_{x\to 0}\frac{a^x-1}{x}=\lim_{t\to 0}\frac{t\ln a}{\ln(1+t)}=\lim_{t\to 0}\frac{t\ln a}{t}=\ln a.$$

1.6.2 无穷大量

引例 1.6.3 设存入银行的本金为 A, 存款年利率为 r, 第 n 年末的本息 $S(n)=A(1+r)^n$. 存款年限越久, 所获本息 S 越多. 当存款时间无限延长时呢?

理论上讲, 当存款时间无限延长时, 本息 S 将无限增大. 对于函数的这种变化趋势, 有如下定义.

定义 1.6.3 若当 $x \to x_0$ (或 $x \to \infty$) 时, 函数 $f(x)$ 的绝对值 $|f(x)|$ 无限增大, 则称 $f(x)$ 为当 $x \to x_0$ (或 $x \to \infty$) 时的**无穷大量**, 简称**无穷大**, 记为

$$\lim_{x \to x_0} f(x) = \infty \quad (\text{或} \lim_{x \to \infty} f(x) = \infty).$$

注 (1) 对于 $x \to x_0^+, x \to x_0^-$, $x \to +\infty$ 或 $x \to -\infty$ 时均有类似的定义.

(2) 无穷大并不是绝对值很大的数. 任何一个实数都不是无穷大.

(3) 符号 $\lim f(x) = \infty$ 并不表示函数 $f(x)$ 的极限存在, 恰恰相反, 它是表示 $f(x)$ 的极限不存在, 但它是极限不存在的一种特殊情况, 即变化趋势是一种越变越大的 "稳定" 的趋势. 例如,

当 $x \to 0$ 时, $\left|\dfrac{1}{x}\right|$ 无限增大, 所以 $\dfrac{1}{x}$ 是当 $x \to 0$ 时的无穷大, 记作

$$\lim_{x \to 0} \frac{1}{x} = \infty;$$

当 $x \to \infty$ 时, x^2 总取正值而无限增大, 所以 x^2 是当 $x \to \infty$ 时的无穷大, 记作

$$\lim_{x \to \infty} x^2 = +\infty;$$

当 $x \to 0^+$ 时, $\ln x < 0$ 而绝对值无限增大, 所以 $\ln x$ 是当 $x \to 0^+$ 时的无穷大, 记作

$$\lim_{x \to 0^+} \ln x = -\infty.$$

思考 无穷大与无界变量有何区别?

1.6.3 无穷大与无穷小的关系

定理 1.6.3 在自变量的同一变化过程中, 若 $\lim f(x) = \infty$, 则 $\lim \dfrac{1}{f(x)} = 0$; 反之, 若 $\lim f(x) = 0$, 且 $f(x) \neq 0$, 则 $\lim \dfrac{1}{f(x)} = \infty$.

简言之, 无穷大的倒数是无穷小, 非零无穷小的倒数是无穷大.

例 11 求 $\lim\limits_{x \to \infty} \dfrac{x^2 - 3x - 2}{2x + 1}$.

解 因为

$$\lim_{x \to \infty} \frac{2x+1}{x^2 - 3x - 2} = \lim_{x \to \infty} \frac{\dfrac{2}{x} + \dfrac{1}{x^2}}{1 - \dfrac{3}{x} - \dfrac{2}{x^2}} = \frac{\lim\limits_{x \to \infty}\left(\dfrac{2}{x} + \dfrac{1}{x^2}\right)}{\lim\limits_{x \to \infty}\left(1 - \dfrac{3}{x} - \dfrac{2}{x^2}\right)} = \frac{0+0}{1-0-0} = 0,$$

所以

$$\lim_{x\to\infty}\frac{x^2-3x-2}{2x+1}=\infty.$$

习 题 1.6

A 组

1. 判别下列极限哪些是无穷小或无穷大, 并说明理由.

(1) $\lim\limits_{x\to\infty}\dfrac{\sin x}{x}$; (2) $\lim\limits_{x\to 0}\dfrac{1}{x^2}$;

(3) $\lim\limits_{x\to 0}x^2\cos\dfrac{1}{x}$; (4) $\lim\limits_{x\to+\infty}\mathrm{e}^{-x}$.

2. 设某产品的价格 P 是时间 t 的函数, 且价格函数 $P(t)=12.7+20.5\mathrm{e}^{-0.5t}$ (万元), 试预测该产品的长期价格.

3. 利用等价无穷小代换, 求下列各极限:

(1) $\lim\limits_{x\to 0}\dfrac{1-\cos 2x}{x\sin x}$; (2) $\lim\limits_{x\to 0}\dfrac{3\sin x+x^2\cos\dfrac{1}{x}}{(1+\cos x)\ln(1+x)}$;

(3) $\lim\limits_{x\to 0}\dfrac{1-\cos^3 x}{x\sin 2x}$; (4) $\lim\limits_{x\to 0}\left(\dfrac{1}{\sin x}-\dfrac{1}{\tan x}\right)$;

(5) $\lim\limits_{x\to 0}\dfrac{\mathrm{e}^{2x}-1}{\ln(x+1)}$; (6) $\lim\limits_{x\to 0}\dfrac{\sqrt[3]{1+x^2}-1}{x^2}$;

(7) $\lim\limits_{n\to\infty}\sqrt{n}(\sqrt[n]{a}-1)$ (a 为正常数); (8) $\lim\limits_{x\to 0}\dfrac{\tan 2x}{\sin 3x}$.

4. 求极限 $\lim\limits_{x\to\infty}\dfrac{2x+1}{x}$ 并说明理由.

5. 计算下列极限:

(1) $\lim\limits_{h\to 0}\dfrac{(x+h)^2-x^2}{h}$; (2) $\lim\limits_{x\to 4}\dfrac{x^2-6x+8}{x^2-5x+4}$;

(3) $\lim\limits_{x\to\infty}\dfrac{x^2+6x+8}{x^4-3x+1}$; (4) $\lim\limits_{x\to\infty}(2x^2-x+1)$;

(5) $\lim\limits_{x\to 2}\left(\dfrac{12}{8-x^3}-\dfrac{1}{2-x}\right)$;

(6) $\lim\limits_{n\to\infty}\dfrac{1}{n}\left[\left(x+\dfrac{a}{n}\right)+\left(x+\dfrac{2a}{n}\right)+\cdots+\left(x+\dfrac{(n-1)a}{n}\right)\right]$ (a 为常数).

B 组

1. 求极限 $\lim\limits_{x\to 0}\dfrac{\tan x-\sin x}{\sin^3 x}$.

2. 求极限 $\lim\limits_{x\to 0}x\left[\dfrac{1}{x}\right]$.

3. 当 $x \to 1$ 时, 下列变量与无穷小 $\pi(1-x)$ 是否同阶? 是否等价?

(1) $1-x^3$; (2) $\sin \pi x$.

4. 若 $\lim\limits_{x\to 0}\dfrac{\sin x}{e^x-a}(\cos x-b)=5$, 则 $a=$__________, $b=$__________.

5. 求函数 $f(x,y)=x\sin\dfrac{1}{y}+y\sin\dfrac{1}{x}$ 在点 $(0,0)$ 处的二重极限.

6. (1) 有界函数与无穷小的乘积是无穷小, 那么有界函数与无穷大的乘积是否为无穷大? (2) 无界函数是否一定是无穷大?

1.7 函数的连续性

1. 理解函数连续的定义, 了解连续函数的性质和初等函数的连续性;
2. 掌握闭区间上连续函数的性质;
3. 会判断函数间断点的类型.

1.7.1 函数连续的定义

引例 1.7.1 一天中气温的变化是逐渐的, 当时间改变很小时, 气温的变化也很小; 当时间改变量趋近于零时, 气温的变化量也会趋近于零, 这反映了气温连续变化的特征.

事实上, 在许多实际问题中, 变量的变化往往是“连续”不断的. 变量的这种变化现象, 体现在函数关系上, 就是函数的连续性. 因此, 连续函数是高等数学中接触最多的函数, 它反映了自然界各种连续变化现象的一种共同特性.

从几何直观上看, 要使函数图形 (曲线) 连续不断, 由如下函数图形可以看出, 只有图 1.66 中函数 $f(x)$ 的曲线连续不断, 而图 1.67 和图 1.68 中函数 $g(x)$ 和 $h(x)$ 的曲线在 $x=a$ 处都是不连续的, 或者是间断的.

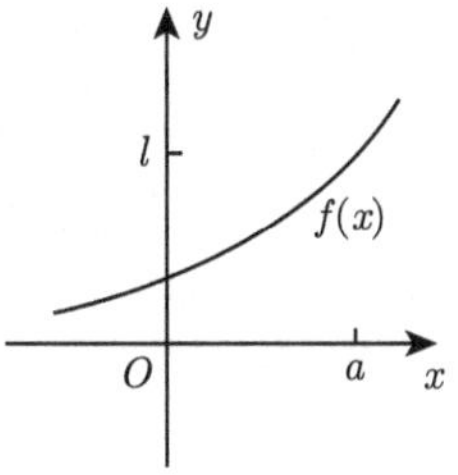

图 1.66

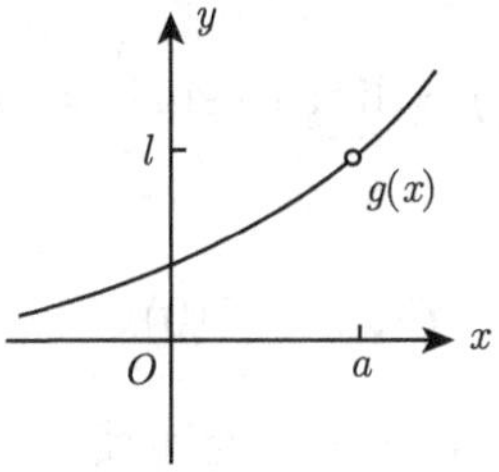

图 1.67

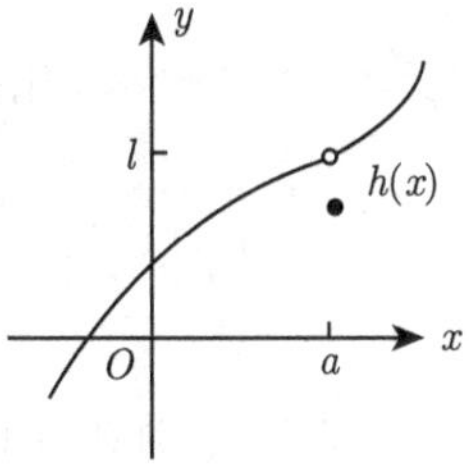

图 1.68

尽管当 $x\to a$ 时, 图 1.66 ~ 图 1.68 中的函数 $f(x)$, $g(x)$, $h(x)$ 都无限趋近于 l, 即

$$\lim_{x\to a} f(x)=\lim_{x\to a} g(x)=\lim_{x\to a} h(x)=l.$$

但是在图 1.67 中 $g(a)$ 没有定义, 图 1.68 中 $\lim\limits_{x \to a} h(x) \neq h(a)$, 而只有函数 $f(x)$ 在 $x = a$ 处的函数值等于它在该点的极限值, 即

$$\lim_{x \to a} f(x) = f(a).$$

1. 一元函数的连续性

定义 1.7.1　设函数 $y = f(x)$ 在 $U(x_0, \delta)$ 内有定义, 若当 $x \to x_0$ 时, 函数 $f(x)$ 的极限存在, 且极限值等于 $f(x)$ 在点 $x = x_0$ 处的函数值 $f(x_0)$, 即

$$\lim_{x \to x_0} f(x) = f(x_0),$$

则称函数 $y = f(x)$ 在点 $x = x_0$ 处**连续** (continuity), 也称点 x_0 为函数 $y = f(x)$ 的**连续点**.

从定义 1.7.1 不难发现, 函数 $y = f(x)$ 在点 $x = x_0$ 处连续, 必须满足以下三个条件:

1. 在 $x = x_0$ 处有定义 (即 $f(x_0)$ 有意义);
2. 在 $x = x_0$ 处有极限 (即 $\lim\limits_{x \to x_0} f(x)$ 存在);
3. $\lim\limits_{x \to x_0} f(x) = f(x_0)$.

例 1　试用定义 1.7.1 证明: 函数

$$f(x) = \begin{cases} x \sin \dfrac{1}{x}, & x \neq 0, \\ 0, & x = 0 \end{cases}$$

在点 x=0 处连续.

证　因为 $f(x)$ 在 $x = 0$ 的邻域内有定义, 又由无穷小的性质可知

$$\lim_{x \to 0} f(x) = \lim_{x \to 0} x \cdot \sin \frac{1}{x} = 0,$$

即

$$\lim_{x \to 0} f(x) = f(0),$$

所以根据定义 1.7.1, 函数 $f(x)$ 在点 $x = 0$ 处连续.

为了从不同角度来理解函数连续的意义, 下面先引入增量的定义.

定义 1.7.2　设变量 u 从初值 u_1 变到终值 u_2, 则终值 u_2 与初值 u_1 的差 $u_2 - u_1$ 称为变量 u 的**改变量**, 也称为**增量**, 记作 Δu. 即

$$\Delta u = u_2 - u_1.$$

注 变量 u 的增量 Δu 可以是正的, 也可以是负的. 当 Δu 为正时, 变量 u 是增加的; 当 Δu 为负时, 变量 u 是减少的.

由 1.6 节中有极限的量与无穷小量的关系和定义 1.7.1 就可以得出

定义 1.7.3 设函数 $y=f(x)$ 在 $U(x_0,\delta)$ 内有定义, 若当自变量 x 无限趋近于 x_0 时, 函数增量 $f(x)-f(x_0)$ 无限趋近于零, 即

$$\lim_{x\to x_0}[f(x)-f(x_0)]=0,$$

则称函数 $y=f(x)$ 在点 $x=x_0$ 处**连续**, 称点 $x=x_0$ 为函数 $y=f(x)$ 的**连续点**.

若令 $x=x_0+\Delta x$, 则 $\Delta x\to 0$ 当且仅当 $x\to x_0$, 相应地

$$\Delta y=f(x_0+\Delta x)-f(x_0)=f(x)-f(x_0),$$

$\Delta y\to 0$ 当且仅当 $f(x)\to f(x_0)$, 即 $\lim\limits_{\Delta x\to 0}\Delta y=0$ 就是 $\lim\limits_{x\to x_0}[f(x)-f(x_0)]=0$.

这样可得到定义 1.7.3 有如下等价形式.

定义 1.7.3′ 设函数 $y=f(x)$ 在 $U(x_0,\delta)$ 内有定义, 若当自变量 x 在点 $x=x_0$ 处的增量 Δx 趋近于零时, 相应的函数增量 $\Delta y=f(x_0+\Delta x)-f(x_0)$ 也趋近于零, 即

$$\lim_{\Delta x\to 0}\Delta y=\lim_{\Delta x\to 0}[f(x_0+\Delta x)-f(x_0)]=0,$$

则称函数 $y=f(x)$ 在点 $x=x_0$ 处**连续**, 称点 $x=x_0$ 为函数 $y=f(x)$ 的**连续点**.

例 2 试用定义 1.7.3′ 证明: 函数 $y=x^2+3$ 在点 x=1 处连续.

证 显然函数 $y=x^2+3$ 在点 x=1 的邻域内有定义. 现设自变量 x 在 x=1 处有增量 Δx, 则当 $\Delta x\to 0$, 相应的函数增量 Δy 的极限

$$\lim_{\Delta x\to 0}\Delta y=\lim_{\Delta x\to 0}[(1+\Delta x)^2+3-(1^2+3)]=\lim_{\Delta x\to 0}[2\Delta x+(\Delta x)^2]=0,$$

所以, 根据定义 1.7.3′, 函数 $y=x^2+3$ 在点 $x=1$ 处连续.

由于函数连续是极限存在的特殊情形, 类似于单侧极限, 有下列单侧连续的定义.

定义 1.7.4 若 $\lim\limits_{x\to x_0^-}f(x)=f(x_0)$, 则称函数 $y=f(x)$ 在 $x=x_0$ 处**左连续**.

若 $\lim\limits_{x\to x_0^+}f(x)=f(x_0)$, 则称函数 $y=f(x)$ 在 $x=x_0$ 处**右连续**.

根据左、右连续的定义可知, 连续与左、右连续之间有以下关系.

定理 1.7.1 $\lim\limits_{x\to x_0}f(x)=f(x_0)$ 的充要条件是

$$\lim_{x\to x_0^-}f(x)=\lim_{x\to x_0^+}f(x)=f(x_0).$$

函数 $y=f(x)$ 在 $x=x_0$ 处连续当且仅当在 $x=x_0$ 处左、右连续.

定义 1.7.5　若 $y=f(x)$ 在 (a,b) 内任一点连续, 则称 $y=f(x)$ **在** (a,b) **内连续**, 若在 $x=a$ 处右连续、在 $x=b$ 处左连续, 则称 $y=f(x)$ **在闭区** $[a,b]$ **上连续**.

注　连续函数的图形是一条连续而不间断的曲线.

例 3　证明 $y=\sin x$ 在 $(-\infty,+\infty)$ 内处处 (即每一点) 连续.

证　任取 $x_0\in(-\infty,+\infty)$, 只要证明

$$\lim_{x\to x_0}\sin x=\sin x_0.$$

令 $x=x_0+h$, 则当 $x\to x_0$ 时 $h\to 0$. 由于

$$\lim_{h\to 0}\cos h=1,\quad \lim_{h\to 0}\sin h=0,$$

从而有

$$\begin{aligned}\lim_{x\to x_0}\sin x&=\lim_{h\to 0}\sin(x_0+h)=\lim_{h\to 0}(\sin x_0\cos h+\cos x_0\sin h)\\&=\sin x_0\lim_{h\to 0}\cos h+\cos x_0\lim_{h\to 0}\sin h=\sin x_0.\end{aligned}$$

类似可证 $y=\cos x$ 在 $(-\infty,+\infty)$ 内处处连续.

例 4　讨论函数

$$f(x)=\begin{cases}1+\cos x, & x<\dfrac{\pi}{2},\\ \sin x, & x\geqslant\dfrac{\pi}{2}\end{cases}$$

在 $x=\dfrac{\pi}{2}$ 处的连续性.

解　因为

$$f\left(\frac{\pi}{2}\right)=1,$$

且

$$\lim_{x\to\frac{\pi}{2}^+}f(x)=\lim_{x\to\frac{\pi}{2}^+}\sin x=1,\quad \lim_{x\to\frac{\pi}{2}^-}f(x)=\lim_{x\to\frac{\pi}{2}^-}(1+\cos x)=1,$$

所以

$$\lim_{x\to\frac{\pi}{2}}f(x)=f\left(\frac{\pi}{2}\right)=1.$$

因此, 函数在点 $x=\dfrac{\pi}{2}$ 处是连续的.

2. 二元函数的连续性

定义 1.7.6 如果二元函数 $z = f(x, y)$ 在点 $P_0(x_0, y_0)$ 的某个邻域内有定义, 且有

$$\lim_{(x,y)\to(x_0,y_0)} f(x, y) = f(x_0, y_0)$$

成立, 则称函数 $z = f(x, y)$ 在点 $P_0(x_0, y_0)$ 处**连续**, 称点 $P_0(x_0, y_0)$ 为函数 $z = f(x, y)$ 的**连续点**.

注 (1) 这里要求式中 x 和 y 以任意方式趋向于点 (x_0, y_0).

(2) 其他 n 元函数连续的定义, 只需把定义 1.7.6 中的函数看成 n 维空间中的点的函数就可以类似给出.

例 5 函数

$$f(x, y) = \begin{cases} x^2 + y^2, & x^2 + y^2 \leqslant 1, \\ \lambda - x^2 - y^2, & x^2 + y^2 > 1. \end{cases}$$

问这个函数在单位圆 $x^2 + y^2 = 1$ 上各点是否连续?

解 令 $z = x^2 + y^2$, 在单位圆 $x^2 + y^2 = 1$ 上点 (x_0, y_0) 满足 $z_0 = x_0^2 + y_0^2 = 1$, 因此当 $(x, y) \to (x_0, y_0)$ 时, 有 $z \to 1$, 故所讨论的问题可以转化为: 函数

$$g(z) = \begin{cases} z, & z \leqslant 1, \\ \lambda - z, & z > 1 \end{cases}$$

在点 $z = 1$ 处是否连续?

因为

$$g(1) = 1,$$

且

$$\lim_{z\to1^+} g(z) = \lim_{z\to1^+} (\lambda - z) = \lambda - 1, \quad \lim_{z\to1^-} g(z) = \lim_{z\to1^-} z = 1,$$

所以当 $\lambda = 2$ 时, 则函数 $g(z)$ 在点 $z = 1$ 处连续, 当 $\lambda \neq 2$ 时, 则函数 $g(z)$ 在点 $z = 1$ 处不连续. 因此当 $\lambda = 2$ 时, 有

$$\lim_{(x,y)\to(x_0,y_0)} f(x, y) = f(x_0, y_0) = 1,$$

即函数 $f(x, y)$ 在 $x^2 + y^2 = 1$ 上所有点处都是连续的; 但当 $\lambda \neq 2$ 时, 因为 $\lim\limits_{\substack{x\to x_0 \\ y\to y_0}} f(x, y)$ 不存在, 则函数 $f(x, y)$ 在 $x^2 + y^2 = 1$ 上所有点处都是不连续的.

例 6 函数

$$f(x,y)=\begin{cases}\dfrac{x^2-y^2}{x^2+y^2}, & x\neq 0,y\neq 0,\\ 0, & x=0,y=0.\end{cases}$$

问函数在点 (0, 0) 处是否连续?

解 由定义知 $f(0,0)=0$. 当点 $P(x\ ,y)$ 沿直线 $y=kx$ 趋近于点 (0, 0) 时, 有

$$\lim_{\substack{x\to 0\\ y=kx\to 0}} f(x,y)=\lim_{\substack{x\to 0\\ y=kx\to 0}}\frac{x^2-(kx)^2}{x^2+(kx)^2}=\frac{1-k^2}{1+k^2},$$

当 $k\neq\pm 1$ 时, 它不等于 0, 这个函数在原点没有极限值, 所以在该点是不连续的.

3. 反函数与复合函数的连续性

下面不加证明地给出反函数与复合函数的连续性的有关结论.

定理 1.7.2 如果函数 $y=f(x)$ 在区间 I_x 上单调增加 (或单调减少) 且连续, 那么它的反函数

$$x=f^{-1}(y)$$

在对应的区间 $I_y=\{y|y=f(x),x\in I_x\}$ 上单调增加 (或单调减少) 且连续.

例 7 由于 $y=\sin x$ 在区间 $\left[-\dfrac{\pi}{2},\dfrac{\pi}{2}\right]$ 上单调增加且连续, 所以它的反函数 $y=\arcsin x$ 在区间 $[-1,1]$ 上也是单调增加且连续的.

同样, $y=\arccos x$ 在区间 $[-1,1]$ 上是单调减少且连续; $y=\arctan x$ 在区间 $(-\infty,+\infty)$ 内单调增加且连续; $y=\operatorname{arccot} x$ 在区间 $(-\infty,+\infty)$ 内单调减少且连续.

总之, 反三角函数 $y=\arcsin x, y=\arccos x, y=\arctan x, y=\operatorname{arccot} x$ 在它们的定义域内都是连续的.

定理 1.7.3 设函数 $y=f[g(x)]$ 由函数 $y=f(u)$ 与函数 $u=g(x)$ 复合而成, $\mathring{U}(x_0)\subset D_{f\circ g}$. 若 $\lim\limits_{x\to x_0} g(x)=u_0$, 而函数 $y=f(u)$ 在 u_0 连续, 则

$$\lim_{x\to x_0} f[g(x)]=\lim_{u\to u_0} f(u)=f(u_0).$$

注 (1) 定理 1.7.3 的结论也可写成

$$\lim_{x\to x_0} f[g(x)]=f[\lim_{x\to x_0} g(x)],$$

这意味着求复合函数 $f[g(x)]$ 的极限, 连续函数符号与极限号可以交换次序.

(2) 在定理 1.7.3 的条件下, $\lim\limits_{x\to x_0} f[g(x)] = \lim\limits_{u\to u_0} f(u)$ 表明: 如果作代换 $u = g(x)$, 那么求 $\lim\limits_{x\to x_0} f[g(x)]$ 就转化为求 $\lim\limits_{u\to u_0} f(u)$, 这里 $u_0 = \lim\limits_{x\to x_0} g(x)$.

(3) 若将定理 1.7.3 中的 $x\to x_0$ 换成 $x\to\infty$, 可得类似的定理.

例 8 求 $\lim\limits_{x\to 3}\sqrt{\dfrac{x-3}{x^2-9}}$.

解 $\lim\limits_{x\to 3}\sqrt{\dfrac{x-3}{x^2-9}} = \sqrt{\lim\limits_{x\to 3}\dfrac{x-3}{x^2-9}} = \sqrt{\dfrac{1}{6}} = \dfrac{\sqrt{6}}{6}$.

定理 1.7.4 设函数 $y = f[g(x)]$ 由函数 $y = f(u)$ 与函数 $u = g(x)$ 复合而成, $U(x_0) \subset D_{fog}$. 若函数 $u = g(x)$ 在点 x_0 连续, 函数 $y = f(u)$ 在点 $u_0 = g(x_0)$ 连续, 则复合函数 $y = f[g(x)]$ 在点 x_0 也连续.

1.7.2 函数的间断点

1. 一元函数的间断点

定义 1.7.7 若函数 $y = f(x)$ 在点 $x = x_0$ 处不满足连续的条件, 则称函数 $y = f(x)$ 在点 $x = x_0$ 处为**不连续的或间断的**, 点 $x = x_0$ 称为函数 $y = f(x)$ 的**间断点**.

由一元函数连续须同时满足的三个条件知, 间断点出现的情形为

(1) 在 $x = x_0$ 处没有定义;

(2) 虽在 $x = x_0$ 处有定义, 但 $\lim\limits_{x\to x_0} f(x)$ 不存在;

(3) 虽在 $x = x_0$ 处有定义, 且 $\lim\limits_{x\to x_0} f(x)$ 存在, 但 $\lim\limits_{x\to x_0} f(x) \neq f(x_0)$.

同时可将间断点分类如下:

$$\text{间断点类型}\begin{cases}\text{第一类间断点}\begin{cases}\text{左右极限都存在且相等 (可去间断点)}\\ \text{左右极限都存在但不相等 (跳跃间断点)}\end{cases}\\ \text{第二类间断点 (左右极限至少有一个不存在)}\end{cases}$$

例 9 函数

$$y = f(x) = \begin{cases} x, & x \neq 1, \\ \dfrac{1}{2}, & x = 1. \end{cases}$$

考察函数 $y = f(x)$ 在 x=1 处的连续性.

解 如图 1.69 所示, 因为

$$\lim_{x\to 1} f(x) = \lim_{x\to 1} x = 1 \neq f(1),$$

所以 $x=1$ 为间断点. 此时, 可改变函数 $f(x)$ 定义使其在 $x=1$ 连续, 例如

$$y=f(x)=\begin{cases} x, & x\neq 1, \\ 1, & x=1, \end{cases}$$

则函数 $f(x)$ 在 $x=1$ 处连续, 故 $x=1$ 称为**可去间断点**.

例 10　函数

$$y=f(x)=\begin{cases} x-1, & x<0, \\ 0, & x=0, \\ x+1, & x>0. \end{cases}$$

考察 $y=f(x)$ 在 $x=0$ 处的连续性.

解　如图 1.70 所示, 因为

$$\lim_{x\to 0^-} f(x)=-1, \quad \lim_{x\to 0^+} f(x)=1,$$

所以 $x=0$ 为间断点 (**跳跃间断点**, 不可去).

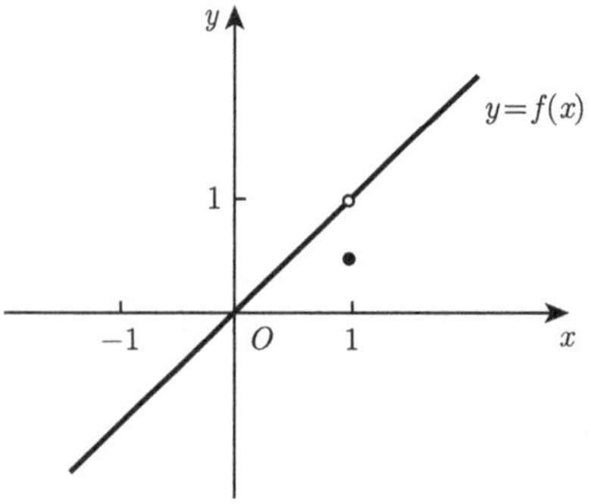

图 1.69

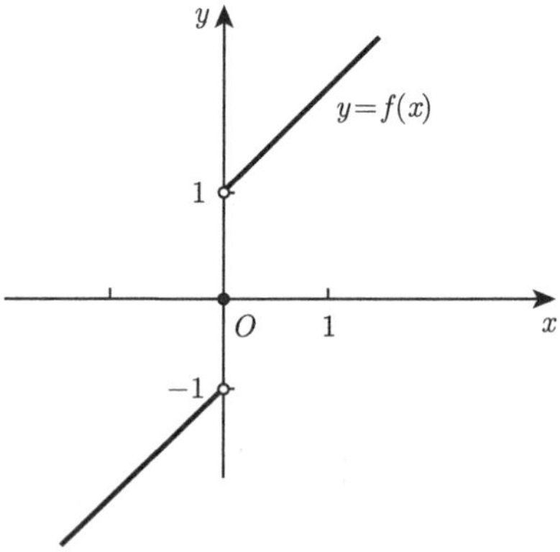

图 1.70

注　二元函数间断点的产生与一元函数的情形类似, 但是二元函数间断点的情况要比一元函数复杂, 间断点可能是孤立点也可能是曲线上的点. 例如, 函数

$$z=\sin\frac{1}{xy},$$

则直线 $x=0$ 与 $y=0$ 都是它的间断线, 点 $(0, 0)$ 是其中一个间断点.

2. 初等函数的连续性

下面不加证明地给出重要事实: 一切一元初等函数在其定义区间内都是连续的.

因此, 求一元初等函数的连续区间就是求一元初等函数的定义区间. 关于分段函数的连续性, 除按上述结论考虑每一分段区间内的连续性外, 关键还要讨论分界点的连续性.

例 11 求函数

$$f(x)=\frac{x^2-x-2}{x^2-3x+2}$$

的连续区间和间断点, 并指出间断点的类型.

解 将函数恒等变形得

$$f(x)=\frac{x^2-x-2}{x^2-3x+2}=\frac{(x-2)(x+1)}{(x-2)(x-1)},$$

故函数 $y=f(x)$ 的连续区间即为定义区间: $(-\infty,1)$, $(1,2)$, $(2,+\infty)$, $x=1$ 和 $x=2$ 是它的两个间断点. 因为

$$\lim_{x\to 1} f(x)=\lim_{x\to 1}\frac{(x-2)(x+1)}{(x-2)(x-1)}=\infty,$$

所以 $x=1$ 是**第二类间断点** (**无穷间断点**). 因为

$$\lim_{x\to 2} f(x)=\lim_{x\to 2}\frac{(x-2)(x+1)}{(x-2)(x-1)}=3,$$

所以 $x=2$ 是**第一类间断点** (**可去间断点**).

注 多元初等函数有同样类似的性质.

例 12 求 $\lim\limits_{(x,y)\to(1,0)}\dfrac{\ln(x+\mathrm{e}^y)}{\sqrt{x^2+y^2}}$.

解 $\lim\limits_{(x,y)\to(1,0)}\dfrac{\ln(x+\mathrm{e}^y)}{\sqrt{x^2+y^2}}=\dfrac{\ln(1+\mathrm{e}^0)}{\sqrt{1^2+0^2}}=\ln 2.$

例 13 求 $\lim\limits_{(x,y)\to(0,0)}\dfrac{\sqrt{1+xy}-1}{xy}$.

解 $$\lim_{(x,y)\to(0,0)}\frac{\sqrt{1+xy}-1}{xy}=\lim_{(x,y)\to(0,0)}\frac{\left(\sqrt{1+xy}-1\right)\left(\sqrt{1+xy}+1\right)}{xy\left(\sqrt{1+xy}+1\right)}$$
$$=\lim_{(x,y)\to(0,0)}\frac{1}{\sqrt{1+xy}+1}=\frac{1}{2}.$$

1.7.3 闭区间上连续函数的性质

在闭区间上讨论连续函数, 它具有许多整个区间上的特性, 即整体性质. 这些性质, 对于开区间内的连续函数或闭区间上的非连续函数, 是不一定成立的.

定义 1.7.8 设函数 $f(x)$ 在数集 D 上有定义, 若存在 $x_0\in D$, 使对一切 $x\in D$, 都有

$$f(x)\leqslant f(x_0)\quad (f(x_0)\leqslant f(x)),$$

则称 $f(x_0)$ 为函数 $f(x)$ 在 D 上的**最大 (小) 值**.

一般地, 函数 $f(x)$ 在 D 上不一定有最大 (小) 值, 即使它是有界的. 例如

$$f(x)=x,$$

它在 (0, 1) 内既无最大值也无最小值. 又如

$$g(x)=\begin{cases}x+1, & -1\leqslant x<0,\\ 0, & x=0,\\ x-1, & 0<x\leqslant 1\end{cases}$$

在 $[-1,1]$ 上也没有最大值和最小值.

定理 1.7.5 (最大值最小值定理) 设函数 $f(x)$ 在闭区间 $[a,b]$ 上连续, 则函数 $f(x)$ 在 $[a,b]$ 上有最大值和最小值.

换而言之, 在 $[a,b]$ 上至少存在 x_1 及 x_2, 使对一切 $x\in[a,b]$ 都有

$$f(x_1)\leqslant f(x)\leqslant f(x_2),$$

即 $f(x_1)$ 和 $f(x_2)$ 分别是函数 $f(x)$ 在 $[a,b]$ 上的最小值和最大值 (图 1.71).

推论 1.7.1 (有界性定理) 设函数 $f(x)$ 在 $[a,\ b]$ 上连续, 则函数 $y=f(x)$ 在 $[a,\ b]$ 上有界.

证 由定理 1.7.5 可知函数 $f(x)$ 在 $[a,\ b]$ 上有最大值 M 和最小值 m, 即对一切 $x\in[a,b]$ 有

$$m\leqslant f(x)\leqslant M,$$

所以函数 $f(x)$ 在 $[a, b]$ 上既有上界又有下界, 从而在 $[a, b]$ 上有界.

定理 1.7.6 (介值定理) 设函数 $f(x)$ 在 $[a, b]$ 上连续, 且 $f(a) \neq f(b)$, 则对介于 $f(a)$ 与 $f(b)$ 之间的任何实数 c, 在 (a, b) 内必至少存在一点 ξ, 使 $f(\xi) = c$.

由定理 1.7.6 可知, 对任何实数 c, 若满足

$$f(a) < c < f(b) \quad 或 \quad f(b) < c < f(a),$$

则定义于 (a, b) 内的连续曲线弧

$$y = f(x)$$

与水平直线

$$y = c$$

必至少相交于一点 (ξ, c)(图 1.72).

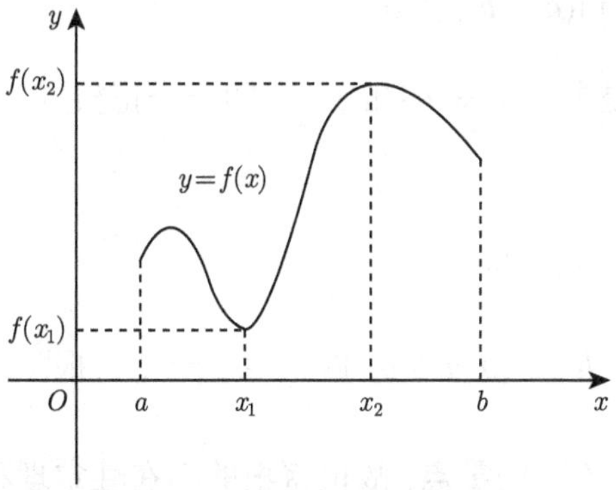

图 1.71

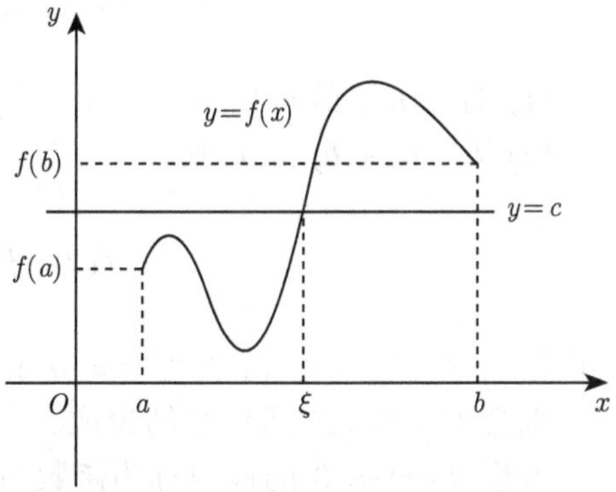

图 1.72

推论 1.7.2 闭区间上的连续函数必取得介于最大值与最小值之间的任何值.

证 设函数 $f(x)$ 在 $[a, b]$ 上连续, 且分别在 $x_1 \in [a,b]$ 取得最小值 $m = f(x_1)$, 在 $x_2 \in [a,b]$ 取得最大值 $M = f(x_2)$.

不妨设 $x_1 < x_2$, 且 $M > m$ (即 $y = f(x)$ 不是常量函数). 由于函数 $y = f(x)$ 在 $[x_1, x_2]$ 上连续, 且 $f(x_1) \neq f(x_2)$, 故按介值定理推出, 对介于 m 与 M 之间的任何实数 c, 必至少存在一点 $\xi \in (x_1, x_2) \subset (a, b)$, 使 $f(\xi) = c$.

推论 1.7.3 (根的存在性定理) 设函数 $f(x)$ 在闭区间 $[a, b]$ 上连续, 且 $f(a)$ 与 $f(b)$ 异号, 即

$$f(a)\, f(b) < 0,$$

则在 (a, b) 内至少存在一点 ξ, 使

$$f(\xi) = 0.$$

即方程 $f(x) = 0$ 在 (a, b) 内至少存在一个实根.

因为 $f(a)$ 与 $f(b)$ 异号, 则 $c = 0$ 必然是介于它们之间的一个值, 所以推论 1.7.3 的结论成立.

注　根的存在性定理是介值定理的一种特殊情形.

例 14　设 $a > 0, b > 0$, 证明方程

$$x = a\sin x + b$$

至少有一个正根, 并且它不超过 $a + b$.

证　令 $f(x) = x - a\sin x - b$, 则 $f(x)$ 在闭区间 $[0, a+b]$ 上连续, 且 $f(0) = -b < 0$,

$$f(a+b) = a[1 - \sin(a+b)] \geqslant 0.$$

(1) 若 $f(a+b) = 0$, 则 $x = a + b$ 就是方程 $x = a\sin x + b$ 的一个正根.

(2) 若 $f(a+b) > 0$, 则

$$f(0) \cdot f(a+b) < 0,$$

故由根的存在性定理知, 方程 $x = a\sin x + b$ 在 $(0, a+b)$ 内至少有一个实根.

综合 (1) 和 (2) 所述知结论成立.

方程 $f(x) = 0$ 的根也称为函数 $y = f(x)$ 的**零点**, 故也将根的存在性定理称为**零点存在定理**.

注　二元连续函数与一元连续函数有类似的性质. 例如有界性定理、零点存在定理.

习　题　1.7

A 组

1. 函数

$$y = f(x) = \begin{cases} (1+2x)^{\frac{1}{x}}, & x \neq 0, \\ 2k+1, & x = 0 \end{cases}$$

在 $x = 0$ 处连续, 求 k 的值.

2. 讨论函数

$$f(x)=\begin{cases} x+3, & x\leqslant 1,\\ -x^2+5, & x>1 \end{cases}$$

在点 $x=1$ 处的连续性.

3. 求函数

$$f(x)=\begin{cases} \mathrm{e}^{-x}, & x\leqslant 0,\\ x^2-1, & 0<x\leqslant 1,\\ 0.5x-0.5, & x>1 \end{cases}$$

的连续区间和间断点, 并指出间断点的类型.

4. 求下列极限:

(1) $\lim\limits_{x\to 4}\dfrac{\sqrt{1+2x}-3}{\sqrt{x-2}-\sqrt{2}}$;　　(2) $\lim\limits_{x\to\infty}\left(\sqrt{x^2+1}-\sqrt{x^2-1}\right)$.

5. 求极限 $\lim\limits_{\substack{x\to 1\\ y\to 2}}\dfrac{x+y}{xy}$.

6. 函数

$$f(x,y)=\begin{cases} \dfrac{xy}{x^2+y^2}, & x\neq 0, y\neq 0,\\ 0, & x=0, y=0 \end{cases}$$

在点 (0,0) 处是否连续?

7. 证明方程 $x^3-4x^2+1=0$ 在区间 (0,1) 内至少有一实根.

8. 证明: 若 $f(x)$ 在 $[a,b]$ 上连续, 且 $f(a)<a$, $f(b)>b$, 则在 (a,b) 内至少有一点 c, 使得 $f(c)=c$.

B 组

1. 试确定 a,b, 使函数

$$f(x)=\begin{cases} \dfrac{1}{x}\sin x+a, & x<0,\\ b, & x=0,\\ x\sin\dfrac{1}{x}, & x>0 \end{cases}$$

在 $(-\infty,+\infty)$ 内连续.

2. 求下列函数的间断点并确定其类型. 若为可去间断点, 则补充或改变函数的定义使它连续.

(1) $f(x)=\begin{cases} \mathrm{e}^{\frac{1}{x}}, & x<0,\\ 0, & x=0,\\ \arctan\dfrac{1}{x}, & x>0; \end{cases}$　　(2) $f(x)=\dfrac{x}{\tan x}$.

3. 若 $f(x)$ 在闭区间 $[a,b]$ 上连续, $a<x_1<x_2<\cdots<x_n<b$, $C_1,C_2,\cdots,C_n$ 为任意正数, 证明: 至少存在一点 $\xi\in(x_1,x_n)$, 使

$$f(\xi)=\frac{C_1f(x_1)+C_2f(x_2)+\cdots+C_nf(x_n)}{C_1+C_2+\cdots+C_n}.$$

4. 函数 $f(x)=\dfrac{x-x^3}{\sin\pi x}$ 的可去间断点的个数为 (　　).

A. 1　　B. 2　　C. 3　　D. 无穷多个

本章内容小结

本章的主要内容有

(1) 函数与反函数的概念; 函数的有界性、奇偶性、单调性和周期性; 基本初等函数的性质及复合函数与初等函数的概念.

(2) 数列极限与函数极限的概念; 极限的四则运算; 无穷大与无穷小的概念.

(3) 函数的连续点与间断点的概念; 函数在某点连续须满足的三个条件; 初等函数的连续性; 闭区间上连续函数的性质; 最大值与最小值定理、介值定理、零点定理.

学习中要注意的几点.

(1) 主要是通过极限的四则运算法则, 把所求极限转化成三个常用极限:

$$\lim_{n\to\infty}C=C,\quad \lim_{n\to\infty}\frac{1}{n}=0,\quad \lim_{n\to\infty}q^n=0\quad(|q|<1),$$

其中 C 为常数.

(2) $\lim\limits_{x\to\infty}f(x)=A\Leftrightarrow\lim\limits_{x\to+\infty}f(x)=\lim\limits_{x\to-\infty}f(x)=A$,

$\lim\limits_{x\to x_0}f(x)=A\Leftrightarrow f(x_0+0)=f(x_0-0)=A$.

(3) 极限的四则运算法则仅适用于有限个具有极限的函数的情形.

(4) $\lim f(x)=A\Leftrightarrow f(x)=A+\alpha$, 其中 α 是无穷小量.

(5) 两个重要极限的应用, 一是 $\lim\limits_{\alpha(x)\to0}\dfrac{\sin\alpha(x)}{\alpha(x)}=1$, 其特征为 ① 分子分母的极限都是 0; ② 含有与正弦函数有关的函数; ③ 三个 $\alpha(x)$ 要一致; ④ 结果为 1. 二是 $\lim\limits_{u(x)\to\infty}\left(1+\dfrac{1}{u(x)}\right)^{u(x)}=\mathrm{e}$, 其特征为 ① 求一个幂指函数的极限; ② 底数是 1 加上无穷小量 $\dfrac{1}{u(x)}$; ③ 指数是 $u(x)$; ④ 结果是 e.

(6) 极限与连续的关系为

$$\text{若 } f(x) \text{ 在点 } x_0 \text{ 处连续, 则极限 } \lim_{x\to x_0} f(x) \text{ 存在,}$$

反之不一定成立.

(7) 多元函数的情形及与一元函数之间的联系与区别.

微积分简介

第 2 章　函数微分学基础

微分学是微积分的重要组成部分. 微分学里的一个基本思想在于考虑函数在小范围内如何用线性函数或多项式函数来近似表示. 这种近似, 使对复杂函数的研究在局部上得到了简化. 建立微分学所用的分析方法不但对数学学科的发展产生了深远的影响, 而且在经济学、金融学、社会人文科学等领域里得到了广泛的应用. 例如, 估算价格的变化对总收益的影响、预测消费者的行为及变化、对某种随机事件的发生进行模拟和预测、预测某种社会行为的变化和演化等.

微分学的基本概念是导数与微分. 导数反映了函数相对于自变量变化而变化的快慢程度, 即函数的变化率. 它使人们能够用数学工具描述事物变化的快慢及解决一系列与之相关的问题. 例如, 物体运动的速度、国民经济发展速度、劳动生产率等. 微分反映了当自变量有微小改变时, 函数变化的线性近似.

本章主要讨论导数和微分的概念、基本计算方法及其简单应用.

2.1　一元函数的导数及基本求导法则

1. 理解导数的概念及可导性与连续性之间的关系, 了解导数的几何意义及经济意义;
2. 掌握基本初等函数的导数公式及导数的四则运算法则;
3. 了解高阶导数的概念, 会求简单函数的高阶导数.

2.1.1　问题的引入

为了说明微分学的基本概念 —— 导数, 先讨论三个问题: 速度问题、切线问题和变化率问题. 这三个问题与导数概念的形成密切相关.

引例 2.1.1 (速度问题)　自从中国第一条时速 350 km 的高速铁路 (简称高铁) 开通运营以来, 高铁在中国得到了快速发展和建设, 中国高铁经历了从无到有、从引进到自主创新的历史进程. 高铁的建设对于国家经济建设和地方经济发展都起到了巨大的促进作用. 目前, 中国制造的超级高铁时速可以达到 600 km 以上, 这表明中国的高铁技术已经位于世界列车技术领域的前列. 当一辆高铁正在沿着铁轨做直线运动时, 该如何求高铁的速度?

设高铁的位移 s 与时间 t 满足函数关系式 $s = s(t)$, 则高铁在时间段 $[t_0, t]$ 内

的平均速度

$$\bar{v} = \frac{s(t) - s(t_0)}{t - t_0},$$

在时刻 t_0 的瞬时速度为

$$v = \lim_{t \to t_0} \bar{v} = \lim_{t \to t_0} \frac{s(t) - s(t_0)}{t - t_0}.$$

引例 2.1.2 (切线问题) 设曲线的方程为 $y = f(x)$, 如何求出曲线在点 $P(x_0, y_0)$ 处的切线 PT 的方程? 如图 2.1 所示.

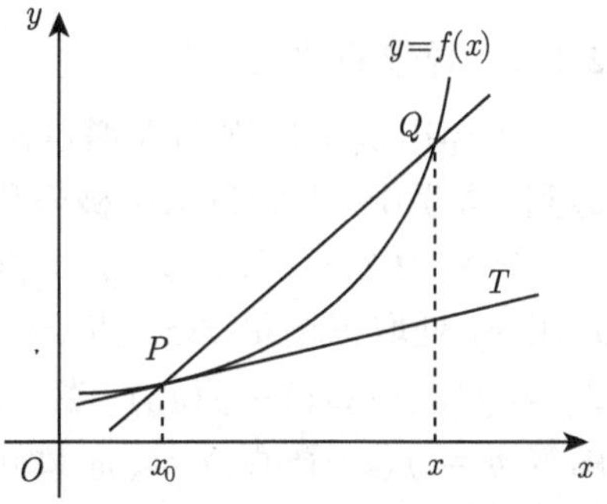

图 2.1

由于点 P 在切线上, 因此只要求出切线的斜率 k 就行了. 为此, 在曲线上另取一点 $Q(x, y)$, 于是割线 PQ 的斜率为

$$\bar{k} = \frac{f(x) - f(x_0)}{x - x_0},$$

点 Q 越接近点 P, 割线 PQ 的斜率 $\bar{k}$ 越接近于切线 PT 的斜率 k. 当点 Q 沿曲线无限接近于点 P 时, 割线 PQ 绕点 P 旋转而趋于极限位置 PT. 当点 Q 沿曲线趋于点 P 时, $x \to x_0$. 从而切线的斜率为

$$k = \lim_{Q \to P} \bar{k},$$

即

$$k = \lim_{Q \to P} \bar{k} = \lim_{x \to x_0} \frac{f(x) - f(x_0)}{x - x_0}.$$

引例 2.1.3 (变化率问题) 函数 $y = f(x)$ 在区间 $[x_0, x]$ 上的平均变化率为

$$\frac{f(x) - f(x_0)}{x - x_0},$$

如果极限

$$\lim_{x \to x_0} \frac{f(x) - f(x_0)}{x - x_0}$$

存在, 则称此极限为函数 $y = f(x)$ 在点 x_0 处的变化率, 也叫瞬时变化率.

从上面所讨论的三个问题可以看出, 求物体的速度、切线的斜率和函数在某点处的变化率都能归结为计算如下形式的极限:

$$\lim_{x \to x_0} \frac{f(x) - f(x_0)}{x - x_0}, \tag{2.1.1}$$

不难发现, 这里 $x-x_0$ 和 $f(x)-f(x_0)$ 分别是函数 $y=f(x)$ 的自变量的增量 Δx 和相应的函数的增量 Δy:

$$\Delta x = x - x_0,$$

$$\Delta y = f(x) - f(x_0) = f(x_0+\Delta x) - f(x_0).$$

因为当 $x \to x_0$ 时, 有 $\Delta x \to 0$, 故式 (2.1.1) 也可写成

$$\lim_{\Delta x\to 0}\frac{\Delta y}{\Delta x} \quad 或 \quad \lim_{\Delta x\to 0}\frac{f(x_0+\Delta x)-f(x_0)}{\Delta x}.$$

2.1.2 导数的定义

上述引例中出现的求增量比的极限的情形, 在其他许多实际问题中也会经常遇到. 数学中, 人们将这种极限称为导数.

定义 2.1.1 设函数 $y=f(x)$ 在点 $x=x_0$ 的某个邻域内有定义, 当自变量 x 在 x_0 处取得增量 Δx (点 $x_0+\Delta x$ 仍在该邻域内) 时, 相应地函数 y 取得增量 $\Delta y = f(x_0+\Delta x)-f(x_0)$. 当 $\Delta x \to 0$ 时, 如果 Δy 与 Δx 之比的极限存在, 则称函数 $y=f(x)$ 在点 $x=x_0$ 处**可导**, 并称这个极限为函数 $y=f(x)$ 在点 $x=x_0$ 处的**导数** (derivative), 记为 $f'(x_0)$, 即

$$f'(x_0) = \lim_{\Delta x\to 0}\frac{\Delta y}{\Delta x} = \lim_{\Delta x\to 0}\frac{f(x_0+\Delta x)-f(x_0)}{\Delta x}. \tag{2.1.2}$$

也可记为 $y'|_{x=x_0}$, $\left.\dfrac{\mathrm{d}y}{\mathrm{d}x}\right|_{x=x_0}$ 或 $\left.\dfrac{\mathrm{d}f(x)}{\mathrm{d}x}\right|_{x=x_0}$.

函数 $y=f(x)$ 在点 $x=x_0$ 处可导有时也说成 $f(x)$ 在点 $x=x_0$ 处具有导数或导数存在.

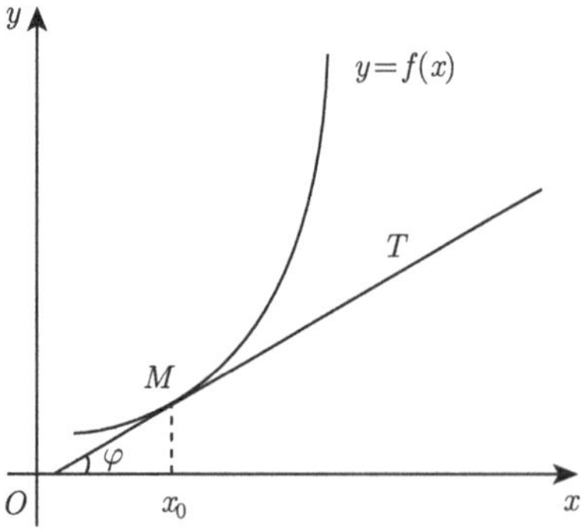

图 2.2

导数的几何意义 函数 $y=f(x)$ 在点 x_0 处的导数 $f'(x_0)$ 在几何上表示平面曲线 $y=f(x)$ 在点 $M(x_0,y_0)$ 处的切线的斜率, 即

$$f'(x_0) = \tan\varphi,$$

其中 φ 是切线的倾角 (图 2.2).

如果函数 $y=f(x)$ 在开区间 I 内每一点的导数都存在, 就称函数 $f(x)$ 在开区间 I 内可导. 这时, 对于任一 $x\in I$, 都对应着 $f(x)$ 的一个确定的导数值. 这样就构成了一个新的函数, 这个函数叫做 $y=f(x)$ 的**导函数**, 记为

$$y', \quad f'(x), \quad \frac{\mathrm{d}y}{\mathrm{d}x} \quad 或 \quad \frac{\mathrm{d}f(x)}{\mathrm{d}x}.$$

在 (2.1.2) 中, 把 x_0 换成 x, 即得导函数的定义式

$$y' = f'(x) = \lim_{\Delta x \to 0} \frac{f(x + \Delta x) - f(x)}{\Delta x}.$$

导函数的定义式也可表示为

$$f'(x) = \lim_{h \to 0} \frac{f(x + h) - f(x)}{h}$$

和

$$f'(x) = \lim_{t \to x} \frac{f(t) - f(x)}{t - x}.$$

导函数常简称导数. 显然, 函数 $y = f(x)$ 在点 $x = x_0$ 处的导数就是导函数 $f'(x)$ 在点 $x = x_0$ 处的函数值, 即

$$f'(x_0) = f'(x)|_{x=x_0}.$$

根据导数的定义可求一些简单函数的导数.

例 1 求函数 $f(x) = \sin x$ 的导数.

解
$$\begin{aligned} f'(x) &= \lim_{h \to 0} \frac{f(x + h) - f(x)}{h} = \lim_{h \to 0} \frac{\sin(x + h) - \sin x}{h} \\ &= \lim_{h \to 0} \frac{1}{h} \cdot 2\cos\left(x + \frac{h}{2}\right)\sin\frac{h}{2} \\ &= \lim_{h \to 0} \cos\left(x + \frac{h}{2}\right) \cdot \frac{\sin\frac{h}{2}}{\frac{h}{2}} = \cos x, \end{aligned}$$

即

$$(\sin x)' = \cos x.$$

这就是说, 正弦函数的导数是余弦函数.

用类似的方法, 可求得

$$(\cos x)' = -\sin x,$$

即, 余弦函数的导数是负的正弦函数.

例 2 求函数 $f(x) = x^n \, (n \in \mathbf{N}^+)$ 在点 $x = a$ 处的导数.

解 $f'(a)=\lim\limits_{x\to a}\dfrac{f(x)-f(a)}{x-a}=\lim\limits_{x\to a}\dfrac{x^n-a^n}{x-a}$

$$=\lim_{x\to a}(x^{n-1}+ax^{n-2}+\cdots+a^{n-1})=na^{n-1}.$$

把以上结果中的 a 换成 x 得 $f'(x)=nx^{n-1}$, 即

$$(x^n)'=nx^{n-1}.$$

更一般地, 对于幂函数 $y=x^{\mu}$ (μ 为常数), 有

$$(x^{\mu})'=\mu x^{\mu-1}.$$

这就是幂函数的导数公式.

定义 2.1.2 若函数 $y=f(x)$ 在点 $x=x_0$ 处的某个邻域内有定义且

$$\lim_{h\to 0^-}\frac{f(x_0+h)-f(x_0)}{h} \quad \text{及} \quad \lim_{h\to 0^+}\frac{f(x_0+h)-f(x_0)}{h}$$

都存在. 这两个极限分别称为函数 $f(x)$ 在点 $x=x_0$ 处的**左导数**和**右导数**, 分别记作 $f'_-(x_0)$ 及 $f'_+(x_0)$, 即

$$f'_-(x_0)=\lim_{h\to 0^-}\frac{f(x_0+h)-f(x_0)}{h},$$

$$f'_+(x_0)=\lim_{h\to 0^+}\frac{f(x_0+h)-f(x_0)}{h}.$$

函数 $f(x)$ 在点 $x=x_0$ 处可导的充分必要条件是左导数 $f'_-(x_0)$ 和右导数 $f'_+(x_0)$ 都存在而且相等.

例 3 求函数 $f(x)=|x|$ 在点 $x=0$ 处的导数.

解 $f'_+(0)=\lim\limits_{h\to 0^+}\dfrac{f(0+h)-f(0)}{h}=\lim\limits_{h\to 0^+}\dfrac{|h|}{h}=\lim\limits_{h\to 0^+}\dfrac{h}{h}=1,$

$$f'_-(0)=\lim_{h\to 0^-}\frac{f(0+h)-f(0)}{h}=\lim_{h\to 0^-}\frac{|h|}{h}=\lim_{h\to 0^-}\frac{-h}{h}=-1.$$

函数 $f(x)=|x|$ 在点 $x=0$ 处的左导数 $f'_-(0)=-1$ 及右导数 $f'_+(0)=1$ 虽然都存在, 但是不相等, 故 $f(x)=|x|$ 在点 $x=0$ 处不可导.

左导数和右导数统称为单侧导数.

例 4　求函数

$$f(x)=\begin{cases}\dfrac{1-\cos 2x}{2x}, & x\neq 0,\\ 0, & x=0\end{cases}$$

在 $x=0$ 处的导数.

解

$$f'(0)=\lim_{\Delta x\to 0}\frac{f(0+\Delta x)-f(0)}{\Delta x}=\lim_{\Delta x\to 0}\frac{\dfrac{1-\cos(2\Delta x)}{2\Delta x}-0}{\Delta x}$$

$$=\lim_{\Delta x\to 0}\frac{2\sin^2(\Delta x)}{2(\Delta x)^2}=\lim_{\Delta x\to 0}\left(\frac{\sin\Delta x}{\Delta x}\right)^2=1.$$

如果函数 $f(x)$ 在开区间 (a,b) 内可导, 且 $f'_+(a)$ 及 $f'_-(b)$ 都存在, 就说 $f(x)$ **在闭区间 $[a,b]$ 上可导**.

对于函数 $y'=f'(x)$, 可继续求增量比的极限

$$\lim_{\Delta x\to 0}\frac{f'(x+\Delta x)-f'(x)}{\Delta x}.$$

若此极限存在, 称此极限为函数 $y=f(x)$ 的**二阶导数**. 记作 y'', $f''(x)$ 或 $\dfrac{\mathrm{d}^2y}{\mathrm{d}x^2}$, 即

$$y''=(y')'=\lim_{\Delta x\to 0}\frac{f'(x+\Delta x)-f'(x)}{\Delta x}$$

或

$$\frac{\mathrm{d}^2y}{\mathrm{d}x^2}=\frac{\mathrm{d}}{\mathrm{d}x}\left(\frac{\mathrm{d}y}{\mathrm{d}x}\right)=\lim_{\Delta x\to 0}\frac{f'(x+\Delta x)-f'(x)}{\Delta x}.$$

类似地, 若二阶导函数可导, 二阶导数的导数为函数 $y=f(x)$ 的**三阶导数**. 记作

$$y''',\quad f'''(x)\quad 或\quad \frac{\mathrm{d}^3y}{\mathrm{d}x^3}.$$

一般地, 若函数 $y=f(x)$ 的 $n-1$ 阶导数的导数存在, 称函数 $y=f(x)$ 为 n **阶可导**. 其 n 阶导数记作

$$y^{(n)}=f^{(n)}(x)=(f^{(n-1)}(x))'$$

或

$$y^{(n)}=\frac{\mathrm{d}^ny}{\mathrm{d}x^n}=\frac{\mathrm{d}}{\mathrm{d}x}\left(\frac{\mathrm{d}^{n-1}y}{\mathrm{d}x^{n-1}}\right).$$

二阶及二阶以上的导数统称为**高阶导数**. 而函数 $y' = f'(x)$ 称为 $y = f(x)$ 的**一阶导数**; 函数 $y = f(x)$ 称为函数本身的**零阶导数**.

由此可见, 求高阶导数就是反复地计算一阶导数.

例 5 求函数 $f(x) = \mathrm{e}^x$ 的 n 阶导数.

解 $f'(x) = (\mathrm{e}^x)' = \mathrm{e}^x$;

$f''(x) = (f'(x))' = (\mathrm{e}^x)' = \mathrm{e}^x$;

$f'''(x) = (f''(x))' = (\mathrm{e}^x)' = \mathrm{e}^x$.

一般地, 可得

$$f^{(n)}(x) = (f^{(n-1)}(x))' = (\mathrm{e}^x)' = \mathrm{e}^x.$$

2.1.3 可导与连续的关系

设函数 $y = f(x)$ 在点 $x = x_0$ 处可导.

当 $x \neq x_0$ 时, 函数 $f(x)$ 可改写成

$$f(x) = f(x_0) + \frac{f(x) - f(x_0)}{x - x_0} \cdot (x - x_0),$$

令 $x \to x_0$, 对上式两端取极限, 得

$$\begin{aligned}
\lim_{x \to x_0} f(x) &= \lim_{x \to x_0} \left[f(x_0) + \frac{f(x) - f(x_0)}{x - x_0} \cdot (x - x_0) \right] \\
&= \lim_{x \to x_0} f(x_0) + \lim_{x \to x_0} \frac{f(x) - f(x_0)}{x - x_0} \cdot \lim_{x \to x_0} (x - x_0) \\
&= f(x_0) + f'(x_0) \cdot 0 = f(x_0).
\end{aligned}$$

从而可知

如果函数 $y = f(x)$ 在点 $x = x_0$ 处可导, 则函数 $y = f(x)$ 在该点必连续.

然而, 一个函数在某点连续却不一定在该点处可导. 例如, 函数 $f(x) = |x|$ 在点 $x = 0$ 处连续却不可导.

由以上讨论可知, 函数在某点连续是函数在该点可导的**必要条件**, 但不是充分条件.

例 6 设函数 $f(x)$ 在点 $x = 0$ 处可导, 试讨论 $F(x) = f(x) \cdot |\sin x|$ 在点 $x = 0$ 处的连续性和可导性.

解 因为函数 $f(x)$ 在点 $x=0$ 处可导, 故函数 $f(x)$ 在点 $x=0$ 处连续. 由于

$$F(0)=f(0)\cdot|\sin 0|=0,$$

并且

$$\lim_{x\to 0^+}F(x)=\lim_{x\to 0^+}f(x)\cdot|\sin x|=f(0)\cdot 0=0=F(0),$$

$$\lim_{x\to 0^-}F(x)=\lim_{x\to 0^-}f(x)\cdot(-\sin x)=f(0)\cdot 0=0=F(0),$$

所以, 函数 $F(x)$ 在点 $x=0$ 处连续.

由于函数 $F(x)$ 在点 $x=0$ 处的左导数及右导数分别为

$$\begin{aligned}F'_-(0)&=\lim_{h\to 0^-}\frac{F(0+h)-F(0)}{h}=\lim_{h\to 0^-}\frac{f(h)(-\sin h)-0}{h}\\&=-\lim_{h\to 0^-}f(h)\frac{\sin h}{h}=-f(0),\end{aligned}$$

$$\begin{aligned}F'_+(0)&=\lim_{h\to 0^+}\frac{F(0+h)-F(0)}{h}=\lim_{h\to 0^+}\frac{f(h)\sin h-0}{h}\\&=\lim_{h\to 0^+}f(h)\frac{\sin h}{h}=f(0),\end{aligned}$$

所以, 当 $f(0)=0$ 时, $F(x)$ 在点 $x=0$ 处可导; 当 $f(0)\neq 0$ 时, $F(x)$ 在点 $x=0$ 处不可导.

2.1.4 基本求导法则

根据导数的定义, 可以证明下列求导法则.

设函数 $f(x), g(x)$ 在点 x 处可导, 则它们的和、差、积、商 (分母不为 0) 都在点 x 处可导, 且

(1) $(f(x)\pm g(x))'=f'(x)\pm g'(x)$;

(2) $(f(x)\cdot g(x))'=f'(x)g(x)+f(x)g'(x)$;

(3) $\left(\dfrac{f(x)}{g(x)}\right)'=\dfrac{f'(x)g(x)-f(x)g'(x)}{g^2(x)}\quad (g(x)\neq 0)$.

证 下面只证法则 (2), 其他法则证法类同.

设 $F(x)=f(x)g(x)$, 则

$$F'(x)=\lim_{h\to 0}\frac{F(x+h)-F(x)}{h}=\lim_{h\to 0}\frac{f(x+h)g(x+h)-f(x)g(x)}{h}$$

$$
\begin{aligned}
&=\lim_{h\to 0}\frac{f(x+h)g(x+h)-f(x+h)g(x)+f(x+h)g(x)-f(x)g(x)}{h}\\
&=\lim_{h\to 0}\left[f(x+h)\frac{g(x+h)-g(x)}{h}+g(x)\frac{f(x+h)-f(x)}{h}\right]\\
&=\lim_{h\to 0}f(x+h)\cdot\lim_{h\to 0}\frac{g(x+h)-g(x)}{h}+g(x)\cdot\lim_{h\to 0}\frac{f(x+h)-f(x)}{h}\\
&=f(x)g'(x)+g(x)f'(x)\\
&=f'(x)g(x)+f(x)g'(x).
\end{aligned}
$$

特别地, 若 $f(x)=C$ 为常数, 则 $(Cg(x))'=Cg'(x)$.

注　$(f(x)g(x))'\neq f'(x)g'(x)$; $\left(\dfrac{f(x)}{g(x)}\right)'\neq\dfrac{f'(x)}{g'(x)}$.

以上求导法则 (1) 和 (2) 可推广到任意有限个可导函数的情形.

例 7　求函数 $f(x)=\tan x$ 的导数.

解　$f'(x)=(\tan x)'=\left(\dfrac{\sin x}{\cos x}\right)'=\dfrac{(\sin x)'\cos x-\sin x(\cos x)'}{(\cos x)^2}$

$$
=\frac{\cos x\cdot\cos x-\sin x(-\sin x)}{(\cos x)^2}
$$

$$
=\frac{(\cos x)^2+(\sin x)^2}{(\cos x)^2}=\frac{1}{(\cos x)^2}=\sec^2 x,
$$

即

$$
(\tan x)'=\sec^2 x.
$$

这就是正切函数的导数公式.

例 8　求函数 $f(x)=\sec x$ 的导数.

解　$f'(x)=(\sec x)'=\left(\dfrac{1}{\cos x}\right)'=\dfrac{(1)'\cos x-1\cdot(\cos x)'}{(\cos x)^2}$

$$
=\frac{0\cdot\cos x-1\cdot(-\sin x)}{(\cos x)^2}
$$

$$
=\frac{\sin x}{(\cos x)^2}=\sec x\tan x,
$$

即

$$(\sec x)' = \sec x \tan x.$$

这就是正割函数的导数公式.

用类似方法, 还可以求得余切函数及余割函数的导数:

$$(\cot x)' = -\csc^2 x,$$

$$(\csc x)' = -\csc x \cot x.$$

例 9 求函数 $f(x) = \dfrac{1-\sqrt{x}}{2+\sqrt{x}}$ 的导数.

解

$$f'(x) = \frac{(1-\sqrt{x})'(2+\sqrt{x}) - (1-\sqrt{x})(2+\sqrt{x})'}{(2+\sqrt{x})^2}$$

$$= \frac{-\dfrac{1}{2\sqrt{x}}(2+\sqrt{x}) - (1-\sqrt{x})\dfrac{1}{2\sqrt{x}}}{(2+\sqrt{x})^2}$$

$$= -\frac{3}{2\sqrt{x}(2+\sqrt{x})^2}.$$

2.1.5 初等函数的导数

根据前面的推导, 可以得到下列基本初等函数的导数公式:

(1) $(C)' = 0$ (C 为常数);

(2) $(x^\mu)' = \mu x^{\mu-1}$ ($\mu \in \mathbf{R}$);

(3) $(\sin x)' = \cos x$;

(4) $(\cos x)' = -\sin x$;

(5) $(\tan x)' = \sec^2 x$;

(6) $(\cot x)' = -\csc^2 x$;

(7) $(\sec x)' = \sec x \tan x$;

(8) $(\csc x)' = -\csc x \cot x$;

(9) $(a^x)' = a^x \ln a$ ($a > 0$);

(10) $(\mathrm{e}^x)' = \mathrm{e}^x$;

(11) $(\log_a x)' = \dfrac{1}{x \ln a}$ ($a > 0$, 且 $a \neq 1$);

(12) $(\ln x)' = \dfrac{1}{x}$.

借助于这些基本初等函数的导数公式和基本求导法则，就能比较方便地求出一些简单的初等函数的导数与高阶导数.

例 10　求函数 $f(x)=x\ln x$ 的 n 阶导数.

解　$f'(x)=(x\ln x)'=x(\ln x)'+(x)'\ln x=1+\ln x$,

$$f''(x)=(f'(x))'=(1+\ln x)'=\frac{1}{x},$$

$$f'''(x)=(f''(x))'=\left(\frac{1}{x}\right)'=(-1)\cdot\frac{1}{x^2},$$

$$f^{(4)}(x)=(f'''(x))'=\left(-\frac{1}{x^2}\right)'=(-1)\cdot(-2)\cdot\frac{1}{x^3},$$

$$f^{(5)}(x)=(f^{(4)}(x))'=\left(2\frac{1}{x^3}\right)'=(-1)\cdot(-2)\cdot(-3)\cdot\frac{1}{x^4}.$$

一般地，可得

$$\begin{aligned}f^{(n)}(x)&=(-1)^{n-2}(n-2)!\frac{1}{x^{n-1}}\\&=(-1)^n(n-2)!\frac{1}{x^{n-1}}\quad(n\geqslant 2).\end{aligned}$$

习　题　2.1

A 组

1. 根据导数的定义，求下列函数的导数:

(1) $y=2mx+b$;　(2) $y=\sqrt{3x}$;　(3) $y=\cos x$.

2. 求下列函数的导数:

(1) $y=\dfrac{x^3\sqrt[3]{x^2}}{\sqrt{x^7}}+\dfrac{5}{x^4}-\dfrac{\ln x}{x}$;　(2) $\rho=3\mathrm{e}^\theta\cos\theta+\theta^2\ln\theta$;

(3) $y=3\tan x+2\sec x+\ln 7$;　(4) $s=\sin t\cdot\cos t+\dfrac{\sin t}{1+\cos t}$;

(5) $y=x^3\ln x\sin x$;　(6) $y=a^x\csc x\cot x$.

3. 求下列函数在给定点处的导数:

(1) $y=2\sin x-3\cos x+\dfrac{x^2}{5}$, 求 $y'\big|_{x=\frac{\pi}{6}}$ 和 $y'\big|_{x=\frac{\pi}{4}}$;

(2) $\rho=2\theta\sin\theta+3\cos\theta$, 求 $\left.\dfrac{\mathrm{d}\rho}{\mathrm{d}\theta}\right|_{\theta=\frac{\pi}{4}}$.

4. 设函数 $f(x)=\begin{cases} x^2, & x \leqslant 1, \\ ax+b, & x>1, \end{cases}$ 为了使函数 $f(x)$ 在 $x=1$ 处连续且可导, a, b 应取什么值?

5. 已知 $f(x)=\begin{cases} x^2, & x \geqslant 0, \\ -x, & x<0, \end{cases}$ 求 $f'_+(0)$ 及 $f'_-(0)$, 又 $f'(0)$ 是否存在?

6. 已知 $f(x)=\begin{cases} g(x)\sin\dfrac{1}{x}, & x \neq 0, \\ 0, & x=0, \end{cases}$ $g(0)=0,\ g'(0)=0$, 求 $f'(0)$.

7. 如果 $f(x)$ 为偶函数, 且 $f'(0)$ 存在, 试证 $f'(0)=0$.

8. 设函数 $f'(x_0)=5$, 求极限 $\lim\limits_{x\to 0}\dfrac{f(x_0-3x)-f(x_0-2x)}{x}$.

9. 已知函数 $f(x)$ 在 $x=1$ 处连续, 且 $\lim\limits_{x\to 1}\dfrac{f(x)}{x-1}=2$, 求 $f'(1)$.

10. 求下列函数的二阶导数:

(1) $y=2x^2+\csc x$; (2) $y=x\cos x+\dfrac{\mathrm{e}^x}{x}$.

11. 验证函数 $y=\mathrm{e}^x\sin x$ 满足关系式

$$y''-2y'+2y=0.$$

B 组

1. 利用导数的定义求下列极限:

(1) $\lim\limits_{x\to 0}\dfrac{\sin x}{x}$; (2) $\lim\limits_{x\to 0}\dfrac{\mathrm{e}^x-1}{x}$.

2. 设函数 $f(x)$ 在 $x=0$ 处可导, 且 $f(0)=0$, 求极限 $\lim\limits_{x\to 0}\dfrac{3x^2f(x)-5f(x^3)}{x^3}$.

3. 设 $f(x)=(x-a)\phi(x)$, 其中 $\phi(x)$ 在 $x=a$ 处连续, 求 $f'(a)$.

4. 求下列函数所指定阶数的导数:

(1) $y=\mathrm{e}^x\cos x$, 求 $y^{(4)}$; (2) $y=x^2\mathrm{e}^x$, 求 y'''.

5. 设 $f(x)$ 在点 $x=0$ 某邻域内可导. 当 $x\neq 0$ 时, $f(x)\neq 0$. 已知 $f(0)=0,\ f'(0)=2$, 则极限 $\lim\limits_{x\to 0}[1-3f(x)]^{\frac{2}{\sin x}}=$________.

6. 设函数 $f(x)$ 由 $\begin{cases} x=2t+|t|, \\ y=|t|\sin t \end{cases}$ 确定, 求 $f'(0)$.

7. 设函数 $F(x)=f(x)\cdot g(x)$, 其中 $g(x)$ 在 $x=a$ 处连续但不可导, $f(a)=0,\ f'(a)$ 存在, 求 $F'(a)$.

8. 设函数 $f(x)$ 在 $(-\infty,+\infty)$ 上有定义, $f(x)=x\cdot g(x)+1$, 其中 $g(x)$ 为连续函数, $g(0)=1$, 且对任何 $a,b\in\mathbf{R}$, 有 $f(a+b)=f(a)\cdot f(b)$, 证明函数 $f(x)$ 在 $(-\infty,+\infty)$ 上处处可导.

9. 设函数 $f(x)$ 和函数 $F(x)$ 均在点 $x=0$ 处可导, 且 $f(0)=0$, 证明 $F(f(x))$ 在点 $x=0$ 处可导.

2.2 一元函数的微分

1. 了解微分的概念;
2. 了解导数与微分之间的关系;
3. 会求函数的微分.

2.2.1 微分的定义

引例 2.2.1 函数增量的计算及增量的构成.

一块正方形金属薄片受温度变化的影响, 其边长 x 由 x_0 变到 $x_0+\Delta x$, 此薄片面积 $A=x^2$ 的增量

$$\Delta A=(x_0+\Delta x)^2-(x_0)^2=2x_0\Delta x+(\Delta x)^2.$$

从上式可以看出, ΔA 分成两部分:

第一部分为 $2x_0\Delta x$, 它是 Δx 的线性函数;

第二部分为 $(\Delta x)^2$, 当 $\Delta x\to 0$ 时, 它是 Δx 的高阶无穷小量, 即 $(\Delta x)^2=o(\Delta x)$.

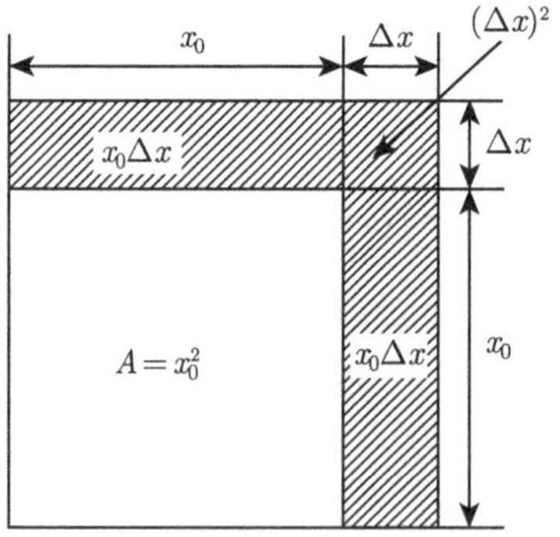

图 2.3

几何意义 如图 2.3 所示, $2x_0\Delta x$ 表示两个长为 x_0 宽为 Δx 的长方形面积; $(\Delta x)^2$ 表示边长为 Δx 的正方形面积.

数学意义 当 $\Delta x\to 0$ 时, $(\Delta x)^2$ 是 Δx 的高阶无穷小, 即 $(\Delta x)^2=o(\Delta x)$; $2x_0\Delta x$ 是 Δx 的线性函数, 是 ΔA 的主要部分, 可以近似地代替 ΔA, 即

$$\Delta A\approx 2x_0\Delta x.$$

引例 2.2.2 正方体的体积增量的计算及构成.

一个均匀质地的金属正方体受温度变化的影响, 其边长 x 由 x_0 变到 $x_0+\Delta x$, 体积 $V=x^3$ 的增量

$$\Delta V=(x_0+\Delta x)^3-(x_0)^3=3x_0^2\Delta x+3x_0(\Delta x)^2+(\Delta x)^3.$$

上式中同样可以将 ΔV 分成两部分:

第一部分为 $3x_0^2\Delta x$, 它是 Δx 的线性函数;

第二部分为 $3x_0(\Delta x)^2+(\Delta x)^3$, 当 $\Delta x\to 0$ 时, 它是 Δx 的高阶无穷小量, 即

$$\lim_{\Delta x\to 0}\frac{3x_0(\Delta x)^2+(\Delta x)^3}{\Delta x}=\lim_{\Delta x\to 0}\left(3x_0\Delta x+(\Delta x)^2\right)=0,$$

因此

$$3x_0(\Delta x)^2+(\Delta x)^3=o(\Delta x).$$

数学意义 当 $\Delta x\to 0$ 时, $3x_0^2\Delta x$ 是 Δx 的线性函数, 是 ΔV 的主要部分, 可以近似地代替 ΔV, 即

$$\Delta V\approx 3x_0^2\Delta x.$$

定义 2.2.1 设函数 $y=f(x)$ 在区间 I 内有定义, 且 x_0 与 $x_0+\Delta x$ 都在区间 I 内, 如果函数的增量

$$\Delta y=f(x_0+\Delta x)-f(x_0)$$

可表示为

$$\Delta y=A\Delta x+o(\Delta x),$$

其中 A 是不依赖于 Δx 的常数, 那么称函数 $y=f(x)$ 在点 x_0 是**可微的**, 而 $A\Delta x$ 叫做函数 $y=f(x)$ 在点 x_0 相应于自变量增量 Δx 的**微分** (differential), 记作 $\mathrm{d}y$, 即

$$\mathrm{d}y=A\Delta x.$$

2.2.2 可微与可导

定理 2.2.1 函数 $f(x)$ 在点 x_0 处可微的充分必要条件是函数 $f(x)$ 在点 x_0 处可导, 且当函数 $f(x)$ 在点 x_0 处可微时, 其微分必定是

$$\mathrm{d}y=f'(x_0)\Delta x.$$

证 设函数 $f(x)$ 在点 x_0 处可微, 则按定义有

$$\Delta y=A\Delta x+o(\Delta x),$$

上式两边除以 Δx, 得

$$\frac{\Delta y}{\Delta x}=A+\frac{o(\Delta x)}{\Delta x}.$$

于是, 当 $\Delta x \to 0$ 时, 由上式就得到

$$A = \lim_{\Delta x \to 0} \frac{\Delta y}{\Delta x} = f'(x_0).$$

因此, 如果函数 $f(x)$ 在点 x_0 处可微, 则 $f(x)$ 在点 x_0 处也一定可导, 且

$$\mathrm{d}y = f'(x_0)\Delta x.$$

反之, 如果 $f(x)$ 在点 x_0 处可导, 即

$$\lim_{\Delta x \to 0} \frac{\Delta y}{\Delta x} = f'(x_0)$$

存在, 根据极限与无穷小的关系, 上式可写成

$$\frac{\Delta y}{\Delta x} = f'(x_0) + \alpha,$$

即

$$\Delta y = f'(x_0)\Delta x + \alpha \Delta x,$$

其中当 $\Delta x \to 0$ 时, $\alpha \to 0$, $\alpha \Delta x = o(\Delta x)$. 由于 $A = f'(x_0)$ 是常数, 不依赖于 Δx, 故上式相当于

$$\Delta y = A\Delta x + o(\Delta x),$$

所以 $f(x)$ 在点 x_0 处也是可微的.

思考　以微分 $\mathrm{d}y$ 近似代替函数增量 Δy 的合理性.

当 $f'(x_0) \neq 0$ 时, 有

$$\lim_{\Delta x \to 0} \frac{\Delta y - \mathrm{d}y}{\mathrm{d}y} = \lim_{\Delta x \to 0} \left[\frac{\Delta y}{f'(x_0)\Delta x} - 1\right] = \frac{1}{f'(x_0)} \lim_{\Delta x \to 0} \frac{\Delta y}{\Delta x} - 1 = 1 - 1 = 0,$$

$$\lim_{\Delta x \to 0} \frac{\Delta y}{\mathrm{d}y} = \lim_{\Delta x \to 0} \left[\frac{\Delta y}{f'(x_0)\Delta x}\right] = \frac{1}{f'(x_0)} \lim_{\Delta x \to 0} \frac{\Delta y}{\Delta x} = 1,$$

即当 $\Delta x \to 0$ 时, 成立

$$\Delta y - \mathrm{d}y = o(\mathrm{d}y), \quad \Delta y \sim \mathrm{d}y.$$

结论 在 $f'(x_0) \neq 0$ 的条件下, 以微分 $\mathrm{d}y = f'(x_0)\Delta x$ 近似代替增量 $\Delta y = f(x_0 + \Delta x) - f(x_0)$ 时, 其误差为 $\Delta y - \mathrm{d}y = o(\mathrm{d}y)$. 因此, 在 $|\Delta x|$ 很小时, 有近似公式

$$\Delta y \approx \mathrm{d}y.$$

例 1 求函数 $y = \ln x$ 在 $x = 2$ 和 $x = 3$ 处的微分.

解 函数 $y = \ln x$ 在 $x = 2$ 处的微分为

$$\mathrm{d}y = (\ln x)'\big|_{x=2} \cdot \Delta x = \frac{1}{2}\Delta x;$$

函数 $y = \ln x$ 在 $x = 3$ 处的微分为

$$\mathrm{d}y = (\ln x)'\big|_{x=3} \cdot \Delta x = \frac{1}{3}\Delta x.$$

函数 $y = f(x)$ 在任意点 x 的微分, 称为**函数的微分**, 记作 $\mathrm{d}y$ 或 $\mathrm{d}f(x)$, 即

$$\mathrm{d}y = f'(x)\Delta x.$$

例如, 函数 $y = a^x$ 的微分为

$$\mathrm{d}a^x = (a^x)'\Delta x = a^x \ln a \Delta x;$$

函数 $y = \tan x$ 的微分为

$$\mathrm{d}\tan x = (\tan x)'\Delta x = \sec^2 x \Delta x.$$

函数的微分 $\mathrm{d}y = f'(x)\Delta x$ 与 x 和 Δx 有关.

例 2 求函数 $y = x^2$ 当 $x = 1$, $\Delta x = 0.01$ 时的微分.

解 先求函数 $y = x^2$ 在任意点 x 的微分

$$\mathrm{d}y = (x^2)'\Delta x = 2x\Delta x.$$

再求函数 $y = x^2$ 当 $x = 1$, $\Delta x = 0.01$ 时的微分

$$\mathrm{d}y\big|_{\substack{x=1 \\ \Delta x=0.01}} = 2x\Delta x\big|_{\substack{x=1 \\ \Delta x=0.01}} = 2 \times 1 \times 0.01 = 0.02 .$$

自变量的微分 因为当 $y = x$ 时,

$$\mathrm{d}y = \mathrm{d}x = (x)'\Delta x = \Delta x,$$

所以通常把自变量 x 的增量 Δx 称为自变量的微分, 记作 $\mathrm{d}x$, 即 $\mathrm{d}x = \Delta x$. 于是函数 $y = f(x)$ 的微分又可记作

$$\mathrm{d}y = f'(x)\mathrm{d}x.$$

从而有

$$\frac{\mathrm{d}y}{\mathrm{d}x} = f'(x).$$

上式表明, 函数 $y = f(x)$ 的微分 $\mathrm{d}y$ 与自变量的微分 $\mathrm{d}x$ 之商等于该函数的导数. 因此, 导数也叫做 "**微商**".

2.2.3 微分的几何意义

如图 2.4 所示, 点 $M(x_0, y_0)$ 为曲线 $y = f(x)$ 上的点, 由微分的定义

$$\mathrm{d}y = f'(x_0)\Delta x = \tan\varphi\Delta x,$$

因此, 当 Δy 是曲线 $y = f(x)$ 上的点的纵坐标的增量时, $\mathrm{d}y$ 就是曲线的切线上点的纵坐标的相应增量. 当 $|\Delta x|$ 很小时, $|\Delta y - \mathrm{d}y|$ 比 $|\Delta x|$ 小得多, 因此在点 M 的邻近, 可以用切线段来近似代替曲线段.

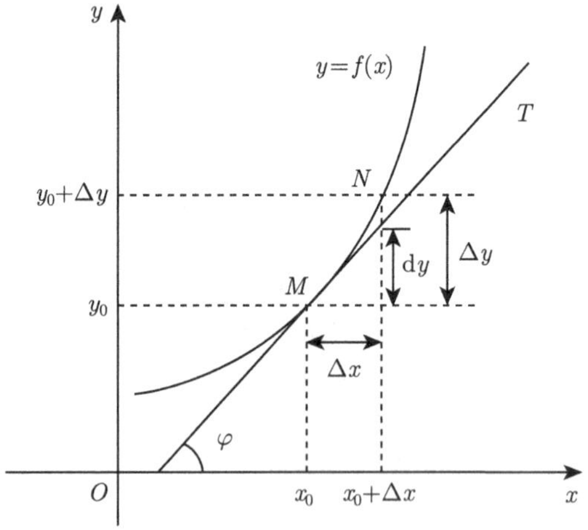

图 2.4

2.2.4 微分的计算

从函数 $y = f(x)$ 的微分的表达式

$$\mathrm{d}y = f'(x)\,\mathrm{d}x$$

可以看出, 要计算函数的微分, 只要计算函数的导数, 再乘以自变量的微分.

例 3 设 $y=\sqrt{x}(x-\cot x)$, 求 $\mathrm{d}y$.

解 $\mathrm{d}y=\left(\sqrt{x}(x-\cot x)\right)'\mathrm{d}x=\left(\dfrac{1}{2\sqrt{x}}(x-\cot x)+\sqrt{x}(1+\csc^2 x)\right)\mathrm{d}x.$

例 4 在括号中填入适当的函数, 使等式成立.

(1) $\mathrm{d}(\quad)=(3\sin x+x^4)\mathrm{d}x$; (2) $\mathrm{d}(\quad)=(\sec^2 t-\sin t)\mathrm{d}t$.

解 (1) 因为 $(-3\cos x)'=3\sin x$, $\left(\dfrac{x^5}{5}\right)'=x^4$, 所以

$$\mathrm{d}\left(-3\cos x+\frac{x^5}{5}\right)=(3\sin x+x^4)\mathrm{d}x.$$

一般地, 有

$$\mathrm{d}\left(-3\cos x+\frac{x^5}{5}+C\right)=(3\sin x+x^4)\mathrm{d}x\quad(C\text{ 为任意常数}).$$

(2) 因为 $\mathrm{d}(\tan t+\cos t)=(\sec^2 t-\sin t)\mathrm{d}t$, 所以有

$$\mathrm{d}(\tan t+\cos t+C)=(\sec^2 t-\sin t)\mathrm{d}t\quad(C\text{ 为任意常数}).$$

习 题 2.2

A 组

1. 已知 $y=x^2+3x$, 计算其在 $x=2$ 处的微分, 并求当 Δx 分别等于 1, 0.1, 0.01 时的 Δy 及 $\mathrm{d}y$, 并比较它们.

2. 求下列函数的微分:

(1) $y=x\ln x+\sec x$; (2) $y=\mathrm{e}^x\sec x+x\tan x$;

(3) $y=x\cot x$; (4) $y=\csc x-a^x$.

3. 设 u, v, w 为 x 的可微分的函数, 求函数 y 的微分:

(1) $y=uvw$; (2) $y=\dfrac{v}{u}+w\ (u\neq 0)$;

(3) $y=uvwh$; (4) $y=\dfrac{vwh}{u}\ (u\neq 0)$.

4. 设函数 $f(x)=\dfrac{\mathrm{e}^x-1}{x^4+1}$, 求函数 $f(x)$ 的微分.

5. 设函数 $f(x)=x(x-1)(x-2)\cdots(x-50)$, 求函数 $f(x)$ 在 $x=0$ 处的微分.

6. 在括号中填入适当的函数, 使等式成立.

(1) $\mathrm{d}(\quad)=\left(7+3^x+\dfrac{1}{\sqrt{x}}\right)\mathrm{d}x$; (2) $\mathrm{d}(\quad)=\left(5x+\dfrac{1}{x}\right)\mathrm{d}x$;

(3) $\mathrm{d}(\quad)=(\cos t+\sec^2 t)\mathrm{d}t$; (4) $\mathrm{d}(\quad)=(\sec x\tan x-\csc^2 x)\mathrm{d}x$.

7. 设函数 $f(x)$ 的定义域为 $(0,+\infty)$, $f'(1)=a$, 且对任意的 $x,y\in(0,+\infty)$, 满足

$$f(xy)=f(x)+f(y)+(x-1)(y-1),$$

求 $f'(x)$ 和 $\mathrm{d}(f(x))$.

B 组

1. 设函数 $y=f(x)$ 的图形如下图所示, 试在图 (a), (b), (c), (d) 中分别标出点 x_0 的 $\mathrm{d}y$, Δy 及 $\Delta y-\mathrm{d}y$, 并说明其正负性.

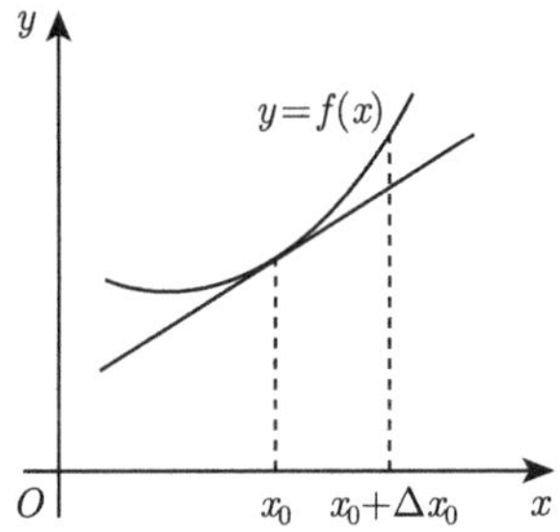

(a)

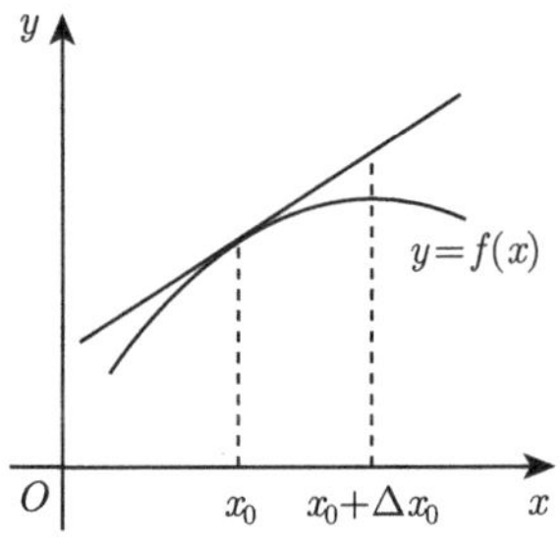

(b)

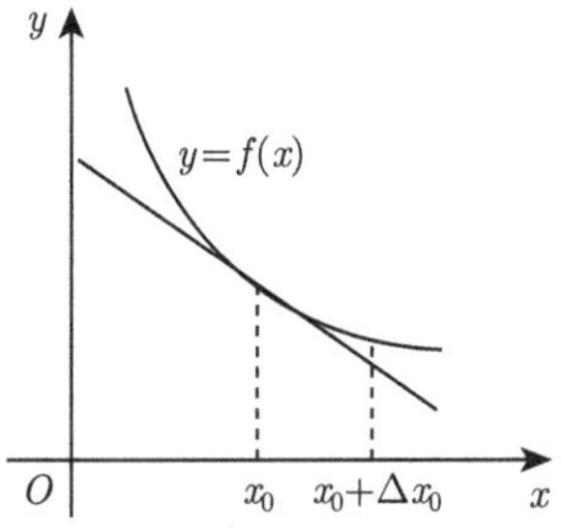

(c)

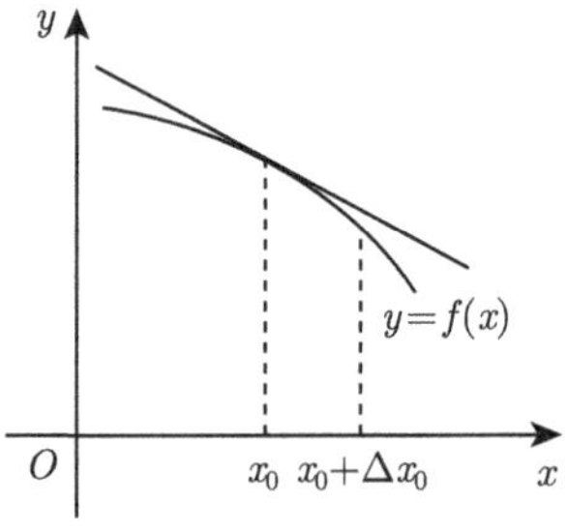

(d)

2. 设函数 $f(x)=a_nx^n+a_{n-1}x^{n-1}+\cdots+a_1x+a_0$, 求函数 $f(x)$ 在点 $x=0$ 处的微分.

3. 设函数 $f(x)$ 在点 x_0 的某一邻域内有定义, 且有

$$f(x_0+\Delta x)-f(x_0)=a\Delta x+b(\Delta x)^3,$$

a,b 为常数, 则有 (　　).

A. $f(x)$ 在点 $x=x_0$ 处连续

B. $f(x)$ 在点 $x=x_0$ 处可导且 $f'(x_0)=a$

C. $f(x)$ 在点 $x=x_0$ 处可微且 $\mathrm{d}f(x)=a\mathrm{d}x$

D. $f(x_0+\Delta x)\approx f(x_0)+a\Delta x$ (当 Δx 充分小时)

4. 若函数 $y=f(x)$, 有 $f'(x_0)=\dfrac{1}{5}$, 则当 $\Delta x\to 0$ 时, 该函数在点 $x=x_0$ 处的微分 $\mathrm{d}y$ 是 ( ).

A. 与 Δx 等价的无穷小　　B. 与 Δx 同阶的无穷小

C. 比 Δx 低阶的无穷小　　D. 比 Δx 高阶的无穷小

5. 已知函数

$$f(x)=\begin{cases} h(x)\cos\dfrac{3}{x}\sin\dfrac{2}{x}, & x\neq 0,\\ 0, & x=0,\end{cases}$$

其中 $h(0)=0$, $h'(0)=0$, 求函数 $f(x)$ 在 $x=0$ 处的微分.

2.3 反函数与复合函数的求导法则

1. 掌握反函数与复合函数的求导法则;
2. 会利用求导法则, 求反函数与复合函数的导数.

2.3.1 反函数的求导法则

前面已经得到 12 个基本初等函数的求导公式, 但是反三角函数的求导公式尚未知道, 那么如何求反三角函数的导数呢?

下面给出反函数求导公式.

定理 2.3.1 设函数 $y=f(x)$ 为函数 $x=\varphi(y)$ 的反函数, 若 $\varphi(y)$ 在点 y 的某邻域内单调可导, 且 $\varphi'(y)\neq 0$, 则 $f(x)$ 在点 $x(x=\varphi(y))$ 处可导, 且

$$f'(x)=\frac{1}{\varphi'(y)}.$$

证 设

$$\Delta x=\varphi(y+\Delta y)-\varphi(y),\quad \Delta y=f(x+\Delta x)-f(x),$$

因为 $\varphi'(y)\neq 0$, 根据无穷小的比较和导数的定义可知, 当 $\Delta y\to 0$ 时, Δx 是 Δy 的同阶无穷小量. 由于 $x=\varphi(y)$ 在点 y 的某邻域内单调可导 (从而连续), 于是可知 $y=f(x)$ 在点 $x(x=\varphi(y))$ 的某邻域内单调连续, 所以当 $\Delta x\to 0$ 时, 不仅 $\Delta y\to 0$, 而且 Δy 也是 Δx 的同阶无穷小量. 从而 $f(x)$ 在点 $x\,(x=\varphi(y))$ 处可导. 又因为导数就是微商, 所以有

$$f'(x)=\frac{\mathrm{d}y}{\mathrm{d}x}=\frac{1}{\dfrac{\mathrm{d}x}{\mathrm{d}y}}=\frac{1}{\varphi'(y)}.$$

例 1　求函数 $y=\arcsin x$ 的导数 y'.

解　由于函数 $y=\arcsin x$ 是函数 $x=\sin y, y\in\left[-\dfrac{\pi}{2},\dfrac{\pi}{2}\right]$ 的反函数, 所以

$$(\arcsin x)'=\frac{1}{(\sin y)'}=\frac{1}{\cos y}=\frac{1}{\sqrt{1-\sin^2 y}}=\frac{1}{\sqrt{1-x^2}}.$$

又根据恒等式

$$\arcsin x+\arccos x\equiv\frac{\pi}{2},$$

上式两端同时求导可得

$$(\arcsin x)'+(\arccos x)'=0,$$

所以

$$(\arccos x)'=-(\arcsin x)'=-\frac{1}{\sqrt{1-x^2}}.$$

此外, 函数 $y=\arccos x$ 的导数也可以根据反函数的求导法则计算.

例 2　求函数 $y=\arctan x$ 的导数.

解　由于函数 $y=\arctan x$ 是函数 $x=\tan y, y\in\left(-\dfrac{\pi}{2},\dfrac{\pi}{2}\right)$ 的反函数, 所以

$$(\arctan x)'=\frac{1}{(\tan y)'}=\frac{1}{\sec^2 y}=\frac{1}{1+\tan^2 y}=\frac{1}{1+x^2}.$$

类似地, 可得

$$(\mathrm{arccot}x)'=\frac{1}{(\cot y)'}=\frac{1}{-\csc^2 y}=-\frac{1}{1+\cot^2 y}=-\frac{1}{1+x^2}.$$

于是可得到下列求导公式:

$$(\arcsin x)'=\frac{1}{\sqrt{1-x^2}},\quad (\arccos x)'=-\frac{1}{\sqrt{1-x^2}},$$

$$(\arctan x)'=\frac{1}{1+x^2},\quad (\mathrm{arc}\cot x)'=-\frac{1}{1+x^2}.$$

例 3　求指数函数 $y=a^x\ (a>0, a\neq 1)$ 的导数.

解　因为指数函数 $y=a^x\ (x\in\mathbf{R})$ 为对数函数 $x=\log_a y\ (y\in(0,+\infty))$ 的反函数, 所以

$$(a^x)' = \frac{1}{(\log_a y)'} = \frac{1}{\dfrac{1}{y\ln a}} = y\ln a = a^x \ln a,$$

即

$$(a^x)' = a^x \ln a.$$

到目前为止, 已经得出所有基本初等函数的求导公式, 可是怎样求较复杂的初等函数的导数呢? 例如, 如何求函数 $y=\sin 2x$, $y=\tan(5x)$, $y=\mathrm{e}^{\cot x}$ 的导数?

2.3.2 复合函数的求导法则

引例 2.3.1 求函数 $\sin 2x$ 的导数.

分析 有一种**错误解法**是这样的:

$$\text{因为 } (\sin x)' = \cos x, \text{ 所以 } (\sin 2x)' = \cos 2x.$$

这个解答是不对的, 因为 $\sin 2x$ 是一个复合函数, $(\sin 2x)'$ 表示函数需对自变量 x 求导, 而不是对 $2x$ 求导.

正确的解答如下.

解 $(\sin 2x)' = (2\sin x\cos x)' = 2\left[(\sin x)'\cos x + \sin x\,(\cos x)'\right] = 2\cos 2x.$

那又该如何求函数 $y=\tan(5x)$ 和 $y=\mathrm{e}^{\cot x}$ 的导数?

下面给出复合函数的求导法则.

定理 2.3.2 如果函数 $u=\varphi(x)$ 在点 x 处可导, 而函数 $y=f(u)$ 在对应点 $u=\varphi(x)$ 处可导, 那么复合函数 $y=f[\varphi(x)]$ 也在点 x 处可导, 并且有

$$\frac{\mathrm{d}y}{\mathrm{d}x} = \frac{\mathrm{d}y}{\mathrm{d}u}\cdot\frac{\mathrm{d}u}{\mathrm{d}x} \quad \text{或} \quad (f[\varphi(x)])' = f'(u)\cdot\varphi'(x).$$

证 设

$$\Delta y = f(u+\Delta u) - f(u), \quad \Delta u = \varphi(x+\Delta x) - \varphi(x),$$

因为函数 $u=\varphi(x)$ 在点 x 处可导, 所以根据无穷小的比较和导数的定义可知, 当 $\Delta x\to 0$ 时, Δu 是 Δx 的同阶或高阶无穷小量. 同理可证, 当 $\Delta u\to 0$ 时, Δy 是 Δu 的同阶或高阶无穷小量. 又因为可导必定连续, 于是可以推知, 当 $\Delta x\to 0$ 时, $\Delta u\to 0$, 从而 $\Delta y\to 0$, 而且 Δy 是 Δx 的同阶或高阶无穷小量. 因此, 函数 $y=f[\varphi(x)]$ 在点 x 处可导. 又根据一元函数可微与可导是等价的, 有

$$\mathrm{d}y = f'(u)\mathrm{d}u, \quad \mathrm{d}u = \varphi'(x)\mathrm{d}x.$$

联立上述两式可得

$$\mathrm{d}y = f'(u) \cdot \varphi'(x)\mathrm{d}x,$$

因此结论得证.

例 4 求函数 $y = \tan(5x)$ 的导数.

解 设 $y = \tan u$, $u = 5x$, 则

$$\frac{\mathrm{d}y}{\mathrm{d}x} = \frac{\mathrm{d}y}{\mathrm{d}u} \cdot \frac{\mathrm{d}u}{\mathrm{d}x} = \sec^2 u \cdot 5 = 5\sec^2(5x).$$

注 (1) 需要注意区分 $f'(\varphi(x))$ 和 $(f[\varphi(x)])'$, 两者的写法与含义是不同的.

$$f'(\varphi(x)) = f'(u)\big|_{u=\varphi(x)}, \qquad (f[\varphi(x)])' = f'(u) \cdot \varphi'(x).$$

例如, 设 $y = f(u) = \cos u$, $u = \varphi(x) = 3x$, 则

$$f'(\varphi(x)) = f'(u)\big|_{u=\varphi(x)} = -\sin u\big|_{u=3x} = -\sin(3x),$$

而

$$(f[\varphi(x)])' = f'(u) \cdot \varphi'(x) = (\cos u)' \cdot (3x)' = -\sin u \cdot 3 = -3\sin(3x).$$

(2) 对复合函数求导的结果一般应用最终自变量 (如以上的 x) 表示.

复合函数的导数等于函数对中间变量的导数与中间变量对自变量的导数之积. 因此求复合函数的导数, 关键是要正确分析复合函数的复合过程, 找出中间变量.

例 5 求函数 $y = \mathrm{e}^{\cot x}$ 的导数.

解 设 $y = \mathrm{e}^u$, $u = \cot x$, 则

$$\frac{\mathrm{d}y}{\mathrm{d}x} = \frac{\mathrm{d}y}{\mathrm{d}u} \cdot \frac{\mathrm{d}u}{\mathrm{d}x} = \mathrm{e}^u \cdot (-\csc^2 x) = -\mathrm{e}^{\cot x} \cdot \csc^2 x.$$

例 6 求函数 $y = (6x-5)^4$ 的导数.

解 设 $y = u^4$, $u = 6x - 5$, 则

$$\frac{\mathrm{d}y}{\mathrm{d}x} = \frac{\mathrm{d}y}{\mathrm{d}u} \cdot \frac{\mathrm{d}u}{\mathrm{d}x} = 4u^3 \cdot 6 = 24(6x-5)^3.$$

例 7 求幂函数 $y = x^\alpha \quad (\alpha \in \mathbf{R}, x > 0)$ 的导数.

解 将幂函数改写成下列等价形式:

$$y = x^{\alpha} = \mathrm{e}^{\ln x^{\alpha}} = \mathrm{e}^{\alpha \ln x},$$

则幂函数可看作由函数 $y = \mathrm{e}^{u}$ 与 $u = \alpha \ln x$ 复合而成, 因此由复合函数求导法则有

$$(x^{\alpha})' = \frac{\mathrm{d}y}{\mathrm{d}u} \cdot \frac{\mathrm{d}u}{\mathrm{d}x} = (\mathrm{e}^{u})' \cdot (\alpha \ln x)' = \mathrm{e}^{u} \cdot \frac{\alpha}{x} = \mathrm{e}^{\alpha \ln x} \cdot \frac{\alpha}{x} = \alpha x^{\alpha-1}.$$

于是得到求导公式:

$$(x^{\alpha})' = \alpha x^{\alpha-1}.$$

例 8 求函数 $y = x^{\tan x}\quad (x > 0)$ 的导数.

解 将函数改写成下列等价形式:

$$y = x^{\tan x} = \mathrm{e}^{\ln(x^{\tan x})} = \mathrm{e}^{\tan x \cdot \ln x},$$

它可看作由函数 $y = \mathrm{e}^{u}$ 与 $u = \tan x \cdot \ln x$ 复合而成, 因此由复合函数求导法则, 有

$$\begin{aligned}
\frac{\mathrm{d}y}{\mathrm{d}x} &= \frac{\mathrm{d}y}{\mathrm{d}u} \cdot \frac{\mathrm{d}u}{\mathrm{d}x} = (\mathrm{e}^{u})' \cdot (\tan x \cdot \ln x)' \\
&= \mathrm{e}^{\tan x \cdot \ln x} \cdot ((\tan x)' \ln x + \tan x (\ln x)') \\
&= x^{\tan x} \left(\sec^2 x \cdot \ln x + \frac{\tan x}{x} \right).
\end{aligned}$$

例 9 求下列函数的导数:

(1) $y = \sin x^3$; (2) $y = \sin^3 x$; (3) $y = \operatorname{arc\,cot} \dfrac{1+x}{1-x}$.

解 (1) 设 $y = \sin u,\ u = x^3$, 则

$$\frac{\mathrm{d}y}{\mathrm{d}x} = \frac{\mathrm{d}y}{\mathrm{d}u} \cdot \frac{\mathrm{d}u}{\mathrm{d}x} = (\sin u)' \cdot \left(x^3\right)' = \cos u \cdot 3x^2 = 3x^2 \cos x^3.$$

(2) 设 $y = u^3,\ u = \sin x$, 则

$$\frac{\mathrm{d}y}{\mathrm{d}x} = \frac{\mathrm{d}y}{\mathrm{d}u} \cdot \frac{\mathrm{d}u}{\mathrm{d}x} = \left(u^3\right)' \cdot (\sin x)' = 3u^2 \cdot \cos x = 3(\sin x)^2 \cos x.$$

(3) 设 $y=\mathrm{arccot}u,\ u=\dfrac{1+x}{1-x}$, 则

$$\begin{aligned}\frac{\mathrm{d}y}{\mathrm{d}x}&=\frac{\mathrm{d}y}{\mathrm{d}u}\cdot\frac{\mathrm{d}u}{\mathrm{d}x}=(\mathrm{arccot}u)'\cdot\left(\frac{1+x}{1-x}\right)'\\&=\left(-\frac{1}{1+u^2}\right)\cdot\frac{(1-x)+(1+x)}{(1-x)^2}\\&=-\frac{1}{1+\left(\dfrac{1+x}{1-x}\right)^2}\cdot\frac{2}{(1-x)^2}\\&=\frac{-2}{(1-x)^2+(1+x)^2}=-\frac{1}{1+x^2}.\end{aligned}$$

复合函数的求导法则可以推广到多个中间变量的情形. 例如, 由三个可导函数 $y=f(u),u=\varphi(v),v=\psi(x)$ 复合而成的函数 $y=f\{\varphi[\psi(x)]\}$, 其导数为

$$\frac{\mathrm{d}y}{\mathrm{d}x}=\frac{\mathrm{d}y}{\mathrm{d}u}\cdot\frac{\mathrm{d}u}{\mathrm{d}v}\cdot\frac{\mathrm{d}v}{\mathrm{d}x}.$$

例 10　求下列函数的导数:

(1) $y=\tan^2\dfrac{1}{x}$;　　　　(2) $y=\left(\arctan x^3\right)^2$.

解　(1) 设 $y=u^2,\ u=\tan v,\ v=\dfrac{1}{x}$, 则

$$\begin{aligned}\frac{\mathrm{d}y}{\mathrm{d}x}&=\frac{\mathrm{d}y}{\mathrm{d}u}\cdot\frac{\mathrm{d}u}{\mathrm{d}v}\cdot\frac{\mathrm{d}v}{\mathrm{d}x}=\left(u^2\right)'\cdot(\tan v)'\cdot\left(\frac{1}{x}\right)'\\&=2u\cdot\sec^2 v\cdot\left(-\frac{1}{x^2}\right)=-\frac{2}{x^2}\tan\frac{1}{x}\sec^2\frac{1}{x}.\end{aligned}$$

(2) 设 $y=u^2,\ u=\arctan v,\ v=x^3$, 则

$$\begin{aligned}\frac{\mathrm{d}y}{\mathrm{d}x}&=\frac{\mathrm{d}y}{\mathrm{d}u}\cdot\frac{\mathrm{d}u}{\mathrm{d}v}\cdot\frac{\mathrm{d}v}{\mathrm{d}x}=\left(u^2\right)'\cdot(\arctan v)'\cdot\left(x^3\right)'\\&=2u\cdot\frac{1}{1+v^2}\cdot 3x^2=\frac{6x^2}{1+x^6}\arctan x^3.\end{aligned}$$

对复合函数求导法则的掌握比较熟练后, 就不必再写出中间变量, 可采用下列例题的方式来计算.

例 11 求下列函数的导数:

(1)$y=\ln\sec x$; (2) $y=\sqrt[3]{4+7x^2}$.

解 (1) $y'=\dfrac{1}{\sec x}(\sec x)'=\dfrac{\sec x\tan x}{\sec x}=\tan x.$

(2) $y'=\dfrac{1}{3}(4+7x^2)^{-\frac{2}{3}}\cdot(4+7x^2)'=\dfrac{14}{3}x(4+7x^2)^{-\frac{2}{3}}.$

例 12 设函数 $f(x)$ 可导, 求函数 $y=f(x^2)$ 的导数.

解 设 $y=f(u)$, $u=x^2$, 则

$$y'=f'(u)\cdot u'=f'(u)\cdot 2x=f'(x^2)\cdot 2x.$$

例 13 求函数 $f(x)=\sin x$ 的 n 阶导数.

解 $f'(x)=(\sin x)'=\cos x=\sin\left(x+\dfrac{\pi}{2}\right)$,

$$\begin{aligned}f''(x)&=\left(\sin\left(x+\frac{\pi}{2}\right)\right)'=\cos\left(x+\frac{\pi}{2}\right)\cdot\left(x+\frac{\pi}{2}\right)'=\cos\left(x+\frac{\pi}{2}\right)\\&=\sin\left(\left(x+\frac{\pi}{2}\right)+\frac{\pi}{2}\right)=\sin\left(x+\frac{2\pi}{2}\right),\end{aligned}$$

$$\begin{aligned}f'''(x)&=\left(\sin\left(x+\frac{2\pi}{2}\right)\right)'=\cos\left(x+\frac{2\pi}{2}\right)\cdot\left(x+\frac{2\pi}{2}\right)'=\cos\left(x+\frac{2\pi}{2}\right)\\&=\sin\left(\left(x+\frac{2\pi}{2}\right)+\frac{\pi}{2}\right)=\sin\left(x+\frac{3\pi}{2}\right),\end{aligned}$$

一般地, 可得

$$f^{(n)}(x)=\left(f^{(n-1)}(x)\right)'=(\sin x)^{(n)}=\sin\left(x+\frac{n\pi}{2}\right).$$

类似地, 可求得

$$(\cos x)^{(n)}=\cos\left(x+\frac{n\pi}{2}\right).$$

例 14 求下列函数的导数:

(1) $y=\ln(\sin 2x)$; (2) $y=\sin\dfrac{2x}{1+x^2}$;

(3) $y=\sqrt{3x+\sqrt{5x}}$; (4) $y=\mathrm{e}^{\sin^2\left(\frac{1}{x}\right)}$.

解 (1) $y' = \dfrac{1}{\sin 2x} \cdot (\sin 2x)' = \dfrac{1}{\sin 2x} \cdot (\cos 2x) \cdot (2x)' = 2\cot 2x.$

(2) $$y' = \cos\frac{2x}{1+x^2} \cdot \left(\frac{2x}{1+x^2}\right)' = \cos\frac{2x}{1+x^2} \cdot \frac{2(1+x^2) - 2x \cdot 2x}{(1+x^2)^2}$$
$$= \frac{2(1-x^2)}{(1+x^2)^2} \cdot \cos\frac{2x}{1+x^2}.$$

(3) $$y' = \frac{1}{2\sqrt{3x+\sqrt{5x}}} \cdot \left(3x+\sqrt{5x}\right)' = \frac{1}{2\sqrt{3x+\sqrt{5x}}} \cdot \left(3 + \frac{5}{2\sqrt{5x}}\right)$$
$$= \frac{6\sqrt{5x}+5}{4\sqrt{5x}\sqrt{3x+\sqrt{5x}}}.$$

(4) $$y' = \mathrm{e}^{\sin^2\left(\frac{1}{x}\right)} \cdot \left[\sin^2\left(\frac{1}{x}\right)\right]' = \mathrm{e}^{\sin^2\left(\frac{1}{x}\right)} \cdot 2\sin\left(\frac{1}{x}\right) \cdot \left(\sin\frac{1}{x}\right)'$$
$$= \mathrm{e}^{\sin^2\left(\frac{1}{x}\right)} \cdot 2\sin\left(\frac{1}{x}\right) \cdot \cos\left(\frac{1}{x}\right) \cdot \left(\frac{1}{x}\right)' = -\frac{1}{x^2} \cdot \mathrm{e}^{\sin^2\left(\frac{1}{x}\right)} \cdot \sin\left(\frac{2}{x}\right).$$

计算复合函数的导数时, 有时还需要同时运用导数的四则运算法则及其他求导法则.

2.3.3 一元函数的微分法则

因为函数 $y = f(x)$ 可微与可导是等价的, 且

$$\mathrm{d}y = f'(x)\mathrm{d}x,$$

即求微分 $\mathrm{d}y$ 只要求出导数 $f'(x)$, 再乘以 $\mathrm{d}x$, 所以利用求导公式及求导法则便可得到相应的微分公式和微分法则.

1. 基本初等函数的微分公式

基本初等函数的微分公式见表 2.1.

2. 函数和、差、积、商的微分法则

设 $u = u(x), v = v(x)$ 均可导, 则有下表 (表 2.2).

表 2.1

导数公式	微分公式
$(x^{\mu})' = \mu x^{\mu-1}$	$\mathrm{d}(x^{\mu}) = \mu x^{\mu-1}\mathrm{d}x$
$(\sin x)' = \cos x$	$\mathrm{d}(\sin x) = \cos x\mathrm{d}x$
$(\cos x)' = -\sin x$	$\mathrm{d}(\cos x) = -\sin x\mathrm{d}x$
$(\tan x)' = \sec^2 x$	$\mathrm{d}(\tan x) = \sec^2 x\mathrm{d}x$
$(\cot x)' = -\csc^2 x$	$\mathrm{d}(\cot x) = -\csc^2 x\mathrm{d}x$
$(\sec x)' = \sec x \tan x$	$\mathrm{d}(\sec x) = \sec x \tan x\mathrm{d}x$
$(\csc x)' = -\csc x \cot x$	$\mathrm{d}(\csc x) = -\csc x \cot x\mathrm{d}x$
$(a^x)' = a^x \ln a$	$\mathrm{d}(a^x) = a^x \ln a\mathrm{d}x$
$(\mathrm{e}^x) = \mathrm{e}^x$	$\mathrm{d}(\mathrm{e}^x) = \mathrm{e}^x\mathrm{d}x$
$(\log_a x)' = \dfrac{1}{x\ln a}$	$\mathrm{d}(\log_a x) = \dfrac{1}{x\ln a}\mathrm{d}x$
$(\ln x)' = \dfrac{1}{x}$	$\mathrm{d}(\ln x) = \dfrac{1}{x}\mathrm{d}x$
$(\arcsin x)' = \dfrac{1}{\sqrt{1-x^2}}$	$\mathrm{d}(\arcsin x) = \dfrac{1}{\sqrt{1-x^2}}\mathrm{d}x$
$(\arccos x)' = -\dfrac{1}{\sqrt{1-x^2}}$	$\mathrm{d}(\arccos x) = -\dfrac{1}{\sqrt{1-x^2}}\mathrm{d}x$
$(\arctan x)' = \dfrac{1}{1+x^2}$	$\mathrm{d}(\arctan x) = \dfrac{1}{1+x^2}\mathrm{d}x$
$(\mathrm{arc}\cot x)' = -\dfrac{1}{1+x^2}$	$\mathrm{d}(\mathrm{arccot}\ x) = -\dfrac{1}{1+x^2}\mathrm{d}x$

表 2.2

求导法则	微分法则
$(u \pm v)' = u' \pm v'$	$\mathrm{d}(u \pm v) = \mathrm{d}u \pm \mathrm{d}v$
$(u \cdot v)' = u'v + uv'$	$\mathrm{d}(u \cdot v) = v\mathrm{d}u + u\mathrm{d}v$
$(Cu)' = Cu'$	$\mathrm{d}(Cu) = C\mathrm{d}u$ (C 为常数)
$\left(\dfrac{u}{v}\right)' = \dfrac{u'v - uv'}{v^2}\ (v \neq 0)$	$\mathrm{d}\left(\dfrac{u}{v}\right) = \dfrac{v\mathrm{d}u - u\mathrm{d}v}{v^2}\ (v \neq 0)$

证 积的微分法则.

根据函数微分的表达式, 有

$$\mathrm{d}(uv) = (uv)'\mathrm{d}x.$$

再根据乘积的求导法则, 有

$$(uv)' = u'v + uv'.$$

于是

$$\mathrm{d}(uv) = (u'v + uv')\mathrm{d}x = u'v\mathrm{d}x + uv'\mathrm{d}x.$$

由于

$$u'\mathrm{d}x = \mathrm{d}u, \quad v'\mathrm{d}x = \mathrm{d}v,$$

所以

$$d(uv) = v\mathrm{d}u + u\mathrm{d}v.$$

其余的留给读者自行证明.

3. 复合函数微分法则

设 $y = f(u)$ 及 $u = \varphi(x)$ 都是可导函数.

(1) 对函数 $y = f(u)$, 有 $\mathrm{d}y = f'(u)\mathrm{d}u$;

(2) 对复合函数 $y = f[\varphi(x)]$, 有

$$\mathrm{d}y = f'(u) \cdot \varphi'(x)\mathrm{d}x = f'(u)\mathrm{d}u,$$

即

$$\mathrm{d}y = f'(u)\mathrm{d}u.$$

由此可见, 不论 u 是自变量还是中间变量, 函数 $y = f(u)$ 的微分形式始终保持不变, 即恒有 $\mathrm{d}y = f'(u)\mathrm{d}u$, 这一性质称为**一阶微分形式不变性**.

应用此性质可以比较方便地求出复合函数的微分.

例 15 求下列函数的微分:

(1) $y = \cos(3x + 5)$; (2) $y = \ln(2 + 3\mathrm{e}^x)$; (3) $y = \mathrm{e}^{1-2x} \cos 4x$.

解 (1) $\mathrm{d}y = -\sin(3x + 5)\mathrm{d}(3x + 5) = -3\sin(3x + 5)\mathrm{d}x$.

(2) $\mathrm{d}y = \dfrac{1}{2 + 3\mathrm{e}^x}\mathrm{d}(2 + 3\mathrm{e}^x) = \dfrac{3\mathrm{e}^x}{2 + 3\mathrm{e}^x}\mathrm{d}x$.

(3)
$$\begin{aligned}\mathrm{d}y &= \mathrm{d}(\mathrm{e}^{1-2x}) \cdot \cos 4x + \mathrm{e}^{1-2x}\mathrm{d}(\cos 4x)\\ &= \cos 4x \cdot \mathrm{e}^{1-2x}\mathrm{d}(1 - 2x) + \mathrm{e}^{1-2x}(-\sin 4x)\mathrm{d}(4x)\\ &= (-2\mathrm{e}^{1-2x} \cos 4x - 4\mathrm{e}^{1-2x} \sin 4x)\mathrm{d}x.\end{aligned}$$

习 题 2.3

A 组

1. 求下列函数的导数:

(1) $y = \mathrm{e}^{x^3}$;

(2) $y = \ln\sin x$;

(3) $y = \arctan[\ln(ax + b)]$;

(4) $y = (\arcsin x)^3$;

(5) $y = \arcsin(\sin^2 x)$;

(6) $y = \mathrm{e}^{-3x} \sin 2x$;

(7) $y = \arctan\dfrac{1}{x}$;

(8) $y = \arcsin[2\cos(x^2 - 1)]$.

2. 求下列函数的微分:

(1) $y=\dfrac{\mathrm{e}^x}{\arctan x}$;

(2) $y=\mathrm{e}^x\sin 2x$;

(3) $y=\cos^2 x\cdot\ln x$;

(4) $y=\ln(\mathrm{e}^x+\sqrt{1+\mathrm{e}^{2x}})$;

(5) $y=\ln^2(1-x)$;

(6) $y=\tan^2(1+2x^2)$;

(7) $y=\arcsin\sqrt{1-x^2}$;

(8) $y=\arctan\dfrac{1-x^2}{1+x^2}$.

3. 求 $y=\ln(x+\sqrt{1+x^2})$ 在 $x=2$ 处的微分 $\mathrm{d}y$.

4. 在括号内填入适当的函数:

(1) $\mathrm{d}(\quad)=\dfrac{1}{1+x}\mathrm{d}x$;

(2) $\mathrm{d}(\quad)=\mathrm{e}^{2x}\mathrm{d}x$;

(3) $\mathrm{d}(\quad)=\sin 2x\mathrm{d}x$;

(4) $\mathrm{d}(\quad)=\dfrac{x}{\sqrt{1+x^2}}\mathrm{d}x$;

(5) $\mathrm{d}(\quad)=\sec^2 2x\mathrm{d}x$;

(6) $\mathrm{d}(\quad)=\dfrac{1}{x\ln x}\mathrm{d}x$.

5. 设函数 $f(x)=\sin x+6\cos x$, 求 $f^{(27)}(\pi)$.

6. 设函数 $f(x)$ 可导, 求下列函数的导函数:

(1) $y=f(x^4)$;

(2) $y=f(\sin^3 x)+f(\cos^3 x)$.

7. 证明:

(1) 可导的偶函数其导数是奇函数;

(2) 可导的奇函数其导数是偶函数;

(3) 可导的周期函数其导数是具有相同周期的周期函数.

8. 设 $f(x)$ 在 $(-\infty\ \ +\infty)$ 内可导, 且 $F(x)=f(x^2-1)+f(1-x^2)$, 证明:

$$F'(1)=F'(-1).$$

B 组

1. 求下列函数的导数:

(1) $y=\sin\dfrac{2x}{1+x^2}$;

(2) $y=\sqrt{x+\sqrt{x+\sqrt{x}}}$;

(3) $y=\ln\left[\ln\left(\ln\tan\dfrac{x}{2}\right)\right]$;

(4) $y=\ln\cos(\mathrm{e}^x)$;

(5) $y=\mathrm{e}^{-3x}\arcsin(2\cos(x+1))$;

(6) $y=(\arcsin x)^4-\arctan\dfrac{1}{x-4}$.

2. 设函数 $f(x)$ 和 $g(x)$ 可导, 且 $f^2(x)+g^2(x)\neq 0$, 试求函数 $y=\sqrt{f^2(x)+g^2(x)}$ 的导数.

3. 设函数 $y=xf(a^{\sqrt[3]{x}})$, 其中函数 $f(u)$ 可导, 求 y'.

4. 设函数

$$y = \arctan \mathrm{e}^{x} - \ln \sqrt{\frac{\mathrm{e}^{2x}}{\mathrm{e}^{2x}+1}},$$

求 $\left.\dfrac{\mathrm{d}y}{\mathrm{d}x}\right|_{x=1}$.

5. 设函数 $f(x)$ 可导, 且 $f(x+1)=af(x)$, $f'(0)=b$, 其中 a, b 均为非零常数, 求 $f'(1)$.

6. 设函数 $g(x)=x^2\arctan 3x$, 且 $f(x)$ 可导, 求 $f(g(x))$ 的导数.

7. 设函数

$$f(x)=\lim_{t\to 0} x\,(1+3t)^{\frac{x}{t}},$$

求函数 $f(x)$ 的导数.

2.4 多元函数的偏导数

1. 了解多元函数偏导数的概念;
2. 会求多元函数的偏导数.

2.4.1 问题的引入

在研究一元函数时, 人们是从研究函数的变化率开始引入导数概念的. 对于多元函数同样需要讨论它的变化率. 但多元函数的自变量不止一个, 因变量与自变量的关系要比一元函数复杂得多. 在这一节里, 先考虑多元函数关于其中一个自变量的变化率的情况.

引例 2.4.1 (经济问题) 在互联网时代, 电子商务已经成为全球商业活动的重要组成部分, 商品的销售渠道也因此变得多样化. 设某商品的销售量 C 与该商品线下门店的定价 P 和线上网店的定价 Q 有关, 并满足函数关系式

$$C=f(P,Q).$$

一方面, 需要考虑在线下门店的定价 P 已定的情况下, 商品线上的价格 Q 为多少时可获得最大的销售量 C ? 另一方面, 也要考虑在商品线上价格 Q 已定的情况下, 线下门店定价 P 的变化对销售量 C 产生的影响.

引例 2.4.2 (物理问题) 理想气体的体积 V 和压强 P 以及温度 T 之间的函数关系是

$$V=k\cdot\frac{T}{P}\quad (k \text{ 为常数}).$$

在热学中, 需要研究下面两种情况:

(1) 在等温过程中, 即温度 T 不变时, 考察因压强 P 的变化而引起体积 V 的变化;

(2) 在等压过程中, 即压强 P 不变时, 考察因温度 T 的变化而引起体积 V 的变化.

从数学的观点来看, 对上述问题的研究, 事实上讨论的是二元函数关于其中一个自变量的变化特性.

2.4.2 偏导数的定义

以二元函数 $z=f(x,y)$ 为例, 如果只有自变量 x 变化, 而自变量 y 固定 (即看作常量), 这时它就是 x 的一元函数, 该函数对 x 的导数, 就称为二元函数 $z=f(x,y)$ 对于 x 的偏导数, 即有如下定义.

定义 2.4.1 设函数 $z=f(x,y)$ 在点 (x_0,y_0) 的某一邻域内有定义, 当 y 固定在 y_0 而 x 在 x_0 处有增量 Δx 时, 相应地函数有增量

$$f(x_0+\Delta x,y_0)-f(x_0,y_0),$$

如果

$$\lim_{\Delta x\to 0}\frac{f(x_0+\Delta x,y_0)-f(x_0,y_0)}{\Delta x}$$

存在, 则称此极限为函数 $z=f(x,y)$ 在点 (x_0,y_0) 处**对 x 的偏导数** (partial derivative), 记作

$$\left.\frac{\partial z}{\partial x}\right|_{\substack{x=x_0\\y=y_0}},\quad \left.\frac{\partial f}{\partial x}\right|_{\substack{x=x_0\\y=y_0}},\quad z_x\Big|_{\substack{x=x_0\\y=y_0}}\quad 或\quad f_x(x_0,y_0),$$

即

$$\left.\frac{\partial z}{\partial x}\right|_{\substack{x=x_0\\y=y_0}}=\lim_{\Delta x\to 0}\frac{f(x_0+\Delta x,y_0)-f(x_0,y_0)}{\Delta x}.$$

类似地, 函数 $z=f(x,y)$ 在点 (x_0,y_0) 处**对 y 的偏导数**定义为

$$\lim_{\Delta y\to 0}\frac{f(x_0,y_0+\Delta y)-f(x_0,y_0)}{\Delta y},$$

记作 $\left.\frac{\partial z}{\partial y}\right|_{\substack{x=x_0\\y=y_0}}$, $\left.\frac{\partial f}{\partial y}\right|_{\substack{x=x_0\\y=y_0}}$, $z_y\Big|_{\substack{x=x_0\\y=y_0}}$ 或 $f_y(x_0,y_0)$, 即

$$\left.\frac{\partial z}{\partial y}\right|_{\substack{x=x_0\\y=y_0}} = \lim_{\Delta y\to 0}\frac{f(x_0,y_0+\Delta y)-f(x_0,y_0)}{\Delta y}.$$

如果二元函数 $z=f(x,y)$ 在某个区域 D 内的每一点处对 x 的偏导数都存在, 那么这个偏导数就是 x, y 的函数, 称为函数 $z=f(x,y)$ **对自变量 x 的偏导函数**, 记为 $f_x(x,y)$, $\frac{\partial z}{\partial x}$, z_x 或 $\frac{\partial f}{\partial x}$. 定义式如下:

$$f_x(x,y)=\lim_{h\to 0}\frac{f(x+h,y)-f(x,y)}{h}.$$

类似地, 函数 $z=f(x,y)$ **对自变量 y 的偏导函数**, 记为 $f_y(x,y)$, $\frac{\partial z}{\partial y}$, z_y 或 $\frac{\partial f}{\partial y}$. 定义式如下:

$$f_y(x,y)=\lim_{k\to 0}\frac{f(x,y+k)-f(x,y)}{k}.$$

显然, 函数在某点处的偏导数就是相应的偏导函数在该点处的函数值. 在不引起混淆时, 偏导函数也简称为偏导数.

偏导数的概念还可以推广到二元以上的多元函数. 例如, 三元函数 $u=f(x,y,z)$ 对 x 的偏导数定义为

$$f_x(x,y,z)=\lim_{\Delta x\to 0}\frac{f(x+\Delta x,y,z)-f(x,y,z)}{\Delta x}.$$

思考　请给出 $f_y(x,y,z)$, $f_z(x,y,z)$ 的定义式.

2.4.3　偏导数的计算方法

根据偏导数的定义可知, 求二元函数 $z=f(x,y)$ 的偏导数时并不需要用新的方法. 因为这里只有一个自变量在变动, 另一个自变量是看作固定的, 所以仍旧是一元函数的求导问题. 求 $\frac{\partial z}{\partial x}$ 时, 只要把 y 暂时看作常量而对 x 求导数; 求 $\frac{\partial z}{\partial y}$ 时, 只要把 x 暂时看作常量而对 y 求导数.

二元以上的多元函数的偏导数可类似计算. 因此, 利用一元函数的求导方法就可求出多元函数的各个偏导数.

例 1　求函数 $f(x,y)=x^4-xy^2+y^3-x^2\sin y^2$ 在点 $(1,2)$ 处的偏导数.

解 把 y 看作常量, 得

$$\frac{\partial f}{\partial x}=4x^3-y^2-2x\sin y^2.$$

把 x 看作常量, 得

$$\frac{\partial f}{\partial y}=-2xy+3y^2-2x^2y\cos y^2.$$

将 $(x,y)=(1,2)$ 代入上面的结果, 则

$$\left.\frac{\partial f}{\partial x}\right|_{\substack{x=1\\y=2}}=4\times1-2^2-2\times1\times\sin 2^2=-2\sin 4,$$

$$\left.\frac{\partial f}{\partial y}\right|_{\substack{x=1\\y=2}}=-2\times1\times2+3\times2^2-2\times1\times2\times\cos 2^2=8-4\cos 4.$$

例 2 求函数 $w=f(x,y,z)=xyz-xe^y+x\ln z+x^{\frac{y}{z}}$ 的偏导数.

解 函数 $w=f(x,y,z)$ 是一个三元函数, 其偏导数有三个.

把 y 和 z 都看作常量, 得

$$f_x(x,y,z)=yz-e^y+\ln z+\frac{y}{z}x^{\frac{y}{z}-1};$$

把 x 和 z 都看作常量, 得

$$f_y(x,y,z)=xz-xe^y+x^{\frac{y}{z}}\ln x\cdot\frac{1}{z};$$

把 x 和 y 都看作常量, 得

$$f_z(x,y,z)=xy+\frac{x}{z}+x^{\frac{y}{z}}\ln x\cdot\left(-\frac{y}{z^2}\right).$$

例 3 设函数 $z=x^y(x>0,x\neq1)$, 求证:

$$\frac{x}{y}\frac{\partial z}{\partial x}+\frac{1}{\ln x}\frac{\partial z}{\partial y}=2z.$$

证 因为

$$\frac{\partial z}{\partial x}=yx^{y-1},\quad \frac{\partial z}{\partial y}=x^y\ln x.$$

所以

$$\frac{x}{y}\frac{\partial z}{\partial x}+\frac{1}{\ln x}\frac{\partial z}{\partial y}=\frac{x}{y}yx^{y-1}+\frac{1}{\ln x}x^y\ln x=x^y+x^y=2z.$$

例 4 已知理想气体的状态方程为 $PV=kT$(k 为常数), 证明:

$$\frac{\partial P}{\partial V}\cdot\frac{\partial V}{\partial T}\cdot\frac{\partial T}{\partial P}=-1.$$

证 因为

$$\begin{aligned}
&P=\frac{kT}{V},\quad \frac{\partial P}{\partial V}=-\frac{kT}{V^2};\\
&V=\frac{kT}{P},\quad \frac{\partial V}{\partial T}=\frac{k}{P};\\
&T=\frac{PV}{k},\quad \frac{\partial T}{\partial P}=\frac{V}{k}.
\end{aligned}$$

所以

$$\frac{\partial P}{\partial V}\cdot\frac{\partial V}{\partial T}\cdot\frac{\partial T}{\partial P}=-\frac{kT}{V^2}\cdot\frac{k}{P}\cdot\frac{V}{k}=-1.$$

注 偏导数的记号是一个整体记号, 不能看作分子与分母之商.

已经知道, 如果一元函数在某点具有导数, 则它在该点必定连续. 但对于多元函数来说, 即使各偏导数在某点都存在, 也不能保证函数在该点连续.

例 5 证明: 函数

$$f(x,y)=\begin{cases}\dfrac{3xy}{x^2+4y^2}, & x^2+y^2\neq 0,\\ 0, & x^2+y^2=0\end{cases}$$

在点 $(0,0)$ 处偏导数存在, 但函数 $f(x,y)$ 在点 $(0,0)$ 处并不连续.

证 函数 $f(x,y)$ 在点 (0, 0) 对 x 的偏导数为

$$f_x(0,0)=\lim_{\Delta x\to 0}\frac{f(0+\Delta x,0)-f(0,0)}{\Delta x}=\lim_{\Delta x\to 0}\frac{0-0}{\Delta x}=0;$$

同样有

$$f_y(0,0)=\lim_{\Delta y\to 0}\frac{f(0,0+\Delta y)-f(0,0)}{\Delta y}=\lim_{\Delta y\to 0}\frac{0-0}{\Delta y}=0.$$

但是函数 $f(x,y)$ 在点 (0, 0) 处并不连续. 因为当点 (x,y) 沿直线 $y=x$ 趋向于 $(0,0)$ 时,

$$\lim_{\substack{x\to 0\\ y=x}} f(x,y)=\lim_{x\to 0}\frac{3x\cdot x}{x^2+4x^2}=\lim_{x\to 0}\frac{3}{5}=\frac{3}{5}\neq f(0,0).$$

习 题 2.4

A 组

1. 求下列函数的偏导数:

(1) $z=2x+3y+5$;

(2) $z=2xy$;

(3) $z=\dfrac{2y}{x^2}$;

(4) $z=\dfrac{x^2-y^2}{x^2+y^2}$;

(5) $z=x\ln y+y\ln x$;

(6) $w=\mathrm{e}^u\ln v$;

(7) $z=\dfrac{\mathrm{e}^x+\mathrm{e}^y}{x+y}$;

(8) $u=\left(\dfrac{y}{x}\right)^z$;

(9) $g(x,y,z)=\dfrac{2xyz}{x^2+y^2+z^2}$;

(10) $f(u,v,w)=\dfrac{w}{u+v}$;

(11) $z=\ln\tan\dfrac{x}{y}$;

(12) $z=(1+x)^y$;

(13) $z=\sqrt{\ln(xy)}$;

(14) $z=\sin(xy)+\cos^2(xy)$;

(15) $u=x^{\frac{y}{z}}$;

(16) $u=\arctan(x-y)^z$.

2. 设函数 $f(x,y)=\mathrm{e}^x\cos y$, 求 $f_x\left(0,\dfrac{\pi}{4}\right)$, $f_y\left(0,\dfrac{\pi}{4}\right)$.

3. 求函数 $f(x,y)=y\mathrm{e}^x+x\ln y$ 在点 (1, 1) 处的偏导数.

4. 求函数 $z=x^2\sin y$ 在点 $\left(2,\dfrac{\pi}{6}\right)$ 处的偏导数.

5. 设 $s=k\cdot\sqrt{\dfrac{t}{r}}$, 求证 $t\dfrac{\partial s}{\partial t}+r\dfrac{\partial s}{\partial r}=0$.

6. 设 $z=\mathrm{e}^{-\left(\frac{1}{x}+\frac{1}{y}\right)}$, 求证 $x^2\dfrac{\partial z}{\partial x}+y^2\dfrac{\partial z}{\partial y}=2z$.

7. 设 $f(x,y)=\mathrm{e}^x+(y-2)\arcsin\sqrt{\dfrac{x}{y}}$, 求 $f_x(x,2)$.

8. 求函数 $z=\left(1+\dfrac{x}{y}\right)^{\frac{x}{y}}$ 的偏导数.

B 组

1. 是否存在一个函数 $f(x,y)$, 使得 $f_x(x,y)=x+4y$, $f_y(x,y)=3x-y$?

2. 求下列分段函数的偏导数:

(1) $f(x,y)=\begin{cases}\dfrac{3x^2y}{x^2+y^2}, & x^2+y^2\neq 0,\\ 0, & x^2+y^2=0;\end{cases}$

(2) $f(x,y)=\begin{cases}\sqrt{3x^2+y^2}\sin\dfrac{1}{x^2+2y^2}, & x^2+y^2\neq 0,\\ 0, & x^2+y^2=0;\end{cases}$

(3) $f(x,y)=\begin{cases}y\ln(x^2+y^2), & x^2+y^2\neq 0,\\ 0, & x^2+y^2=0.\end{cases}$

3. 求函数 $u=\arctan\dfrac{x+y+z-xyz}{1-xy-xz-yz}$ 在点 $(0,0,0)$ 处的偏导数.

4. 二元函数 $f(x,y)=\begin{cases}\dfrac{x^2y^2}{x^2+y^2}, & (x,y)\neq(0,0),\\ 0, & (x,y)=(0,0)\end{cases}$ 在点 $(0,0)$ 处 (　　).

A. 连续且偏导数存在　　B. 不连续但偏导数存在

C. 连续但偏导数不存在　　D. 不连续且偏导数不存在

5. 设函数 $f(x,y)=\ln(y+|x\sin y|)$, 讨论在点 $(0,1)$ 处 $\dfrac{\partial f}{\partial x}$ 与 $\dfrac{\partial f}{\partial y}$ 是否存在.

2.5　多元函数的全微分

1. 了解全微分的定义;
2. 了解全微分与偏导数、连续之间的关系;
3. 会求多元函数的全微分.

2.5.1　全微分的定义

二元函数 $z=f(x,y)$ 在点 $(x,\ y)$ 处对某个自变量的偏导数表示当另一个自变量固定时, 因变量相对于该自变量的变化率. 根据一元函数微分学中增量与微分的关系, 可得

$$f(x+\Delta x,y)-f(x,y)\approx f_x(x,y)\Delta x,$$

$$f(x,y+\Delta y)-f(x,y)\approx f_y(x,y)\Delta y,$$

上面两式的左端分别叫做二元函数 $z=f(x,y)$ **对** x **和 对** y **的偏增量** (partial increment), 而右端分别叫做二元函数 $z=f(x,y)$ **对** x **和 对** y **的偏微分** (partial differential).

设二元函数 $z=f(x,y)$ 在点 (x, y) 的某一邻域内有定义, $(x+\Delta x, y+\Delta y)$ 为该邻域内的任意一点, 则称这两点的函数值之差 $f(x+\Delta x,y+\Delta y)-f(x,y)$ 为二元函数 $z=f(x, y)$ 在点 (x, y) 处对应于自变量增量 Δx, Δy 的**全增量** (total increment), 记作 Δz, 即

$$\Delta z=f(x+\Delta x,y+\Delta y)-f(x,y).$$

一般说来, 计算全增量 Δz 比较复杂. 与一元函数的情形一样, 考虑用自变量的增量 Δx, Δy 的线性函数来近似地代替函数的全增量 Δz, 从而引入如下定义.

定义 2.5.1 如果函数 $z=f(x,y)$ 在点 (x, y) 处的全增量

$$\Delta z=f(x+\Delta x,y+\Delta y)-f(x,y)$$

可表示为

$$\Delta z=A\Delta x+B\Delta y+o(\rho),$$

其中 A, B 不依赖于 Δx, Δy 而仅与 x, y 有关, $\rho=\sqrt{(\Delta x)^2+(\Delta y)^2}$, 当 $\rho\to 0$ 时, $o(\rho)$ 是比 ρ 高阶的无穷小量, 则称函数 $z=f(x,y)$ 在点 (x, y) 是**可微的**, $A\Delta x+B\Delta y$ 称为函数 $z=f(x,y)$ 在点 (x, y) 处的**全微分** (total differential), 记作 $\mathrm{d}z$, 即

$$\mathrm{d}z=A\Delta x+B\Delta y.$$

可微与连续的关系:

如果函数 $z=f(x,y)$ 在点 (x,y) 处可微, 则函数在该点必定连续.

事实上, 因为函数 $z=f(x,y)$ 在点 (x, y) 处可微, 则

$$\Delta z=f(x+\Delta x,y+\Delta y)-f(x,y)=A\Delta x+B\Delta y+o(\rho),$$

于是

$$\lim_{\rho\to 0}\Delta z=0,$$

从而

$$\lim_{(\Delta x,\Delta y)\to(0,0)}f(x+\Delta x,y+\Delta y)=f(x,y).$$

因此函数 $z=f(x,y)$ 在点 (x, y) 处连续.

2.5.2 可微与偏导数存在的关系

在一元函数 $y=f(x)$ 中, 可微和可导是等价的. 对于多元函数, 可微与偏导数存在的关系又如何呢? 下面给出二元函数可微的必要条件.

定理 2.5.1 (必要条件) 如果函数 $z=f(x,y)$ 在点 $(x,\ y)$ 处可微, 则函数 $z=f(x,y)$ 在点 $(x,\ y)$ 的偏导数 $\dfrac{\partial z}{\partial x}, \dfrac{\partial z}{\partial y}$ 必定存在, 且函数 $z=f(x,y)$ 在点 $(x,\ y)$ 处的全微分为

$$\mathrm{d}z=\frac{\partial z}{\partial x}\Delta x+\frac{\partial z}{\partial y}\Delta y.$$

证 因为函数 $z=f(x,y)$ 在点 $(x,\ y)$ 处可微. 所以, 对于点 $(x,\ y)$ 的某个邻域内的任意一点 $(x+\Delta x,\ y+\Delta y)$, 有

$$\Delta z=A\Delta x+B\Delta y+o(\rho).$$

特别地, 当 $\Delta y=0$ 时, 有

$$f(x+\Delta x,y)-f(x,y)=A\Delta x+o(|\Delta x|).$$

上式两边各除以 Δx, 再令 $\Delta x\to 0$ 求极限, 就得

$$\lim_{\Delta x\to 0}\frac{f(x+\Delta x,y)-f(x,y)}{\Delta x}=A,$$

从而偏导数 $\dfrac{\partial z}{\partial x}$ 存在, 且 $\dfrac{\partial z}{\partial x}=A$. 同理可证偏导数 $\dfrac{\partial z}{\partial y}$ 存在, 且 $\dfrac{\partial z}{\partial y}=B$. 所以

$$\mathrm{d}z=\frac{\partial z}{\partial x}\Delta x+\frac{\partial z}{\partial y}\Delta y.$$

注 偏导数 $\dfrac{\partial z}{\partial x}, \dfrac{\partial z}{\partial y}$ 存在是可微的必要条件, 但不是充分条件.

例 1 证明函数

$$f(x,y)=\begin{cases}\dfrac{6xy}{\sqrt{2x^2+3y^2}}, & x^2+y^2\neq 0,\\ 0, & x^2+y^2=0\end{cases}$$

在点 (0,0) 处偏导数存在, 但在点 (0,0) 处不可微.

证 虽然函数 $f(x,y)$ 在点 (0,0) 处偏导数存在, 即

$$f_x(0,0)=\lim_{\Delta x\to 0}\frac{f(0+\Delta x,0)-f(0,0)}{\Delta x}=\lim_{\Delta x\to 0}\frac{0-0}{\Delta x}=0,$$

$$f_y(0,0)=\lim_{\Delta y\to 0}\frac{f(0,0+\Delta y)-f(0,0)}{\Delta y}=\lim_{\Delta y\to 0}\frac{0-0}{\Delta y}=0,$$

但函数在点 (0,0) 处是不可微的, 即 $\Delta z-[f_x(0,\ 0)\cdot\Delta x+f_y(0,\ 0)\cdot\Delta y]$ 不是 ρ 的高阶无穷小. 这是由于

$$\Delta z=f(0+\Delta x,0+\Delta y)-f(0,0)=\frac{6\Delta x\Delta y}{\sqrt{2(\Delta x)^2+3(\Delta y)^2}},$$

当 $(\Delta x,\ \Delta y)$ 沿直线 $y=x$ 趋于 (0, 0) 时,

$$\begin{aligned}&\lim_{\substack{\Delta x\to 0\\ \Delta y=\Delta x}}\frac{\Delta z-[f_x(0,\ 0)\cdot\Delta x+f_y(0,\ 0)\cdot\Delta y]}{\rho}\\
&=\lim_{\substack{\Delta x\to 0\\ \Delta y=\Delta x}}\frac{\dfrac{6\Delta x\Delta y}{\sqrt{2(\Delta x)^2+3(\Delta y)^2}}-(0\cdot\Delta x+0\cdot\Delta y)}{\sqrt{(\Delta x)^2+(\Delta y)^2}}\\
&=\lim_{\Delta x\to 0}\frac{6\Delta x\cdot\Delta x}{\sqrt{2(\Delta x)^2+3(\Delta x)^2}\cdot\sqrt{(\Delta x)^2+(\Delta x)^2}}\\
&=\lim_{\Delta x\to 0}\frac{3\sqrt{10}}{5}=\frac{3\sqrt{10}}{5}\neq 0.\end{aligned}$$

所以, 函数 $f(x,y)$ 在点 (0,0) 处不可微.

定理 2.5.2 (充分条件) 如果函数 $z=f(x,y)$ 的偏导数 $\dfrac{\partial z}{\partial x},\dfrac{\partial z}{\partial y}$ 在点 $(x,\ y)$ 的某一邻域内存在, 且在该点连续, 则函数在该点可微.

注 若函数 $z=f(x,y)$ 在点 $(x,\ y)$ 处可微, 则偏导数 $\dfrac{\partial z}{\partial x},\dfrac{\partial z}{\partial y}$ 在该点存在但不一定连续.

例 2 函数

$$z=f(x,y)=\begin{cases}(x^2+y^2)\cos\dfrac{1}{3x^2+2y^2}, & x^2+y^2\neq 0,\\ 0, & x^2+y^2=0\end{cases}$$

在点 $(0,0)$ 可微, 但两个偏导数 $f_x(x,y)$, $f_y(x,y)$ 在点 $(0,0)$ 处不连续.

证　因为

$$f_x(0,0)=\lim_{x\to0}\frac{f(x,0)-f(0,0)}{x-0}=\lim_{x\to0}\frac{x^2\cos\dfrac{1}{3x^2}-0}{x}=\lim_{x\to0}x\cos\frac{1}{3x^2}=0,$$

同理可得

$$f_y(0,0)=0.$$

又因为

$$\begin{aligned}\Delta z&=f(0+\Delta x,0+\Delta y)-f(0,0)\\&=\left((\Delta x)^2+(\Delta y)^2\right)\cos\frac{1}{3(\Delta x)^2+2(\Delta y)^2}-0\\&=\rho^2\cos\frac{1}{3(\Delta x)^2+2(\Delta y)^2},\end{aligned}$$

所以当 $\rho=\sqrt{(\Delta x)^2+(\Delta y)^2}\to0$ 时, 有

$$\begin{aligned}&\lim_{\rho\to0}\frac{\Delta z-[f_x(0,0)\Delta x+f_y(0,0)\Delta y]}{\rho}\\=&\lim_{\rho\to0}\frac{\rho^2\cos\dfrac{1}{3(\Delta x)^2+2(\Delta y)^2}-(0\cdot\Delta x+0\cdot\Delta y)}{\rho}\\=&\lim_{\rho\to0}\rho\cdot\cos\frac{1}{3(\Delta x)^2+2(\Delta y)^2}=0.\end{aligned}$$

因此, $\Delta z-[f_x(0,0)\Delta x+f_y(0,0)\Delta y]=o(\rho)$, 即为 ρ 的高阶无穷小量, 故函数 $f(x,y)$ 在 $(0,0)$ 处可微, 且 $\mathrm{d}z|_{(0,0)}=0$.

而

$$f_x(x,y)=\begin{cases}2x\cos\dfrac{1}{3x^2+2y^2}+\dfrac{6x(x^2+y^2)}{(3x^2+2y^2)^2}\sin\dfrac{1}{3x^2+2y^2}, & x^2+y^2\neq0,\\0, & x^2+y^2=0.\end{cases}$$

当点 (x,y) 沿直线 $y=x$ 趋向于 $(0,0)$ 时,

$$\lim_{\substack{x\to 0\\y=x}} f_x(x,y)=\lim_{\substack{x\to 0\\y=x}}\left(2x\cos\frac{1}{3x^2+2y^2}+\frac{6x(x^2+y^2)}{(3x^2+2y^2)^2}\sin\frac{1}{3x^2+2y^2}\right)$$
$$=\lim_{x\to 0}\left(2x\cos\frac{1}{5x^2}+\frac{12}{25x}\sin\frac{1}{5x^2}\right),$$

由于 $\lim\limits_{x\to 0}\left(2x\cos\dfrac{1}{5x^2}+\dfrac{12}{25x}\sin\dfrac{1}{5x^2}\right)$ 不存在, 即 $\lim\limits_{\substack{x\to 0\\y\to 0}} f_x(x,y)$ 不存在, 所以 $f_x(x,y)$ 在点 $(0,0)$ 处不连续.

同理可证 $f_y(x,y)$ 在点 $(0,0)$ 处不连续.

以上关于二元函数全微分的定义及可微的必要条件和充分条件, 可以完全类似地推广到三元和三元以上的多元函数.

习惯上, 可将自变量的增量 Δx, Δy 分别记作 $\mathrm{d}x$, $\mathrm{d}y$, 并分别称为自变量 x, y 的微分. 这样, 函数 $z=f(x,y)$ 的全微分可写作

$$\mathrm{d}z=\frac{\partial z}{\partial x}\mathrm{d}x+\frac{\partial z}{\partial y}\mathrm{d}y.$$

通常把二元函数的全微分等于它的两个偏微分之和称为二元函数的全微分符合**叠加原理**.

叠加原理也适用于二元以上的多元函数的情形. 例如, 如果三元函数 $u=f(x,y,z)$ 可微, 那么它的全微分就等于它的三个偏微分之和, 即

$$\mathrm{d}u=\frac{\partial u}{\partial x}\mathrm{d}x+\frac{\partial u}{\partial y}\mathrm{d}y+\frac{\partial u}{\partial z}\mathrm{d}z.$$

例 3 求函数 $z=\ln(\sin x+x^2y)$ 的全微分 $\mathrm{d}z$.

解 因为

$$\frac{\partial z}{\partial x}=\frac{\cos x+2xy}{\sin x+x^2y},\quad \frac{\partial z}{\partial y}=\frac{x^2}{\sin x+x^2y},$$

所以

$$\mathrm{d}z=\frac{\cos x+2xy}{\sin x+x^2y}\mathrm{d}x+\frac{x^2}{\sin x+x^2y}\mathrm{d}y.$$

例 4 计算函数 $z=\mathrm{e}^{x^2y^3}$ 在点 (2, 1) 处的全微分 $\mathrm{d}z$.

解 因为

$$\frac{\partial z}{\partial x}=\mathrm{e}^{x^2y^3}\cdot 2xy^3,\quad \frac{\partial z}{\partial y}=\mathrm{e}^{x^2y^3}\cdot 3x^2y^2,$$

因此

$$\left.\frac{\partial z}{\partial x}\right|_{\substack{x=2\\y=1}}=4\mathrm{e}^4,\quad \left.\frac{\partial z}{\partial y}\right|_{\substack{x=2\\y=1}}=12\mathrm{e}^4,$$

所以

$$\mathrm{d}z=4\mathrm{e}^4\mathrm{d}x+12\mathrm{e}^4\mathrm{d}y.$$

例 5 计算函数 $u=x+\sin\dfrac{y}{x}+\mathrm{e}^{yz}$ 的全微分 $\mathrm{d}z$.

解 因为

$$\frac{\partial u}{\partial x}=1+\cos\frac{y}{x}\cdot\left(-\frac{y}{x^2}\right),\quad \frac{\partial u}{\partial y}=\cos\frac{y}{x}\cdot\frac{1}{x}+z\mathrm{e}^{yz},\quad \frac{\partial u}{\partial z}=y\mathrm{e}^{yz},$$

所以

$$\mathrm{d}u=\left(1-\frac{y}{x^2}\cos\frac{y}{x}\right)\mathrm{d}x+\left(\frac{1}{x}\cos\frac{y}{x}+z\mathrm{e}^{yz}\right)\mathrm{d}y+y\mathrm{e}^{yz}\mathrm{d}z.$$

例 6 当 $\Delta x=0.02$, $\Delta y=-0.01$ 时, 计算函数 $z=3xy$ 在点 $(2,-1)$ 处的全增量 Δz 和全微分 $\mathrm{d}z$.

解 由定义知

$$\Delta z=3\times(2+0.02)\times(-1-0.01)-3\times 2\times(-1)=-0.1206.$$

因为

$$\frac{\partial z}{\partial x}=3y,\quad \frac{\partial z}{\partial y}=3x,$$

因此

$$\left.\frac{\partial z}{\partial x}\right|_{\substack{x=2\\y=-1}}=-3,\quad \left.\frac{\partial z}{\partial y}\right|_{\substack{x=2\\y=-1}}=6.$$

所以

$$\mathrm{d}z=-3\times 0.02+6\times(-0.01)=-0.12.$$

例 7 当 $\Delta x = 0.1, \Delta y = -0.2$ 时, 计算函数 $z = \ln(1 + x^4 + y^3)$ 在点 (1, 2) 处的全微分 dz.

解 因为

$$\frac{\partial z}{\partial x} = \frac{4x^3}{1 + x^4 + y^3}, \quad \frac{\partial z}{\partial y} = \frac{3y^2}{1 + x^4 + y^3},$$

因此

$$\left.\frac{\partial z}{\partial x}\right|_{\substack{x=1\\y=2}} = 0.4, \quad \left.\frac{\partial z}{\partial y}\right|_{\substack{x=1\\y=2}} = 1.2,$$

所以在点 (1, 2) 处, 当 $\Delta x = 0.1, \Delta y = -0.2$ 时, 函数的全微分为

$$\mathrm{d}z = 0.4 \times 0.1 + 1.2 \times (-0.2) = -0.2.$$

习 题 2.5

A 组

1. 求函数 $z = \dfrac{x}{y}$ 当 $x = 2, \ y = 1, \ \Delta x = 0.1, \Delta y = -0.2$ 时的全增量和全微分.

2. 求函数 $z = \mathrm{e}^{x^2 y}$ 当 $x = 1, \ y = 1, \Delta x = 0.2, \Delta y = 0.1$ 时的全微分.

3. 求函数 $f(x, y) = x^2 \mathrm{e}^{5y} + y^3 \sin x$ 在点 $(\pi, 0)$ 处的全微分.

4. 设二元函数 $z = x\mathrm{e}^{x+y} + (x + 1)\ln(1 + y)$, 求 $\mathrm{d}z|_{(1,0)}$.

5. 求下列函数的全微分:

(1) $z = \dfrac{x}{y} + \dfrac{x + y}{x - y}$;

(2) $z = \ln(4xy^2 + 3x^2 y^5)$;

(3) $z = \dfrac{y}{\sqrt{x^2 + y^2}} + x^y$;

(4) $u = \mathrm{e}^x(x^2 + y^2 + z^2)$;

(5) $u = \left(\dfrac{y}{x}\right)^{\frac{1}{z}}$;

(6) $u = z\sin(xy^2)$.

6. 已知 $f(x, y) = \sqrt{|xy|}$, 试讨论:

(1) $f(x, y)$ 在 (0, 0) 处的连续性;

(2) $f(x, y)$ 在 (0, 0) 处的两个偏导数是否存在;

(3) $f(x, y)$ 在 (0, 0) 处的可微性.

7. 证明函数

$$f(x, y) = \begin{cases} \dfrac{x^2 y}{x^2 + y^2}, & x^2 + y^2 \neq 0, \\ 0, & x^2 + y^2 = 0 \end{cases}$$

在 (0,0) 点连续且偏导数存在, 但在 (0,0) 点不可微.

B 组

1. 求下列函数的全微分:

(1) $z=\dfrac{1}{\sqrt{6u^2+7v^2}}$; (2) $z=x^y\cdot y^x$;

(3) $z=\mathrm{e}^{-x}\sin\left(\dfrac{x}{y}\right)$; (4) $z=(x+\mathrm{e}^y)^x$.

2. 已知边长为 $x=8$ m 与 $y=6$ m 的矩形, 如果 x 边增加 5 cm 而 y 边减少 10 cm, 问这个矩形的面积的近似变化怎样?

3. 以下结论中, 正确的是 ( ).

A. $f(x,y)$ 在点 (x_0,y_0) 处偏导数存在, 则 $f(x,y)$ 在点 (x_0,y_0) 处连续

B. $f(x,y)$ 在点 (x_0,y_0) 处偏导数存在, 则 $f(x,y)$ 在点 (x_0,y_0) 处可微

C. $f(x,y)$ 在点 (x_0,y_0) 处可微, 则 $f(x,y)$ 在点 (x_0,y_0) 处偏导数存在

D. $f(x,y)$ 在点 (x_0,y_0) 处连续, 则 $f(x,y)$ 在点 (x_0,y_0) 处偏导数存在

4. 二元函数 $z=f(x,y)$ 在点 (x_0,y_0) 处可微的充分条件是 ( ).

A. $f_x(x_0,y_0)$ 及 $f_y(x_0,y_0)$ 均存在

B. $f_x(x,y)$ 及 $f_y(x,y)$ 在点 (x_0,y_0) 的某一邻域内连续

C. 当 $\sqrt{(\Delta x)^2+(\Delta y)^2}\to 0$ 时, $\Delta z-f_x(x_0,y_0)\Delta x-f_y(x_0,y_0)\Delta y$ 是无穷小量

D. 当 $\sqrt{(\Delta x)^2+(\Delta y)^2}\to 0$ 时, $\dfrac{\Delta z-f_x(x_0,y_0)\Delta x-f_y(x_0,y_0)\Delta y}{\sqrt{(\Delta x)^2+(\Delta y)^2}}$ 是无穷小量

5. 设函数

$$f(x,y)=\begin{cases}5xy\sin\dfrac{1}{3x^2+y^2}, & (x,y)\neq(0,0),\\ 0, & (x,y)=(0,0),\end{cases}$$

讨论函数 $f(x,y)$ 在 $(0,0)$ 处的可微性.

6. 证明函数

$$f(x,y)=\begin{cases}\dfrac{6x^4y^2}{(x^2+y^2)^{\frac{5}{2}}}, & (x,y)\neq(0,0),\\ 0, & (x,y)=(0,0)\end{cases}$$

在 $(0,0)$ 处连续且偏导数存在, 但在 $(0,0)$ 处不可微.

2.6 微分学的简单应用

1. 熟悉常见的经济函数, 了解边际的概念;
2. 会求平面曲线的切线方程和法线方程;
3. 了解微分在近似计算中的应用.

2.6.1 边际函数与边际分析

1. 常见的经济函数

1) 需求函数

一种商品的市场需求量 Q 与该商品的价格 p 密切相关, 通常降价使需求量增加, 涨价使需求量减少. 如果不考虑其他因素的影响, 需求量 Q 可以看成是价格 p 的一元函数, 称为**需求函数**, 记作

$$Q = Q(p).$$

一般地, 需求函数为价格 p 的单调减少函数, 如图 2.5 所示.

需求函数 $Q = Q(p)$ 的反函数, 就是**价格函数**, 记作

$$p = p(Q).$$

一般地, 价格函数为需求量 Q 的单调减少函数.

2) 供给函数

一种商品的市场供给量 S 也受商品价格 p 的制约, 价格上涨将刺激生产者向市场提供更多的商品, 使供给量增加; 反之, 价格下跌将使供给量减少. 如果不考虑其他因素的影响, 供给量 S 也可以看成价格 p 的一元函数, 称为**供给函数**, 记作

$$S = S(p).$$

一般地, 供给函数为价格 p 的单调增加函数, 如图 2.6 所示.

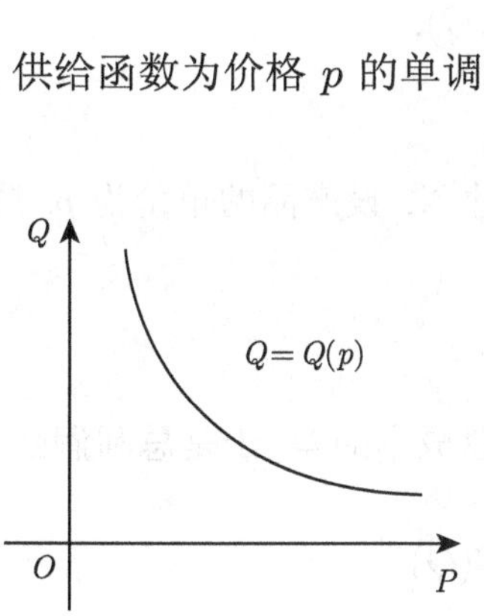

图 2.5

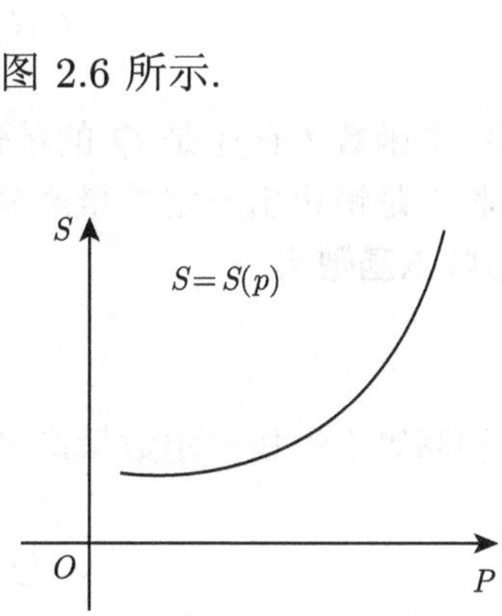

图 2.6

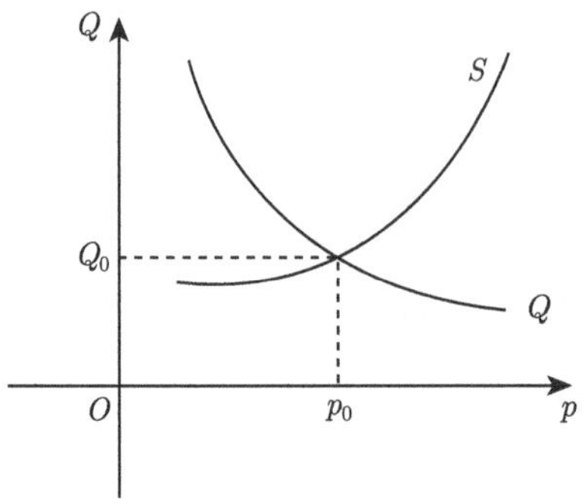

图 2.7

市场上需求量与供给量相等时的价格称为**均衡价格**. 与均衡价格对应的需求量 (或供给量) 称为**均衡商品量**. 如图 2.7 所示, p_0 为均衡价格, Q_0 为均衡商品量.

例 1 某种商品的市场需求函数为 $Q(p)=600-4p$, 供给函数为 $S(p)=-50+2.5p$, 试求均衡价格和均衡需求量.

解 令 $Q(p)=S(p)$, 有

$$600-4p=-50+2.5p,$$

解得

$$p=100.$$

这表明均衡价格 $p_0=100$, 均衡需求量 $Q_0=200$.

3) 成本函数、收入函数和利润函数

在生产和经营产品的活动中, 人们总希望尽可能降低成本、提高收入和增加利润. 而成本 C, 收入 R 和利润 L 这些经济变量都与产品的产量或销售量 Q 密切相关, 它们都可以看成 Q 的函数, 分别称为**总成本函数**, 记为 $C(Q)$; **总收入函数**, 记为 $R(Q)$; **总利润函数**, 记为 $L(Q)$.

一般地, **总成本**由固定成本 C_1 和可变成本 $C_2(Q)$ 两部分组成, 固定成本与产量 Q 无关; 可变成本随产量 Q 的增加而增加. 即

$$C(Q)=C_1+C_2(Q).$$

总成本函数 $C(Q)$ 是 Q 的单调增加函数.

总收入是销售出一定数量产品所得的全部收入. 设产品的单价为 p, 销售量为 Q, 则**总收入函数**为

$$R(Q)=p\cdot Q.$$

总利润等于销售一定数量产品的总收入与总成本的差, 于是**总利润函数**为

$$L(Q)=R(Q)-C(Q).$$

例 2 已知某产品的价格为 p, 需求函数为 $Q=20-2p$, 总成本函数为 $C=10+4Q$, 求产量 Q 为多少时总利润 L 最大? 最大总利润是多少?

解 已知需求函数为

$$Q = 20 - 2p,$$

故价格函数为 $p = 10 - \dfrac{Q}{2}$, 于是总收入函数为

$$R = p \cdot Q = 10Q - \frac{Q^2}{2},$$

这样, 总利润函数为

$$L = R - C = 6Q - \frac{Q^2}{2} - 10 = -\frac{1}{2}(Q-6)^2 + 8.$$

因此 $Q = 6$ 时取得最大总利润, 最大总利润为 8.

2. 边际函数

定义 2.6.1 在经济学中, 可导函数 $y = f(x)$ 的导函数 $y' = f'(x)$ 称为**边际函数**, $f'(x_0)$ 称为 $f(x)$ 在点 x_0 处的**边际函数值**.

具体而言, 总成本函数 $C(Q)$ 的导数 $C'(Q)$ 称为**边际成本**; 总收入函数 $R(Q)$ 的导数 $R'(Q)$ 称为**边际收入**; 总利润函数 $L(Q)$ 的导数 $L'(Q)$ 称为**边际利润**.

在数学中, 比值 $\dfrac{\Delta y}{\Delta x} = \dfrac{f(x_0 + \Delta x) - f(x_0)}{\Delta x}$ 表示 $f(x)$ 在点 x_0 附近 Δx 范围内的平均变化速度. 当 $\Delta x \to 0$ 时, 若该比值的极限存在, 则它的极限 $f'(x_0)$ 表示 $f(x)$ 在点 x_0 处的 (瞬时) 变化速度. 在经济学中, $\dfrac{\Delta y}{\Delta x}$ 表示某种经济量 y 相对于另一种经济量 x 的平均变化速度. 然而实际意义中经济量 y 的自变量 x 往往取值在正整数集, 例如研究以产品的产量为自变量的成本函数时, 其中的产量可能是灯泡数量、电视机台数、小麦的数量 (以斤为单位, 1 斤 = 0.5 kg) 等. 这时 "$\Delta x \to 0$" 的意义只能理解为经济量 x 在 x_0 附近改变了 "一个单位". 当 $x = x_0$, $\Delta x = 1$ 时, 则有

$$\Delta y = \frac{\Delta y}{\Delta x} \approx f'(x_0),$$

而当 $\Delta x = -1$ 时, 标志着 x 由 x_0 减小一个单位, 这时也有类似的结果.

上式说明了边际函数 $f'(x)$ 的含义, 即在 $x = x_0$ 点处, 当 x 产生一个单位的改变时, y 近似改变 $f'(x_0)$ 个单位. 在经济学中解释边际函数值的具体意义时, 人们经常增加了相应的实际意义并略去 "近似" 二字. 例如某产品成本函数

$C=C(Q)$, 其边际成本 $C'(Q)$ 在 $Q=Q_0$ 时的值 $C'(Q_0)$ 表示当产量达到 Q_0 时, 再多生产一个单位产品所增加的成本.

例 3 某商品的需求函数为 $Q=200-3p^2$, 求 $p=4$ 时的边际需求.

解 该商品的边际需求函数为

$$Q'=-6p.$$

当 $p=4$ 时的边际需求为

$$Q'(4)=-6\times 4=-24.$$

上述结果表明: 当价格为 4 时, 价格上涨 (或下降) 1 个单位, 需求量将减少 (或增加) 24 个单位.

2.6.2 平面曲线的切线与法线方程

前面已知, 函数 $y=f(x)$ 在点 x_0 处的导数 $f'(x_0)$ 在几何上表示平面曲线 $y=f(x)$ 在点 $M(x_0,y_0)$ 处的切线的斜率. 如图 2.8 所示.

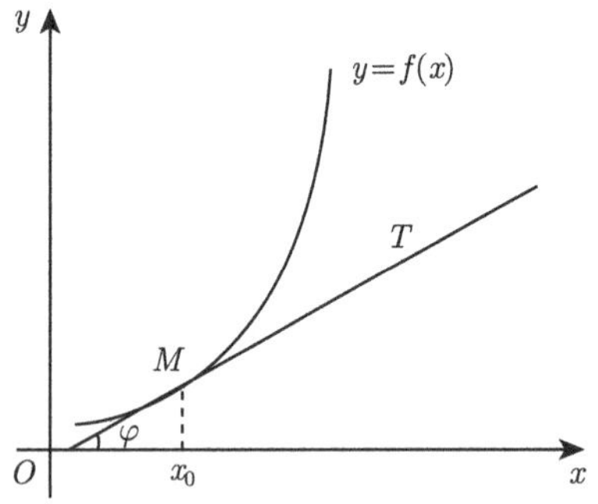

图 2.8

由直线的点斜式方程, 可知曲线 $y=f(x)$ 在 $M(x_0,y_0)$ 处的切线方程为

$$y-y_0=f'(x_0)(x-x_0).$$

过切点 $M(x_0,y_0)$ 且与切线垂直的直线叫做曲线 $y=f(x)$ 在点 M 处的**法线**.

如果 $f'(x_0)\neq 0$, 法线的斜率为$-\dfrac{1}{f'(x_0)}$, 从而法线方程为

$$y-y_0=-\frac{1}{f'(x_0)}(x-x_0).$$

例 4 求曲线 $y=\sin x$ 上点 $\left(\dfrac{\pi}{3},\dfrac{\sqrt{3}}{2}\right)$ 处的切线方程和法线方程.

解 根据导数的几何意义, 所求切线的斜率为

$$y'\big|_{x=\frac{\pi}{3}}=(\sin x)'\big|_{x=\frac{\pi}{3}}=\cos x\big|_{x=\frac{\pi}{3}}=\frac{1}{2},$$

从而所求切线方程为

$$y-\frac{\sqrt{3}}{2}=\frac{1}{2}\left(x-\frac{\pi}{3}\right),$$

即

$$\frac{1}{2}x-y+\frac{\sqrt{3}}{2}-\frac{\pi}{6}=0.$$

所求法线的斜率为

$$k=-\left.\frac{1}{y'}\right|_{x=\frac{\pi}{3}}=-\frac{1}{\frac{1}{2}}=-2,$$

于是所求法线方程为

$$y-\frac{\sqrt{3}}{2}=-2\left(x-\frac{\pi}{3}\right),$$

即

$$2x+y-\left(\frac{\sqrt{3}}{2}+\frac{2\pi}{3}\right)=0.$$

注 (1) 当 $f'(x_0)=0$ 时, 曲线 $y=f(x)$ 在 $M(x_0,y_0)$ 处具有水平切线. 此时, 法线垂直于 x 轴.

例如, 抛物线 $y=x^2$ 在 $O(0,0)$ 处的切线方程与法线方程分别为

$$y=0,\quad x=0.$$

(2) 当 $f'(x_0)$ 为无穷大时, 曲线 $y=f(x)$ 在点 $M(x_0,y_0)$ 处的切线垂直于 x 轴. 此时, 法线平行于 x 轴.

例如, 曲线 $y=\sqrt[3]{x}$ 在点 $O(0,0)$ 处的切线方程与法线方程分别为

$$x=0,\quad y=0.$$

(3) 当 $f'(x_0)$ 不存在 (不为无穷大) 时, 曲线 $y=f(x)$ 在点 $M(x_0,y_0)$ 处没有切线.

例如, 函数 $y=|6x|$ 在点 $x=0$ 处不可导, 所以曲线 $y=|6x|$ 在点 $O(0,0)$ 处没有切线.

2.6.3 近似计算

在工程问题中, 经常会遇到一些复杂的计算公式. 如果直接用这些公式进行计算, 那是很费力的. 利用微分, 则可以用简单的近似公式来代替复杂的计算公式.

一元函数的近似计算 当 $y=f(x)$ 在点 x_0 处的导数 $f'(x_0)\neq 0$, 且 $|\Delta x|$ 很小时, 有

$$\Delta y \approx \mathrm{d}y = f'(x_0)\Delta x.$$

这个式子也可以写为

$$\Delta y = f(x_0+\Delta x) - f(x_0) \approx f'(x_0)\Delta x \tag{2.6.1}$$

或

$$f(x_0+\Delta x) \approx f(x_0) + f'(x_0)\Delta x. \tag{2.6.2}$$

若令 $x=x_0+\Delta x$, $\Delta x = x - x_0$, 则式 (2.6.2) 即为

$$f(x) \approx f(x_0) + f'(x_0)(x-x_0). \tag{2.6.3}$$

式 (2.6.1) 是求函数增量的近似公式, 式 (2.6.2) 和式 (2.6.3) 是求函数值的近似公式.

上面两个近似计算公式, 给近似计算带来了很大的方便.

例 5 计算 $\sqrt{16.01}$ 的近似值.

解 设 $f(x)=\sqrt{x}$, 则 $f'(x)=\dfrac{1}{2\sqrt{x}}$. 取 $x_0=16, \Delta x = 0.01$, 由式 (2.6.2) 得

$$\sqrt{16.01} \approx \sqrt{16} + \frac{1}{2\sqrt{16}} \times 0.01 = 4 + \frac{1}{8} \times 0.01 = 4.00125.$$

例 6 有一批半径为 1 cm 的球, 为了提高球面的光洁度, 要镀上一层铜, 厚度定为 0.01 cm, 试估计每个球需用多少铜 (铜的密度是 8.9 g/cm^3)?

解 已知球体体积为 $V=\dfrac{4}{3}\pi R^3$, R_0=1 cm, ΔR=0.01 cm. 因此镀层的体积

$$\Delta V = V(R_0+\Delta R) - V(R_0) \approx \mathrm{d}V$$

$$\begin{aligned}\mathrm{d}V &= V'(R_0)\cdot\Delta R = 4\pi R_0^2\cdot\Delta R \\ &= 4\times 3.14\times 1^2\times 0.01 = 0.13(\mathrm{cm}^3).\end{aligned}$$

于是镀每个球需用的铜约为

$$0.13 \times 8.9 = 1.16(\text{g}).$$

二元函数的近似计算 由二元函数全微分的定义及关于全微分存在的充分条件可知, 当二元函数 $z = f(x,\ y)$ 的两个偏导数 $f_x(x,y)$, $f_y(x,y)$ 在点 $P(x_0,y_0)$ 连续, 并且 $|\Delta x|$, $|\Delta y|$ 都较小时, 就有近似等式

$$\Delta z \approx \mathrm{d}z = f_x(x_0,y_0)\Delta x + f_y(x_0,y_0)\Delta y, \tag{2.6.4}$$

上式也可以写成

$$f(x_0+\Delta x, y_0+\Delta y) \approx f(x_0,y_0) + f_x(x_0,y_0)\Delta x + f_y(x_0,y_0)\Delta y. \tag{2.6.5}$$

与一元函数的情形相类似, 可以利用式 (2.6.4) 或式 (2.6.5) 对二元函数作近似计算.

若令 $x = x_0 + \Delta x$, $y = y_0 + \Delta y$, 则式 (2.6.5) 即为

$$f(x,y) \approx f(x_0,y_0) + f_x(x_0,y_0)(x-x_0) + f_y(x_0,y_0)(y-y_0). \tag{2.6.6}$$

例 7 计算 $(1.01)^{2.03}$ 的近似值.

解 设函数 $f(x,y) = x^y$, 要计算的值就是函数在 $x = 1.01$, $y = 2.03$ 时的函数值 $f(1.01, 2.03)$.

取 $x_0 = 1$, $y_0 = 2$, $\Delta x = 0.01$, $\Delta y = 0.03$, 由于

$$f_x(x,y) = yx^{y-1}, \quad f_y(x,y) = x^y \ln x,$$

因此

$$f_x(1,2) = 2, \quad f_y(1,2) = 0,$$

又 $f(1,2) = 1$, 所以, 应用公式 (2.6.5) 得

$$(1.01)^{2.03} \approx 1 + 2 \times 0.01 + 0 \times 0.03 = 1.02.$$

例 8 设生产两种产品 A 和 B, 当产量分别为 x 和 y 时的总成本函数为

$$C(x,y) = x^2 + xy + y^2 + 10.$$

当 A 和 B 两产品产量分别为 50 单位和 40 单位时, 产量再各增加 2 个单位, 总成本函数的改变量约为多少?

解 根据式 (2.6.4), 有 $\Delta C \approx \mathrm{d}C$,

$$\begin{aligned}\mathrm{d}C &= \left.\frac{\partial C}{\partial x}\right|_{\substack{x=50\\y=40}} \cdot \Delta x + \left.\frac{\partial C}{\partial y}\right|_{\substack{x=50\\y=40}} \cdot \Delta y \\ &= \left.(2x+y)\right|_{\substack{x=50\\y=40}} \cdot \Delta x + \left.(x+2y)\right|_{\substack{x=50\\y=40}} \cdot \Delta y \\ &= (100+40) \times 2 + (50+80) \times 2 = 540.\end{aligned}$$

即总成本的改变量约为 540 个单位.

2.6.4 实际应用

例 9 东风导弹是中国领土安全的重要保障和强大的国防力量, 其射程可以达到 5500 km 以上, 是当之无愧的国之重器. 在不考虑空气阻力的情况下, 假设其弹道方程为

$$\begin{cases} x = v_0 \cdot t \cdot \cos\theta, \\ y = v_0 \cdot t \cdot \sin\theta - \dfrac{1}{2}gt^2, \end{cases}$$

其中 v_0 是初始速度, θ 是发射角, t 为发射后所用的时间, g 为重力加速度. 试求导弹在 t 时刻的运动方向与水平线之间的夹角 α.

解 显然, 导弹在 t 时刻的运动方向与水平线之间的夹角 α, 就是导弹的运动轨迹在 t 时刻的切线的倾斜角. 由于

$$\tan\alpha = \frac{\mathrm{d}y}{\mathrm{d}x},$$

所以

$$\begin{aligned}\alpha &= \arctan\left(\frac{\mathrm{d}y}{\mathrm{d}x}\right) \\ &= \arctan\left(\frac{(v_0\sin\theta - gt)\mathrm{d}t}{v_0\cos\theta\mathrm{d}t}\right) \\ &= \arctan\left(\frac{v_0\sin\theta - gt}{v_0\cos\theta}\right).\end{aligned}$$

例 10 经过科研人员多年的技术攻关, 中国终于研发出大型客机 C919, 并已成功运营. 它的出现填补了中国在大型客机制造领域的空白. 设飞机在起飞前沿跑道滑行的公式为 $s = 1.11\ t^2$, 其中加速度单位为 $\mathrm{m/s^2}$, s 是从滑行起点开始的距离, t 是从滑行起点开始的时间. 当飞机速度达到 220 km/h 以上的时候, 就可以离地升空飞行. 试问飞机从静止到离地起飞状态时需要多长时间, 并滑行了多少距离?

解 由于速度

$$v = \frac{\mathrm{d}s}{\mathrm{d}t} = \frac{\mathrm{d}}{\mathrm{d}t}(1.11\ t^2) = 2.22\ t,$$

所以, 当飞机速度达到 220 km/h, 也即 220/3.6 (m/s) 时, 就可以升空, 此刻所需要的时间为

$$t = \frac{v}{2.22} = \frac{\frac{220}{3.6}}{2.22} \approx 27.5(\mathrm{s}),$$

所滑行的距离为

$$s = 1.11t^2 = 1.11 \times 27.5^2 \approx 839(\mathrm{m}).$$

习 题 2.6

A 组

1. 求曲线 $y = \sin x$ 上点 $\left(\dfrac{\pi}{6}, \dfrac{1}{2}\right)$ 处的切线方程与法线方程.

2. 曲线 $y = x^{\frac{3}{2}}$ 的通过点 $(0, -4)$ 的切线方程.

3. 求曲线 $y = x^2 + 6x$ 上其切线与直线 $y = 4x$ 平行的点.

4. 设有一无盖圆柱形容器, 容器的壁与底的厚度均为 0.1 cm, 内高为 20 cm, 内半径为 4 cm, 求容器外壳体积的近似值.

5. 利用微分求近似值 ($\ln 2 = 0.693$):

(1) $\mathrm{e}^{1.01}$; (2) $\sqrt[3]{996}$; (3) $\tan 46^\circ$;

(4) $\ln 1.001$; (5) $\sin 29^\circ \tan 46^\circ$; (6) $(1.97)^{1.05}$.

6. 设某产品的成本函数和收入函数分别为

$$C(x) = 100 + 5x + 2x^2, \quad R(x) = 200x + x^2,$$

其中 x 表示产品的产量, 求边际成本函数、边际收入函数、边际利润函数.

7. 设某产品生产 Q 单位的总成本为 $C(Q) = 100 + \dfrac{Q^2}{20}$, 求:

(1) 生产 10 个单位时的总成本和平均成本;

(2) 生产 10 个单位到 20 个单位时总成本的平均变化率;

(3) 生产 10 个单位的边际成本, 并解释其经济意义.

8. 设某产品的价格函数为 $P=20-\dfrac{Q}{3}$, 其中 P 为价格, Q 为销售量, 求销售量为 6 个单位时的总收入、平均收入与边际收入. 并求销售量从 6 个单位增加到 9 个单位时收入的平均变化率.

9. 设某矿每天产量为 x, 总成本函数为

$$C(x)=500+50x+0.01x^2,$$

如果矿石的销售价为 60, 求:

(1) 边际成本函数 $C'(x)$;

(2) 利润函数 $L(x)$ 及边际利润函数 $L'(x)$;

(3) 边际利润为 0 时的产量.

B 组

1. 证明: 双曲线 $xy=a^2$ 上任一点处的切线与两坐标轴构成的三角形的面积都等于 $2a^2$.

2. 求过点 $(2,0)$ 的一条直线, 使它与曲线 $y=\dfrac{1}{x}$ 相切.

3. 在抛物线 $y=x^2$ 上取横坐标为 $x_1=1$ 及 $x_2=3$ 的两点, 作过这两点的割线, 问该抛物线上哪一点的切线平行于这条割线?

4. 为了计算球的体积, 要求相对误差精确到 1%, 求在测量球的直径 l 时, 所允许的最大相对误差是多少?

5. 将函数 $f(x)=\sqrt{1+2x}+\sin x$ 在 $x=0$ 处线性化 (即求其线性近似函数).

6. 将函数 $y=\ln x+\mathrm{e}^x+\sin x$ 的反函数 $x=f^{-1}(y)$ 的导数.

7. 某工厂对其产品的情况进行了大量统计分析后, 得出总利润 $L(Q)$ 与每月产量 Q 的关系为 $L(Q)=250Q-5Q^2$, 试确定每月生产量为 20, 25, 35 的边际利润, 并作出相应的经济解释.

本章内容小结

本章的主要内容有

(1) 一元函数导数的定义; 可导与连续的关系; 基本求导法则; 初等函数的导数.

(2) 一元函数微分的定义及计算; 可微与可导的关系.

(3) 反函数与复合函数的求导法则.

(4) 多元函数偏导数的定义及计算.

(5) 多元函数全微分的定义及计算; 全微分与偏导数的关系.

(6) 边际函数的计算; 平面曲线的切线方程与法线方程; 函数微分在近似计算中的应用.

学习中要注意的几点

(1) 导数是微积分的核心内容之一, 任何事物的**变化率**都可以用导数来描述.

(2) 要熟练掌握一元函数的求导方法.

(3) 利用一元函数的求导方法可求出多元函数的各个偏导数.

边际分析法

第 3 章　一元函数积分学基础

尽管在前一章学习了函数的微分, 但积分学的出现却比微分学早得多, 在古希腊数学中, 就已经有了积分思想的萌芽. 积分学作为微积分的一个极其重要组成部分, 在高等数学中占有极为重要的地位, 在物理、几何、经济、生活等诸多领域中都有着非常广泛的应用.

本章首先以几何和经济学中的典型问题为背景引入定积分的定义, 然后引入原函数与不定积分, 进而说明定积分与不定积分之间的密切联系, 最后介绍定积分在几何和经济上的应用.

3.1　积分学的基本概念

1. 理解定积分的概念, 掌握定积分的几何意义;
2. 理解原函数和不定积分的概念, 了解定积分与不定积分的联系;
3. 明白科学探究、探索对于学习的重要性.

3.1.1　定积分的概念

在中学数学的学习过程中, 同学们已经掌握了矩形、三角形、平行四边形和梯形等 "直边多边形" 面积的计算公式. 但是, 如图 3.1 所示, 如何计算其阴影部分的面积呢? 要想解决这个问题, 同学们就需要借助极限理论来学习定积分的相关理论知识.

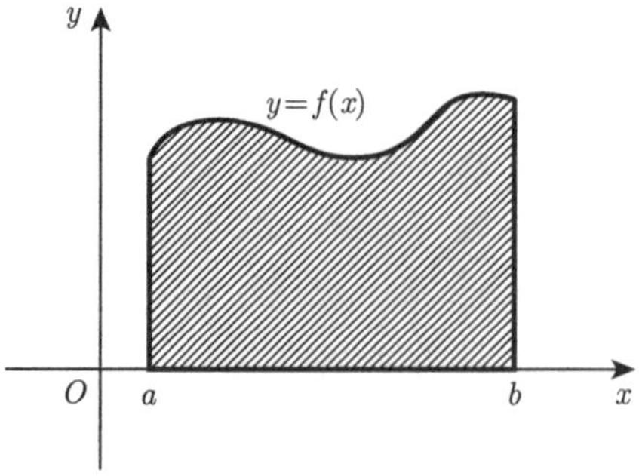

图 3.1

1. 问题的引出

引例 3.1.1 (面积问题) 设 $y=f(x)$ 在区间 $[a,b]$ 上非负、连续. 由直线 $x=a$, $x=b$, $y=0$ 及曲线 $y=f(x)$ 所围成的图形 (图 3.1) 称为**曲边梯形**, 其中曲线弧称为**曲边**. 求此曲边梯形的面积 A.

当 "曲边" 为 "直线段" 时, 此时曲边梯形变成了直边梯形, 如图 3.2 所示, 则梯形的面积 A 的计算公式为

$$A=\frac{f(a)+f(b)}{2}(b-a).$$

此外, 由初等几何知识可知, 梯形的面积 A 也可以由如下公式计算:

$$A=f\left(\frac{a+b}{2}\right)(b-a),$$

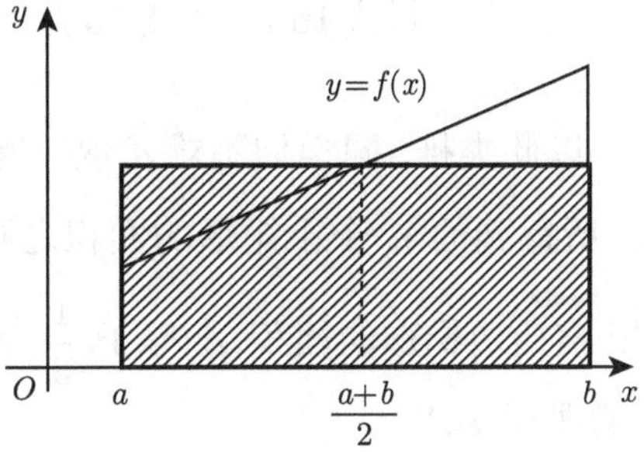

图 3.2

这就表明梯形的面积 A 与图 3.2 中阴影部分的矩形面积相等, 其中矩形底边长为 $b-a$, 高为 $f\left(\dfrac{a+b}{2}\right)$.

由此人们可以看到, **直边梯形的面积可以用矩形的面积来表示**. 那么对于一般地曲边梯形是否也存在如此类似的结论呢?

为此, 请大家探究一下如下具体情形: 计算抛物线 $y=x^2$ 与直线 $x=1$ 及 $y=0$ 所围成的曲边梯形的面积 A.

图 3.3(a) 表示以 $[0,1]$ 为底, 区间中点的函数值为高的矩形面积 A_1 为

$$A_1=f\left(\frac{1}{2}\right)\times 1=\frac{1}{4}=0.25000.$$

将 $[0,1]$ 分成 2 等份, 如图 3.3(b) 所示, 分别以 $\left[0,\dfrac{1}{2}\right]$, $\left[\dfrac{1}{2},1\right]$ 为底, 小区间的中点 $\dfrac{1}{4},\dfrac{3}{4}$ 的函数值为高的 2 个小矩形面积之和 A_2 为

$$A_2=f\left(\frac{1}{4}\right)\times\frac{1}{2}+f\left(\frac{3}{4}\right)\times\frac{1}{2}=\frac{5}{16}=0.31250.$$

类似地, 将 $[0,1]$ 分成 4 等份, 如图 3.3(c) 所示, 分别以 $\left[0,\dfrac{1}{4}\right]$, $\left[\dfrac{1}{4},\dfrac{1}{2}\right]$, $\left[\dfrac{1}{2},\dfrac{3}{4}\right]$, $\left[\dfrac{3}{4},1\right]$ 为底, 小区间的中点 $\dfrac{1}{8},\dfrac{3}{8},\dfrac{5}{8},\dfrac{7}{8}$ 的函数值为高的 4 个小矩形面积之和 A_4

为

$$A_4=\left[f\left(\frac{1}{8}\right)+f\left(\frac{3}{8}\right)+f\left(\frac{5}{8}\right)+f\left(\frac{7}{8}\right)\right]\times\frac{1}{4}=\frac{21}{64}=0.32813.$$

当进一步将 $[0,1]$ 分成 8 等份时, 得到 8 个小矩形面积之和 A_8 为

$$A_8=\left[f\left(\frac{1}{16}\right)+f\left(\frac{3}{16}\right)+\cdots+f\left(\frac{15}{16}\right)\right]\times\frac{1}{8}=\frac{85}{256}=0.33203.$$

……

以此类推, 同学们不难发现: 当区间 $[0,1]$ 分割成 n 等份时, 随着 n 无限增大, 所得到的 n 个小矩形的面积之和 A_n 似乎可以无限接近 $\frac{1}{3}$. 因此是否可以猜测: 该曲边梯形的面积 A 等于 $\frac{1}{3}$. 或者说, 当 $n\to\infty$ 时, A_n 的极限等于曲边梯形的面积 A.

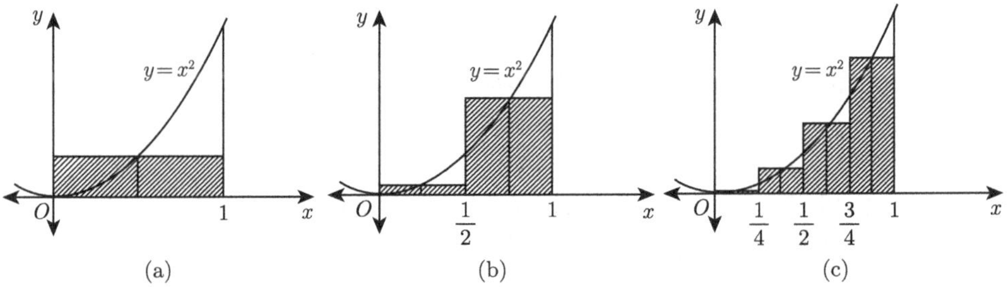

图 3.3

大家注意到此处的小矩形都是以小区间的长度为底, 以对应小区间中点的函数值为高. 为了更进一步验证上述猜测的正确性, 可以考虑上述小矩形的高不取中点的函数值, 接下来, 分别都以小区间左、右两个端点的函数值为高, 计算 n 个小矩形面积之和 A_n. 具体计算结果如下.

将区间 $[0,1]$ 分割成 n 等份, 得到 n 个小区间:

$$[x_0,x_1],[x_1,x_2],[x_2,x_3],\cdots,[x_{n-1},x_n]$$

其中节点 $x_i=\frac{i}{n}\,(i=0,1,2,\cdots,n)$, 每个小区间 $[x_{i-1},x_i]$ 的长度

$$\Delta x_i=x_i-x_{i-1}\quad(i=1,2,\cdots,n),$$

因此, 以左端点函数值为高的 n 个小矩形的面积之和为

$$A_n=\sum_{i=1}^{n}f(x_{i-1})\Delta x_i=\frac{1}{n^3}(1^2+2^2+\cdots+(n-1)^2)=\frac{n(n-1)(2n-1)}{6n^3};$$

以右端点函数值为高的 n 个小矩形的面积之和为

$$B_n=\sum_{i=1}^{n} f(x_i)\Delta x_i=\frac{1}{n^3}(1^2+2^2+\cdots+n^2)=\frac{n(n+1)(2n+1)}{6n^3}.$$

求极限可得

$$\lim_{n\to\infty} A_n=\lim_{n\to\infty}\frac{n(n-1)(2n-1)}{6n^3}=\frac{1}{3};\quad \lim_{n\to\infty} B_n=\lim_{n\to\infty}\frac{n(n+1)(2n+1)}{6n^3}=\frac{1}{3}.$$

此外, 由表 3.1 也可以观察到: 随着 n 无限增大, 此时不论小矩形的高是选左端点还是右端点的值, n 个小矩形面积之和都会无限地接近 $\frac{1}{3}$, 这表明曲边梯形的面积等于 $\frac{1}{3}$.

表 3.1

区间 $[0,1]$ 的等分数 n	A_n	B_n
2	0.12500000	0.62500000
4	0.21875000	0.46875000
8	0.27343750	0.39843750
16	0.30273438	0.36523438
32	0.31787109	0.34912109
64	0.32556152	0.34118652
128	0.32943726	0.33724976
256	0.33138275	0.33528900
512	0.33235741	0.33431053
1024	0.33284521	0.333 82177
$\cdots$	$\cdots$	$\cdots$

事实上, 记 $\lambda=\max\limits_{1\leqslant i\leqslant n}\{\Delta x_i\}$, 当每个小区间的长度都趋于零时, 即 $\lambda\to 0$, 那么 n 个小矩形面积之和 A_n 的极限都等于曲边梯形的面积 A. 即

$$A=\lim_{\lambda\to 0} A_n=\lim_{\lambda\to 0}\sum_{i=1}^{n} f(\xi_i)\Delta x_i.$$

引例 3.1.2 (经济问题) 设某产品的总产量 Q 是时间 t 的连续函数, 生产率 (总产量对时间的变化率) 为 $q(t)$, 求从 $t=T_0$ 到 $t=T_1$ 这段时间的产量 Q.

当 $q(t)$ 恒为常数 C 时, 即 $q(t)\equiv C$, 有

$$Q=k(T_1-T_0).$$

当 $q(t)$ 为变量时, 与引例 3.1.1 同理, 求解可按下列步骤进行.

(1) 分割.

在区间 $[T_0, T_1]$ 上任意的插入 $n-1$ 个分割点

$$T_0 = t_0 < t_1 < t_2 < \cdots < t_n = T_1,$$

将 $[T_0, T_1]$ 分成 n 个小区间:

$$[t_0, t_1], [t_1, t_2], \cdots, [t_{n-1}, t_n],$$

记第 i 个区间为 $[t_{i-1}, t_i](i = 1, 2, 3, \cdots, n)$, 其区间长度为 $\Delta t_i = t_i - t_{i-1}$.

(2) 近似代替.

将区间 $[t_0, t_1], [t_1, t_2], \cdots, [t_{n-1}, t_n]$ 上的产量依次记为

$$\Delta Q_1, \Delta Q_2, \cdots, \Delta Q_n,$$

从而有

$$Q = \sum_{i=1}^{n} \Delta Q_i.$$

任意取一点 $\tau_i \in [t_{i-1}, t_i](i = 1, 2, 3, \cdots, n)$, 以此时刻的生产率为 $q(\tau_i)$ 近似代替产品在区间 $[t_{i-1}, t_i]$ 上各个时刻的生产率, 可以得到 ΔQ_i 的近似值, 即

$$\Delta Q_i \approx q(\tau_i)\Delta t_i, \quad i = 1, 2, 3, \cdots, n.$$

(3) 求和.

将上述 n 个小区间上产量 ΔQ_i $(i = 1, 2, 3, \cdots, n)$ 的近似值求和, 可得

$$Q_n = \sum_{i=1}^{n} q(\tau_i)\Delta t_i,$$

则 Q_n 为总产量 Q 的近似值, 即

$$Q = \sum_{i=1}^{n} \Delta Q_i \approx \sum_{i=1}^{n} q(\tau_i)\Delta t_i.$$

(4) 取极限.

记 $\lambda = \max\limits_{1 \leqslant i \leqslant n} \{\Delta t_i\}$, 当每个小区间的长度都趋于零时, 即 $\lambda \to 0$, 上述和式的极限存在, 那么该极限就等于在 $[T_0, T_1]$ 上产品的总产量 Q, 即

$$Q = \lim_{\lambda \to 0} \sum_{i=1}^{n} q(\tau_i) \Delta t_i.$$

如图 3.4 所示, Q_n 的几何意义就是图中阴影部分所有小矩形面积之和, 其极限 Q 就是由直线 $t = T_0, t = T_1, q = 0$ 及 $q = q(t)$ 所围成的曲边梯形的面积. 这就意味着引例 3.1.2 与引例 3.1.1 所求的量在本质上都是一致的.

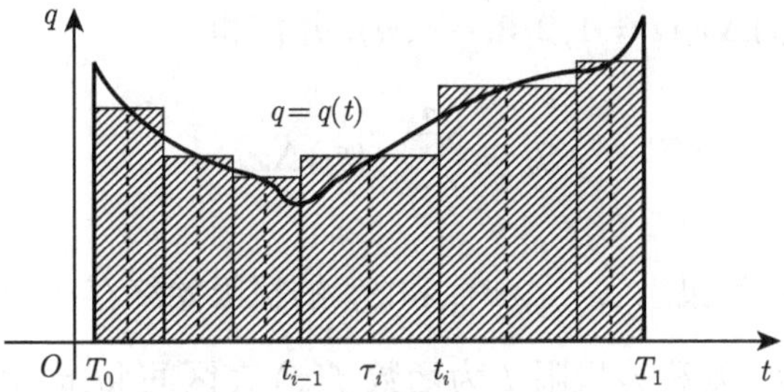

图 3.4

2. 定积分的定义

从上述求曲边梯形的面积和求总产量的引例中, 人们不难发现, 虽然以上两个引例实际背景完全不同, 前者为几何量, 后者为经济量, 但解决问题的思维方式都是一样的. 即都可以通过分割、近似代替、求和、取极限得到, 且都归结成求"和式极限".

曲边梯形的面积

$$A = \lim_{\lambda \to 0} \sum_{i=1}^{n} f(\xi_i) \Delta x_i;$$

产品的总产量

$$Q = \lim_{\lambda \to 0} \sum_{i=1}^{n} q(\tau_i) \Delta t_i.$$

事实上, 许多问题都可以归结为求这种特定和式的极限, 如旋转体体积、变力做功、曲线长度、边际总量等. 一般地, 抛开问题背景的实际意义, 把握住问题的本质及其数量关系, 因此人们给出如下定积分的定义.

定义 3.1.1 设函数 $f(x)$ 在区间 $[a, b]$ 上有界, 在 $[a, b]$ 中任意插入 $n-1$ 个分点

$$a = x_0 < x_1 < x_2 < \cdots < x_n = b,$$

把区间 $[a,b]$ 分割成 n 个小区间

$$[x_0,x_1],[x_1,x_2],\cdots,[x_{n-1},x_n].$$

对应区间的长度依次为

$$\Delta x_1=x_1-x_0,\ \Delta x_2=x_2-x_1,\ \cdots,\ \Delta x_n=x_n-x_{n-1},$$

在每个小区间 $[x_{i-1},x_i]$ 上任意取一点 $\xi_i\in[x_{i-1},x_i]$, 作函数值 $f(\xi_i)$ 与小区间长度 Δx_i 的乘积 $f(\xi_i)\Delta x_i(i=1,2,3,\cdots,n)$, 并作和

$$S_n=\sum_{i=1}^{n}f(\xi_i)\Delta x_i.$$

记 $\lambda=\max\limits_{1\leqslant i\leqslant n}\{\Delta x_i\}$, 如果当 $\lambda\to 0$ 时, 和 S_n 的极限始终存在, 且与闭区间 $[a,b]$ 的分法、ξ_i 的取法无关, 则称该极限 I 为函数 $f(x)$ 在区间 $[a,b]$ 上的**定积分** (definite integral), 记为 $\int_a^b f(x)\mathrm{d}x$, 即

$$\int_a^b f(x)\mathrm{d}x=\lim_{\lambda\to 0}\sum_{i=1}^{n}f(\xi_i)\Delta x_i,$$

其中, $f(x)$ 称为**被积函数**, $f(x)\mathrm{d}x$ 称为**被积表达式**, x 称为**积分变量**, a,b 分别称为**积分下限**和**积分上限**, $[a,b]$ 称为**积分区间**.

如果函数 $f(x)$ 在 $[a,b]$ 上的定积分存在, 则称函数 $f(x)$ 在 $[a,b]$ 上**可积**.

根据定积分的概念, 前面所讨论的两个实际问题都可以用定积分来表示.

曲边梯形的面积: $A=\int_a^b f(x)\mathrm{d}x$.

产品的总产量: $Q=\int_{T_0}^{T} q(t)\mathrm{d}t$.

注 和式 $\sum\limits_{i=1}^{n}f(\xi_i)\Delta x_i$ 通常称为函数 $f(x)$ 的**积分和**. 当 $\sum\limits_{i=1}^{n}f(\xi_i)\Delta x_i$ 的极限存在时, 其极限 I 只与被积函数 f 和积分区间 $[a,b]$ 有关, 而与积分变量的符号无关, 即将积分变量 x 改成其他的字母, 如 t 或 u, 而被积函数 f 和积分区间 $[a,b]$ 不变, 那么此时积分和的极限 I 也不变, 也就是定积分的值不变, 即

$$\int_a^b f(x)\mathrm{d}x=\int_a^b f(t)\mathrm{d}t=\int_a^b f(u)\mathrm{d}u.$$

为了方便计算及其应用, 对定积分作出如下**补充规定**:

(1) 当 $a=b$ 时, $\int_a^b f(x)\mathrm{d}x=0$;

(2) 当 $a>b$ 时, $\int_a^b f(x)\mathrm{d}x=-\int_b^a f(x)\mathrm{d}x$.

此外, 还有一个十分重要问题: 当函数 $f(x)$ 满足什么条件时, 函数在区间 $f(x)$ 上可积? 为此, 下面不加证明地给出函数 $f(x)$ 可积的充分条件.

定理 3.1.1 设函数 $f(x)$ 在区间 $[a,b]$ 上连续, 则函数 $f(x)$ 在 $[a,b]$ 上可积.

定理 3.1.2 设函数 $f(x)$ 在区间 $[a,b]$ 上分段连续, 且只有有限个第一类间断点时, 则函数 $f(x)$ 在 $[a,b]$ 上可积.

注 根据上述定理可知: 任意初等函数 $f(x)$ 在其定义区间 $[a,b]$ 上都是可积的.

例 1 利用定积分的定义, 计算 $\int_0^1\left(x^2+1\right)\mathrm{d}x$.

解 因为函数 $f(x)=x^2+1$ 为初等函数, 所以 $f(x)$ 在区间 $[0,1]$ 上可积. 故定积分的值与区间 $[0,1]$ 的分法及点 ξ_i 的取法无关. 因此可按下列步骤进行求解.

(1) 分割: 把区间 $[0,1]$ 等分成 n 个小区间 $\left[\frac{i-1}{n},\frac{i}{n}\right]$ $(i=1,2,\cdots,n)$, 每个小区间的长度为 $\Delta x_i=\frac{1}{n}$.

(2) 近似代替并作和: 取 $\xi_i=\frac{i}{n}(i=1,2,\cdots,n)$, 因为

$$\sum_{i=1}^{n} i^2=\frac{1}{6}n(n+1)(2n+1),$$

于是

$$\begin{aligned}\sum_{i=1}^{n} f(\xi_i)\Delta x_i&=\sum_{i=1}^{n}\left(\xi_i^2+1\right)\frac{1}{n}=\sum_{i=1}^{n}\left(\left(\frac{i}{n}\right)^2+1\right)\frac{1}{n}\\&=\frac{1}{n^3}\sum_{i=1}^{n} i^2+1=\frac{1}{6}\left(1+\frac{1}{n}\right)\left(2+\frac{1}{n}\right)+1.\end{aligned}$$

(3) 取极限: 由 $\lambda=\max\limits_{1\leqslant i\leqslant n}\{\Delta x_i\}\equiv\frac{1}{n}$, 故当 $\lambda\to 0$ 时, 有 $n\to\infty$, 所以

$$\int_0^1\left(x^2+1\right)\mathrm{d}x=\lim_{\lambda\to 0}\sum_{i=1}^{n} f(\xi_i)\Delta x_i$$

$$= \lim_{n\to\infty}\left[\frac{1}{6}\left(1+\frac{1}{n}\right)\left(2+\frac{1}{n}\right)+1\right]=\frac{4}{3}.$$

例 2　试将和式的极限 $\lim\limits_{n\to\infty}\left(\dfrac{1}{n+1}+\dfrac{1}{n+2}+\cdots+\dfrac{1}{n+n}\right)$ 表示成定积分.

解　由于

$$\begin{aligned}
&\lim_{n\to\infty}\left(\frac{1}{n+1}+\frac{1}{n+2}+\cdots+\frac{1}{n+n}\right)\\
&=\lim_{n\to\infty}\frac{1}{n}\left(\frac{1}{1+\frac{1}{n}}+\frac{1}{1+\frac{2}{n}}+\cdots+\frac{1}{1+\frac{n}{n}}\right)\\
&=\lim_{n\to\infty}\sum_{i=1}^{n}\frac{1}{1+\frac{i}{n}}\cdot\frac{1}{n}.
\end{aligned}$$

所以, 题目中的和式可以视为定义在区间 $[0,1]$ 上的函数 $f(x)=\dfrac{1}{1+x}$ 的积分和, 此时只需将区间 $[0,1]$ 分成 n 等份并选取 $\xi_i=\dfrac{i}{n}$ 即可. 由于函数 $f(x)$ 在 $[0,1]$ 上连续, 则函数 $f(x)$ 可积. 所以

$$\lim_{n\to\infty}\left(\frac{1}{n+1}+\frac{1}{n+2}+\cdots+\frac{1}{n+n}\right)=\lim_{n\to\infty}\sum_{i=1}^{n}\frac{1}{1+\frac{i}{n}}\cdot\frac{1}{n}=\int_0^1\frac{1}{1+x}\mathrm{d}x.$$

3. 定积分的几何意义

从前面的两个实例中, 人们不难发现, 若在区间 $[a,b]$ 上 $f(x)\geqslant 0$, 则定积分 $\int_a^b f(x)\mathrm{d}x$ 表示直线 $x=a, x=b, y=0$ 及曲线 $y=f(x)$ 所围成的曲边梯形的面积 A.

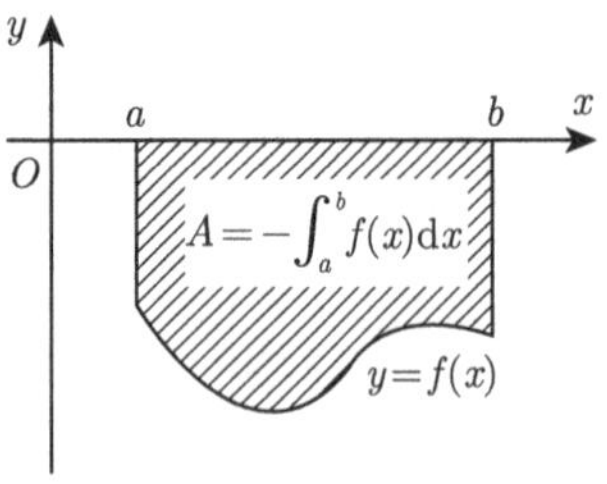

图 3.5

而从图 3.5 中可以看出, 当 $f(x)\leqslant 0$ 时, 此时由曲线 $y=f(x)$, 直线 $x=a$, $x=b$, $y=0$ 所围成的曲边梯形位于 x 轴的下方, 则定积分 $\int_a^b f(x)\mathrm{d}x$ 的几何意义是表示上述曲边梯形面积的相反数, 即 $\int_a^b f(x)\mathrm{d}x=-A$.

类似地, 当函数 $f(x)$ 既有正又有负时, 如图 3.6 所示, 则定积分 $\int_a^b f(x)\mathrm{d}x$ 在几何上表示介于曲线 $y=f(x)$, 直线 $x=a$, $x=b$, $y=0$ 之间各部分曲边梯形面积的代数和, 且位于 x 轴上方部分面积取正, 位于 x 轴下方部分面积取负. 即

$$\int_a^b f(x)\mathrm{d}x = A_1 - A_2 + A_3 - A_4 + A_5.$$

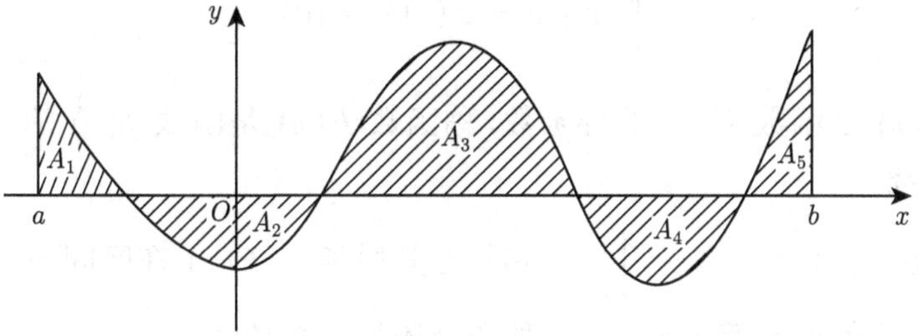

图 3.6

例 3 利用定积分的几何意义计算 $\int_{-\pi}^{\pi} \sin x \mathrm{d}x$.

解 如图 3.7 所示, 由于函数 $f(x)=\sin x$ 在 $[-\pi,\pi]$ 上是奇函数, 故由函数和 x 轴所围成的左右两块图形的面积相等, 且一块在上半平面, 一块在下半平面, 故

$$\int_{-\pi}^{\pi} \sin x \mathrm{d}x = S_2 - S_1 = 0.$$

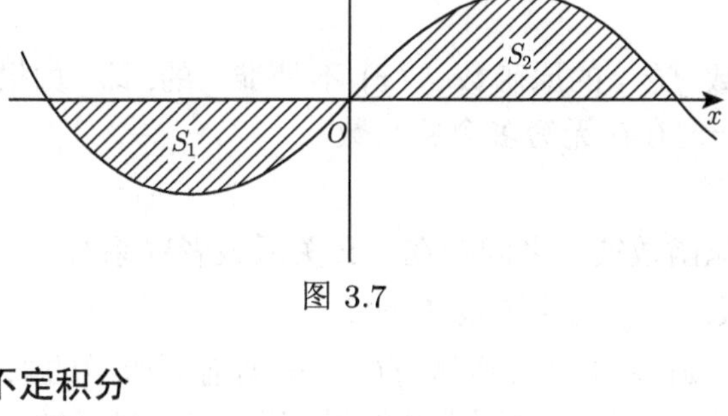

图 3.7

3.1.2 原函数与不定积分

由前面引例可知

$$\int_0^1 x^2 \mathrm{d}x = \frac{1}{3}.$$

记 $f(x)=x^2, F(x)=\frac{1}{3}x^3$, 则有 $F'(x)=f(x)$, 且函数 $F(x)$ 在区间 $[0,1]$ 的增量为

$$F(1)-F(0)=\frac{1}{3}\times 1^3-0=\frac{1}{3},$$

即

$$\int_0^1 x^2\mathrm{d}x=F(1)-F(0).$$

这里函数 $f(x)$ 是函数 $F(x)$ 的导函数, 称函数 $F(x)$ 是函数 $f(x)$ 的一个原函数.

问题探究

(1) 函数 $f(x)$ 的定积分 $\int_a^b f(x)\mathrm{d}x$ 与其原函数 $F(x)$ 在区间 $[a,b]$ 上的增量 $F(b)-F(a)$ 之间的相等关系: 是一种巧合还是一种必然?

(2) 函数 $F(x)$ 的导函数 $f(x)$ 是唯一确定的, 请问函数 $f(x)$ 的原函数 $F(x)$ 是否也唯一确定?

请同学们先思考第二个问题, 利用常数的导数等于零和导数的运算法则, 计算下列函数的导数:

$$\left(\frac{1}{3}x^3+1\right)'=?, \left(\frac{1}{3}x^3+2\right)'=?, \cdots$$

根据求导法则及常数的导数恒等于零可知

$$\left(\frac{1}{3}x^3+1\right)'=\left(\frac{1}{3}x^3+2\right)'=\cdots=\left(\frac{1}{3}x^3+C\right)'=x^2 \quad (C\text{ 为任意常数}).$$

由此可得, 函数 $f(x)$ 的原函数 $F(x)$ 不是唯一的, 即: 如果函数 $f(x)$ 的原函数 $F(x)$ 存在, 则一定存在无穷多个原函数.

问题探究

(1) 无穷多的原函数彼此之间存在什么关系或者联系?

(2) 怎样求函数 $f(x)$ 的原函数 $F(x)$?

已知原函数 $F(x)$ 去求其导函数 $f(x)$, 根据前面所学的求导法则即可. 如果将这一求解过程理解为: 知道原因求其结果, 那么已知导函数 $f(x)$ 去求其原函数 $F(x)$, 即知道结果求其原因. 可想而知, 后者的难度系数明显增加了.

人们称已知导函数求原函数的运算为**不定积分**, 为此先学习以下概念.

1. 原函数的概念

定义 3.1.2 设函数 $F(x)$ 在区间 I 上可导, 且对任意的 $x \in I$ 都有

$$F'(x) = f(x) \quad \text{或} \quad \mathrm{d}F(x) = f(x)\mathrm{d}x,$$

则称函数 $F(x)$ 是 $f(x)$ 在区间 I 上的一个**原函数** (primitive function).

例如, 在区间 $(-1, 1)$ 内, 设

$$F(x) = \arcsin x, \quad G(x) = -\arccos x, \quad f(x) = \frac{1}{\sqrt{1-x^2}},$$

因为

$$F'(x) = G'(x) = f(x) = \frac{1}{\sqrt{1-x^2}},$$

所以函数 $F(x)$ 和 $G(x)$ 都是函数 $f(x)$ 在区间 $(-1, 1)$ 内的一个原函数.

更为一般地, 对于任意常数 C, 下列等式

$$(F(x) + C)' = (G(x) + C)' = F'(x)$$

恒成立, 因此 $F(x) + C$ 和 $G(x) + C$ 也都是 $f(x)$ 在区间 $(-1, 1)$ 内的原函数.

上述讨论过程带给同学们这样的问题: 函数 $f(x)$ 的原函数彼此之间除了相差一个常数 C 之外, 是否还有其他的不一样?

下面的定理可以回答上述问题.

定理 3.1.3 若 $F(x)$ 是 $f(x)$ 在区间 I 上的一个原函数, 则 $F(x) + C$ (C 为任意常数) 也是 $f(x)$ 在区间 I 上的原函数, 且 $F(x) + C$ 是 $f(x)$ 在区间 I 上的全体原函数 .

证 由于 $F'(x) = f(x)$, 又 $(F(x) + C)' = F'(x) = f(x)$, 所以 $F(x) + C$ 是 $f(x)$ 的原函数.

设 $G(x)$ 为 $f(x)$ 在区间 I 上的任意一个原函数, 故 $G'(x) = f(x)$, 又

$$(G(x) - F(x))' = G'(x) - F'(x) = 0,$$

所以, $G(x) - F(x) = C$, 即 $G(x) = F(x) + C$ (其中 C 为任意常数).

定理 3.1.3 表明, 函数 $f(x)$ 在区间 I 上的任何两个原函数之间只相差一个常数. 这就意味着, $f(x) = \dfrac{1}{\sqrt{1-x^2}}$ 的原函数 $F(x) = \arcsin x$ 和 $G(x) = -\arccos x$ 之间也只相差一个常数, 那么这个常数是多少呢? 根据第 1 章中的等式

$$\arcsin x + \arccos x = \frac{\pi}{2},$$

可知

$$\arcsin x = -\arccos x + \frac{\pi}{2}, \quad \text{即} \quad F(x) = G(x) + C.$$

因此, 求函数 $f(x)$ 的全体原函数, 关键是找到其中一个原函数 $F(x)$, 哪怕它是最特殊的.

问题探究

当函数 $f(x)$ 满足什么条件时, 函数 $f(x)$ 的原函数存在?

下面仅给出一个与之相关的重要定理, 其证明过程安排在后面章节中.

定理 3.1.4 (原函数存在定理)　若函数 $f(x)$ 在区间 I 上连续, 则它在该区间上存在原函数 $F(x)$.

简单地说就是: **连续函数一定有原函数**.

2. 不定积分的概念

定义 3.1.3　函数 $f(x)$ 在区间 I 上的原函数的全体 $F(x)+C$, 称为 $f(x)$ 在区间 I 上的**不定积分** (indefinite integral), 记作 $\int f(x)\mathrm{d}x$, 即

$$\int f(x)\mathrm{d}x = F(x) + C.$$

其中符号 $\int$ 称为**积分号**, x 称为**积分变量**, $f(x)$ 称为**被积函数**, $f(x)\mathrm{d}x$ 称为**被积表达式**.

注　定积分与不定积分记号的比较: 不定积分中的符号在定积分中都有; 不定积分没有积分上、下限, 却蕴含着一个任意常数 C , 这就是定积分之前加“不”的原因之一. 但是, 它们之间最大的不同之处是: **定积分是一个常数, 不定积分是一类函数族 (全体原函数)**.

由定义 3.1.3 可知, 求不定积分与求函数的导数或微分互为逆运算, 即有下列关系式:

$$\frac{\mathrm{d}}{\mathrm{d}x}\left[\int f(x)\mathrm{d}x\right] = f(x) \quad \text{或} \quad \mathrm{d}\left[\int f(x)\mathrm{d}x\right] = f(x)\mathrm{d}x;$$

$$\int F'(x)\mathrm{d}x = F(x) + C \quad \text{或} \quad \int \mathrm{d}F(x) = F(x) + C.$$

例 4　求 $\int x^2\mathrm{d}x$.

解 由于 $\left(\frac{1}{3}x^3\right)' = x^2$, 所以 $\frac{x^3}{3}$ 是 x^2 的一个原函数. 因此

$$\int x^2 \mathrm{d}x = \frac{1}{3}x^3 + C.$$

一般地, 当 $\alpha \neq -1$ 时, 由于 $\left(\frac{1}{\alpha+1}x^{\alpha+1}\right)' = x^\alpha$, 于是有

$$\int x^\alpha \mathrm{d}x = \frac{1}{\alpha+1}x^{\alpha+1} + C \quad (\alpha \neq -1).$$

例 5 求 $\int \frac{1}{x}\mathrm{d}x$.

解 当 $x > 0$ 时, 因为 $(\ln x)' = \frac{1}{x}$, 所以

$$\int \frac{1}{x}\mathrm{d}x = \ln x + C;$$

当 $x < 0$ 时, 因为 $[\ln(-x)]' = \frac{1}{-x}(-x)' = \frac{1}{x}$, 所以

$$\int \frac{1}{x}\mathrm{d}x = \ln(-x) + C.$$

结合 $x > 0$ 与 $x < 0$ 的结果, 有

$$\int \frac{1}{x}\mathrm{d}x = \ln|x| + C.$$

例 6 设曲线 $y = f(x)$ 在任意点 $(x, f(x))$ 处的斜率为 $k = x^2$, 且通过点 $(0,1)$, 求该曲线方程.

解 由已知条件可知, 曲线上任意一点 (x, y) 处的斜率为

$$f'(x) = x^2,$$

即 $f(x)$ 为 x^2 的一个原函数.

因为 $\int x^2 \mathrm{d}x = \frac{1}{3}x^3 + C$, 即曲线方程为 $y = \frac{1}{3}x^3 + C$. 又所求曲线通过点 $(0,1)$, 故

$$0 + C = 1, \quad C = 1.$$

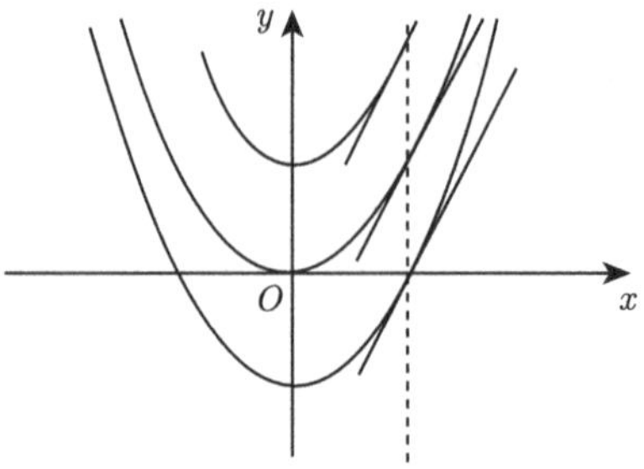

图 3.8

于是所求曲线的方程为 $y=\frac{1}{3}x^3+1$.

从几何意义上看, 求函数 $f(x)$ 的原函数, 就是已知曲线在每一点处切线的斜率 $f(x)$, 求该曲线方程. 因此, 函数 $f(x)$ 的不定积分 $\int f(x)\mathrm{d}x$ 所表示的是**积分曲线族**. 该曲线族可以由其中的任意一条曲线沿着 y 轴上下平行移动而得到 (图 3.8).

3. 基本积分公式

因为积分运算是微分运算的逆运算, 所以可以从微分公式中得到相应的积分公式. 这里, 为方便同学们学习, 列出一些常用的积分公式, 称为**基本积分公式**.

(1) $\int k\mathrm{d}x=kx+C$ (k 是常数);　　(2) $\int x^\mu\mathrm{d}x=\frac{x^{\mu+1}}{1+\mu}+C\,(\mu\neq-1)$;

(3) $\int\frac{1}{x}\mathrm{d}x=\ln|x|+C$;

(4) $\int\frac{1}{1+x^2}\mathrm{d}x=\arctan x+C$ 或 $\int\frac{1}{1+x^2}\mathrm{d}x=-\operatorname{arccot}x+C$;

(5) $\int\frac{\mathrm{d}x}{\sqrt{1-x^2}}=\arcsin x+C$ 或 $\int\frac{\mathrm{d}x}{\sqrt{1-x^2}}=-\arccos x+C$;

(6) $\int\cos x\mathrm{d}x=\sin x+C$;　　(7) $\int\sin x\mathrm{d}x=-\cos x+C$;

(8) $\int\sec^2x\mathrm{d}x=\int\frac{1}{\cos^2x}\mathrm{d}x=\tan x+C$;

(9) $\int\csc^2x\mathrm{d}x=\int\frac{1}{\sin^2x}\mathrm{d}x=-\cot x+C$;

(10) $\int\sec x\tan x\mathrm{d}x=\sec x+C$;　　(11) $\int\csc x\cot x\mathrm{d}x=-\csc x+C$;

(12) $\int\mathrm{e}^x\mathrm{d}x=\mathrm{e}^x+C$;　　(13) $\int a^x\mathrm{d}x=\frac{a^x}{\ln a}+C$.

上述基本积分公式是今后计算不定积分的基础, 同学们必须熟记.

例 7　求 $\int\frac{1}{\sqrt{x}}\mathrm{d}x$.

解　$\int\frac{1}{\sqrt{x}}\mathrm{d}x=\int x^{-\frac{1}{2}}\mathrm{d}x=\frac{1}{-\frac{1}{2}+1}x^{-\frac{1}{2}+1}+C=2\sqrt{x}+C$.

例 8　求 $\int x^2\sqrt{x}\mathrm{d}x$.

解 $\int x^2\sqrt{x}\mathrm{d}x=\int x^{\frac{5}{2}}\mathrm{d}x=\dfrac{1}{\dfrac{5}{2}+1}x^{\frac{5}{2}+1}+C=\dfrac{2}{7}x^{\frac{7}{2}}+C.$

例 9 求 $\int 2^x\mathrm{e}^x\mathrm{d}x$.

解 $\int 2^x\mathrm{e}^x\mathrm{d}x=\int(2\mathrm{e})^x\mathrm{d}x=\dfrac{(2\mathrm{e})^x}{\ln(2\mathrm{e})}+C=\dfrac{2^x\mathrm{e}^x}{1+\ln 2}+C.$

习 题 3.1

A 组

1. 试由定积分的几何意义给出下列定积分的值:

(1) $\int_{-2}^{1}|1+x|\,\mathrm{d}x$; (2) $\int_0^a\sqrt{a^2-x^2}\mathrm{d}x$ (其中 $a>0$).

2. 利用定积分的几何意义证明 $\int_{-\frac{\pi}{2}}^{\frac{\pi}{2}}\cos x\mathrm{d}x=2\int_0^{\frac{\pi}{2}}\cos x\mathrm{d}x$.

3. 试用定积分的定义证明 $\int_a^b\mathrm{d}x=b-a$, 其中 a,b 为常数, 且 $a<b$.

4. 求下列不定积分:

(1) $\int x^2\sqrt{x}\mathrm{d}x$; (2) $\int\sqrt[m]{x^n}\mathrm{d}x$;

(3) $\int\dfrac{\mathrm{d}x}{x\sqrt{x}}$; (4) $\int\dfrac{3^x}{\mathrm{e}^x}\mathrm{d}x$.

5. 设函数 $f(x)$ 有一个原函数为 $\cos x$, 求 $\int f'(x)\mathrm{d}x$.

6. 利用导数运算验证下列等式:

(1) $\int\dfrac{1}{\sqrt{1+x^2}}\mathrm{d}x=\ln(x+\sqrt{1+x^2})+C$; (2) $\int\csc x\mathrm{d}x=\ln\left|\tan\dfrac{x}{2}\right|+C$;

(3) $\int x\ln^2 x\mathrm{d}x=\dfrac{1}{2}x^2\left(\ln^2 x-\ln x+\dfrac{1}{2}\right)+C$;

(4) $\int\mathrm{e}^x\sin x\mathrm{d}x=\dfrac{1}{2}\mathrm{e}^x(\sin x-\cos x)+C$.

7. 已知某曲线 $y=f(x)$ 在任一点 $(x,f(x))$ 处的切线斜率为 e^x, 且曲线通过点 $(0,2)$, 求此曲线方程.

B 组

1. 下列等式中正确的是 ( ).

A. $\dfrac{\mathrm{d}}{\mathrm{d}x}\int_a^b f(x)\mathrm{d}x=f(x)$ B. $\dfrac{\mathrm{d}}{\mathrm{d}x}\int f(x)\mathrm{d}x=f(x)+C$

C. $\dfrac{\mathrm{d}}{\mathrm{d}x}\int f(x)\mathrm{d}x=f(x)$ D. $\int f'(x)\mathrm{d}x=f(x)$

2. 求 $\int_1^2 x\mathrm{d}x$ 的近似值 (取 ξ_i 为小区间的左端点):

(1) 将 $[1,2]$ 平均分成 100 等份;

(2) 将 $[1,2]$ 平均分成 1000 等份.

3. 利用定积分表示下列极限, 并说明它们的几何意义:

(1) $\lim\limits_{n\to\infty}\left(\dfrac{n}{n^2+1}+\dfrac{n}{n^2+2^2}+\cdots+\dfrac{n}{n^2+n^2}\right)$;

(2) $\lim\limits_{n\to\infty}\dfrac{1}{n}\left(\sin\dfrac{\pi}{n}+\sin\dfrac{2\pi}{n}+\cdots+\sin\dfrac{n\pi}{n}\right)$;

(3) $\lim\limits_{n\to\infty}\dfrac{1}{n}\left(\sin\dfrac{\pi}{n}+\sin\dfrac{2\pi}{n}+\cdots+\sin\dfrac{(n-1)\pi}{n}\right)$.

4. 一曲线通过点 $(\mathrm{e}^2,3)$, 且在任一点上的切线的斜率等于该点横坐标的倒数, 求该曲线方程.

3.2 积分的性质

1. 掌握不定积分的基本性质;
2. 掌握定积分的性质;
3. 学会将知识运用到一些简单的计算中, 注重培养科学发现素养.

3.2.1 不定积分的基本性质

根据不定积分的定义, 同学们可以易得不定积分如下性质.

性质 3.2.1 设函数 $f(x)$ 和 $g(x)$ 的原函数都存在, 则有

$$\int[f(x)\pm g(x)]\mathrm{d}x=\int f(x)\mathrm{d}x\pm\int g(x)\mathrm{d}x.$$

证 设 $F(x)$ 和 $G(x)$ 分别是 $f(x)$ 和 $g(x)$ 的原函数, 则由

$$[F(x)\pm G(x)]'=F'(x)\pm G'(x)=f(x)\pm g(x)$$

可知 $F(x)\pm G(x)$ 是 $f(x)\pm g(x)$ 的原函数, 即

$$\int[f(x)\pm g(x)]\mathrm{d}x=F(x)\pm G(x)+C.$$

又 $\int f(x)\mathrm{d}x=F(x)+C_1$ 及 $\int g(x)\mathrm{d}x=G(x)+C_2$, 其中 C_1,C_2 为任意常数. 因此有 $\int[f(x)\pm g(x)]\mathrm{d}x=F(x)\pm G(x)+C_1\pm C_2$. 记 $C_1\pm C_2=C$. 因此

$$\int[f(x)\pm g(x)]\mathrm{d}x=\int f(x)\mathrm{d}x\pm\int g(x)\mathrm{d}x.$$

类似地, 可以不加证明给出不定积分的第二个性质.

性质 3.2.2 设函数 $f(x)$ 的原函数存在, 则对任意非零常数 k, 有

$$\int kf(x)\mathrm{d}x = k\int f(x)\mathrm{d}x.$$

性质 3.2.1 和性质 3.2.2 分别称为积分的**可加性**和**齐次性**, 总称为**线性性质**.

进一步推广, 可得如下结论: 设函数 $f_i(x)$ $(i = 1, 2, \cdots, n)$ 的原函数都存在, 常数 k_i $(i = 1, 2, \cdots, n)$ 不全为零, 则有

$$\int\left[\sum_{i=1}^{n} k_i f_i(x)\right]\mathrm{d}x = \sum_{i=1}^{n}\left[k_i\int f_i(x)\mathrm{d}x\right].$$

例 1 求 $\int(2x^5 - 3x^2 + 1)\mathrm{d}x$.

解
$$\begin{aligned}\int(2x^5 - 3x^2 + 1)\mathrm{d}x &= 2\int x^5\mathrm{d}x - 3\int x^2\mathrm{d}x + \int\mathrm{d}x\\ &= \frac{1}{3}x^6 - x^3 + x + C.\end{aligned}$$

注 检验积分计算结果是否正确, 只要对结果进行求导, 观察其导函数与被积函数是否相等, 如果相等, 则结果正确; 反之, 则结果错误. 譬如, 观察例 1 的结果, 由于

$$\left(\frac{1}{3}x^6 - x^3 + x + C\right)' = 2x^5 - 3x^2 + 1,$$

所以例 1 的计算结果是正确的.

例 2 求 $\int\left(2\sin x + \frac{1}{\sqrt{1-x^2}}\right)\mathrm{d}x$.

解
$$\begin{aligned}\int\left(2\sin x + \frac{1}{\sqrt{1-x^2}}\right)\mathrm{d}x &= 2\int\sin x\mathrm{d}x + \int\frac{1}{\sqrt{1-x^2}}\mathrm{d}x\\ &= -2\cos x + \arcsin x + C.\end{aligned}$$

例 3 求 $\int\frac{x^4}{1+x^2}\mathrm{d}x$.

解
$$\begin{aligned}\int\frac{x^4}{1+x^2}\mathrm{d}x &= \int\frac{x^4-1+1}{1+x^2}\mathrm{d}x = \int\frac{(x^2-1)(x^2+1)}{1+x^2}\mathrm{d}x + \int\frac{1}{1+x^2}\mathrm{d}x\\ &= \int x^2\mathrm{d}x - \int\mathrm{d}x + \int\frac{1}{1+x^2}\mathrm{d}x\\ &= \frac{1}{3}x^3 - x + \arctan x + C.\end{aligned}$$

例 4　求 $\int \cos^2 \frac{x}{2} \mathrm{d}x$.

解　$\int \cos^2 \frac{x}{2} \mathrm{d}x = \int \frac{1}{2}(\cos x + 1)\mathrm{d}x$

$$= \frac{1}{2}\left(\int \cos x \mathrm{d}x + \int \mathrm{d}x\right) = \frac{1}{2}(\sin x + x) + C.$$

注　在分项积分后, 不必每一个积分后都加 C, 只要在总的结果中加上 C 就可以了.

3.2.2　定积分的性质及积分中值定理

定积分本质上是一个特殊和式的极限, 是一个确定的常数, 该常数由被积函数和积分区间所确定. 下面讨论定积分的性质.

下列各性质中积分上下限的大小, 如不特别指出, 均不加限制.

性质 3.2.3 (可加性)　设函数 $f(x), g(x)$ 在 $[a,b]$ 上可积, 则函数 $f(x) \pm g(x)$ 在 $[a,b]$ 上可积, 且

$$\int_a^b [f(x) \pm g(x)]\mathrm{d}x = \int_a^b f(x)\mathrm{d}x \pm \int_a^b g(x)\mathrm{d}x.$$

证　$\int_a^b [f(x) \pm g(x)]\mathrm{d}x = \lim\limits_{\lambda \to 0} \sum\limits_{i=1}^{n} [f(\xi_i) \pm g(\xi_i)]\, \Delta x_i$

$$= \lim_{\lambda \to 0} \sum_{i=1}^{n} f(\xi_i)\Delta x_i \pm \lim_{\lambda \to 0} \sum_{i=1}^{n} g(\xi_i)\Delta x_i$$

$$= \int_a^b f(x)\mathrm{d}x \pm \int_a^b g(x)\mathrm{d}x.$$

类似地, 可以证明下述性质.

性质 3.2.4 (齐次性)　设函数 $f(x)$ 在 $[a,b]$ 上可积, k 为任意常数, 则有

$$\int_a^b kf(x)\mathrm{d}x = k\int_a^b f(x)\mathrm{d}x.$$

进一步推广, 可得如下结论: 设函数 $f_i(x)$ $(i = 1, 2, \cdots, n)$ 在 $[a,b]$ 上可积, k_i $(i = 1, 2, \cdots, n)$ 为任意常数, 则有

$$\int_a^b \left[\sum_{i=1}^{n} k_i f_i(x)\right] \mathrm{d}x = \sum_{i=1}^{n} \left[k_i \int_a^b f_i(x)\mathrm{d}x\right].$$

性质 3.2.5 设函数 $f(x)$ 在 $[a,b]$ 上可积, 且 $a<c<b$, 则有

$$\int_a^b f(x)\mathrm{d}x=\int_a^c f(x)\mathrm{d}x+\int_c^b f(x)\mathrm{d}x.$$

性质 3.2.5 表明定积分对于积分区间具有**可加性**.

根据定积分的补充规定, 不难发现: 不论 a,b,c 的相对位置如何, 总有等式

$$\int_a^b f(x)\mathrm{d}x=\int_a^c f(x)\mathrm{d}x+\int_c^b f(x)\mathrm{d}x$$

成立. 例如, 当 $c<a<b$ 时, 因为

$$\int_c^b f(x)\mathrm{d}x=\int_c^a f(x)\mathrm{d}x+\int_a^b f(x)\mathrm{d}x.$$

于是得

$$\int_a^b f(x)\mathrm{d}x=-\int_c^a f(x)\mathrm{d}x+\int_c^b f(x)\mathrm{d}x=\int_a^c f(x)\mathrm{d}x+\int_c^b f(x)\mathrm{d}x.$$

性质 3.2.6 设函数 $f(x)\equiv 1$, 则有

$$\int_a^b 1\mathrm{d}x=\int_a^b \mathrm{d}x=b-a.$$

性质 3.2.6 的证明请同学们作为课后习题完成.

性质 3.2.7 设函数 $f(x)$ 在 $[a,b]$ 上可积, 且满足 $f(x)\geqslant 0, x\in[a,b]$, 则有

$$\int_a^b f(x)\mathrm{d}x\geqslant 0.$$

性质 3.2.7 由定积分的定义容易证明. 当然, 从定积分的几何意义出发更容易直观理解. 事实上, 由于 $\int_a^b f(x)\mathrm{d}x$ 表示由 x 轴, $x=a, x=b$ 及曲线 $y=f(x)$ 所围曲边梯形的面积, 因此

$$\int_a^b f(x)\mathrm{d}x\geqslant 0.$$

由性质 3.2.7, 可以得到如下两个推论.

推论 3.2.1 设函数 $f(x)$ 与 $g(x)$ 在 $[a,b]$ 上可积, 且满足 $f(x) \leqslant g(x)$, 则有

$$\int_a^b f(x)\mathrm{d}x \leqslant \int_a^b g(x)\mathrm{d}x.$$

证 由于 $f(x) \leqslant g(x)$, 故 $g(x) - f(x) \geqslant 0$, 由性质 3.2.7, 得

$$\int_a^b [g(x) - f(x)]\mathrm{d}x \geqslant 0.$$

联立性质 3.2.3, 整理可得

$$\int_a^b f(x)\mathrm{d}x \leqslant \int_a^b g(x)\mathrm{d}x.$$

推论 3.2.2 设函数 $f(x)$ 在 $[a,b]$ 上可积, 则函数 $|f(x)|$ 在 $[a,b]$ 上也可积, 且

$$\left|\int_a^b f(x)\,\mathrm{d}x\right| \leqslant \int_a^b |f(x)|\mathrm{d}x.$$

证 当 $a=b$ 时, 上式显然成立. 当 $a<b$ 时, 由于

$$-|f(x)| \leqslant f(x) \leqslant |f(x)|,$$

利用性质 3.2.3 及推论 3.2.1, 得到

$$-\int |f(x)|\,\mathrm{d}x \leqslant \int f(x)\mathrm{d}x \leqslant \int |f(x)|\,\mathrm{d}x,$$

即

$$\left|\int_a^b f(x)\,\mathrm{d}x\right| \leqslant \int_a^b |f(x)|\mathrm{d}x.$$

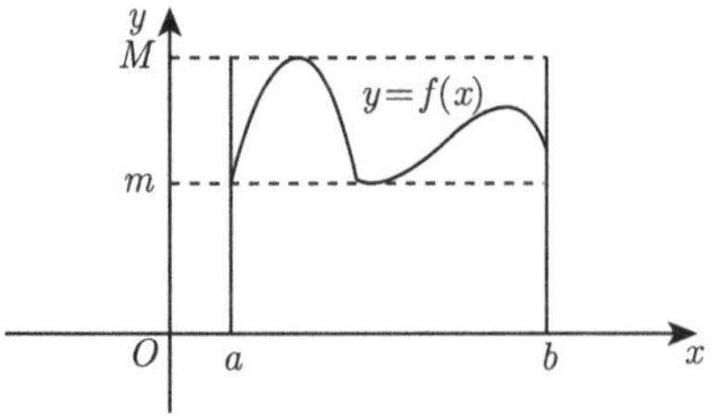

图 3.9

性质 3.2.8 设 M 及 m 分别是函数 $f(x)$ 在区间 $[a,b]$ 上的最大值及最小值, 则

$$m(b-a) \leqslant \int_a^b f(x)\mathrm{d}x \leqslant M(b-a) \quad (a<b).$$

从图 3.9 可以看出性质 3.2.8 的几何意义是: 曲线 $y=f(x)$ 在 $[a,b]$ 上的曲边梯形面积介于以区间 $[a,b]$ 的长度为底, 分别以 M 及 m 为高的两个矩形面积之间.

例 5 比较下列各对积分的大小:

(1) $\int_0^1 x\mathrm{d}x$ 与 $\int_0^1 x^2\mathrm{d}x$; (2) $\int_1^2 \ln x\mathrm{d}x$ 与 $\int_1^2 (\ln x)^2\mathrm{d}x$.

解 (1) 因为在区间 $[0,1]$ 上有 $x \geqslant x^2$, 故

$$\int_0^1 x\mathrm{d}x \geqslant \int_0^1 x^2\mathrm{d}x.$$

(2) 因为在区间 $[1,2]$ 上, 有 $0 \leqslant \ln x < 1$, 故 $\ln x \geqslant (\ln x)^2$, 从而

$$\int_1^2 \ln x\mathrm{d}x \geqslant \int_1^2 (\ln x)^2\mathrm{d}x.$$

例 6 估计下列各积分的值:

(1) $\int_0^{\frac{\pi}{2}} \cos x\mathrm{d}x$; (2) $\int_{-1}^1 \mathrm{e}^{-x^2}\mathrm{d}x$.

解 (1) 因为在区间 $\left[0,\frac{\pi}{2}\right]$ 上, 函数 $f(x)=\cos x$ 有最大值 $f(0)=1$, 最小值 $f\left(\frac{\pi}{2}\right)=0$, 故由性质 3.2.8, 得

$$0\cdot\left(\frac{\pi}{2}-0\right) \leqslant \int_0^{\frac{\pi}{2}} \cos x\mathrm{d}x \leqslant 1\cdot\left(\frac{\pi}{2}-0\right),$$

即

$$0 \leqslant \int_0^{\frac{\pi}{2}} \cos x\mathrm{d}x \leqslant \frac{\pi}{2}.$$

(2) 因为在区间 $[-1,1]$ 上, 函数 $f(x)=\mathrm{e}^{-x^2}$ 有最大值 $f(0)=1$, 最小值 $f(1)=f(-1)=\mathrm{e}^{-1}$, 故由性质 3.2.8, 得

$$\mathrm{e}^{-1}\cdot(1-(-1)) \leqslant \int_{-1}^1 \mathrm{e}^{-x^2}\mathrm{d}x \leqslant 1\cdot[1-(-1)],$$

即

$$2\mathrm{e}^{-1} \leqslant \int_{-1}^1 \mathrm{e}^{-x^2}\mathrm{d}x \leqslant 2.$$

在引入定积分的定义时, 曾了解到梯形的面积可以表示成一个矩形的面积, 而曲边梯形是否也有同样的结论的问题. 要说明这个结论, 人们要用到下面这个性质——积分中值定理.

性质 3.2.9 (积分中值定理)　如果函数 $f(x)$ 在闭区间 $[a,b]$ 上连续, 则至少存在一点 $\xi \in [a,b]$, 使得

$$\int_a^b f(x)\mathrm{d}x = f(\xi)(b-a). \tag{3.2.1}$$

证　由于函数 $f(x)$ 在闭区间 $[a,b]$ 上连续, 根据闭区间上连续函数的性质, $f(x)$ 在闭区间 $[a,b]$ 上有最大值 M 和最小值 m, 由性质 3.2.8 可得

$$m \leqslant \frac{1}{b-a}\int_a^b f(x)\mathrm{d}x \leqslant M.$$

再由闭区间上连续函数的介值定理, 至少存在一点 $\xi \in [a,b]$, 使得

$$f(\xi) = \frac{1}{b-a}\int_a^b f(x)\mathrm{d}x,$$

即

$$\int_a^b f(x)\mathrm{d}x = f(\xi)(b-a).$$

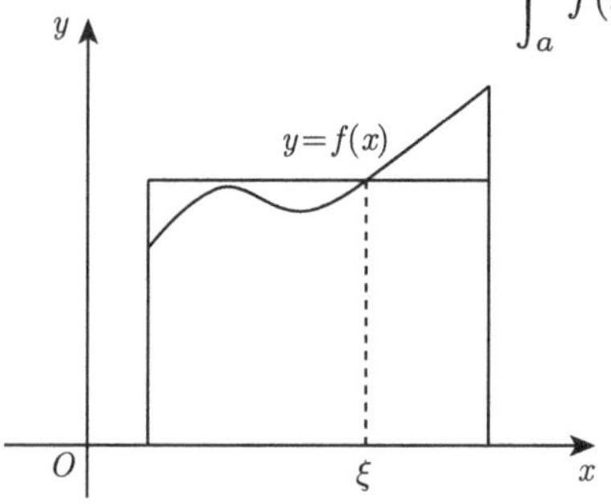

图 3.10

由中值定理可知, 曲边为连续函数 $f(x)$ 的曲边梯形的面积等于以 $[a,b]$ 为底, 高为 $f(\xi)$ 的矩形的面积 (图 3.10). 这里, 人们称

$$f(\xi) = \frac{1}{b-a}\int_a^b f(x)\mathrm{d}x$$

为函数 $f(x)$ 在区间 $[a,b]$ 上的**平均值**.

在日常工作生活中经常会遇到积分中值定理的应用. 如若 $f(t)$ 表示在时间间隔 $[a,b]$ 内 t 时刻产品的生产率, 则

$$f(\xi) = \frac{1}{b-a}\int_a^b f(x)\mathrm{d}x$$

表示该时间段生产该产品的平均生产率. 又如 $f(t)$ 表示某天 t 时刻的气温, 则

$$f(\xi) = \frac{1}{b-a}\int_a^b f(t)\mathrm{d}t$$

表示这一天的平均气温.

例 7 试求 $f(x)=x^2$ 在 $[0,1]$ 上的平均值.

解 所求平均值为

$$f(\xi)=\frac{1}{1-0}\int_0^1 x^2\mathrm{d}x=\frac{1}{3}.$$

在极限运算中也常常用到积分中值定理, 如下述例题.

例 8 求极限 $\lim\limits_{x\to0^+}\dfrac{\displaystyle\int_0^x \sin t\mathrm{d}t}{x}$.

解 由积分中值定理可知, 至少存在一点 $\xi\in[0,x]$, 使得 $\displaystyle\int_0^x \sin t\mathrm{d}t=x\sin\xi$, 因此

$$\lim_{x\to0^+}\frac{\displaystyle\int_0^x \sin t\mathrm{d}t}{x}=\lim_{x\to0^+}\frac{x\sin\xi}{x}=\lim_{x\to0^+}\sin\xi,$$

又 $0\leqslant\xi\leqslant x$, 故 $\lim\limits_{x\to0^+}\sin\xi=\lim\limits_{x\to0^+}\sin x=0$.

习 题 3.2

A 组

1. 求下列不定积分:

(1) $\displaystyle\int\left(1+x\sqrt{x}\right)\mathrm{d}x$;

(2) $\displaystyle\int \mathrm{e}^{2+t}\mathrm{d}t$;

(3) $\displaystyle\int\frac{1+x}{x^2}\mathrm{d}x$;

(4) $\displaystyle\int\frac{x^2-3}{x+\sqrt{3}}\mathrm{d}x$;

(5) $\displaystyle\int\frac{2+x^2}{1+x^2}\mathrm{d}x$;

(6) $\displaystyle\int\left(1-\frac{1}{x}\right)^2\mathrm{d}x$;

(7) $\displaystyle\int\cos^2\frac{x}{2}\mathrm{d}x$;

(8) $\displaystyle\int\frac{\mathrm{d}x}{1+\cos 2x}$.

2. 比较下列积分的大小:

(1) $\displaystyle\int_{-1}^1\sqrt{1+x^4}\mathrm{d}x$ 与 $\displaystyle\int_{-1}^1(1+x^2)\mathrm{d}x$;

(2) $\displaystyle\int_0^{\frac{\pi}{4}}\arctan x\mathrm{d}x$ 与 $\displaystyle\int_0^{\frac{\pi}{4}}(\arctan x)^2\mathrm{d}x$;

(3) $\displaystyle\int_2^1 \mathrm{e}^x\mathrm{d}x$ 与 $\displaystyle\int_2^1 \mathrm{e}^{x^2}\mathrm{d}x$;

(4) $\displaystyle\int_3^5\ln x\mathrm{d}x$ 与 $\displaystyle\int_3^5(\ln x)^2\mathrm{d}x$.

3. 估计下列定积分的值:

(1) $\displaystyle\int_0^1(x^2+1)\mathrm{d}x$;

(2) $\displaystyle\int_1^2\mathrm{e}^{x-x^2}\mathrm{d}x$;

(3) $\displaystyle\int_0^{\frac{\pi}{2}}(1+\sin x)\mathrm{d}x$;

(4) $\displaystyle\int_0^2\ln(x+1)\mathrm{d}x$.

4. 设 $\int_{-1}^{1} 3f(x)\mathrm{d}x = 18, \int_{-1}^{3} f(x)\mathrm{d}x = 4, \int_{-1}^{3} g(x)\mathrm{d}x = 3$. 求

(1) $\int_{-1}^{1} f(x)\mathrm{d}x$;　　(2) $\int_{1}^{3} f(x)\mathrm{d}x$;

(3) $\int_{3}^{-1} g(x)\mathrm{d}x$;　　(4) $\int_{-1}^{3} \frac{1}{3}[f(x) - 2g(x)]\mathrm{d}x$.

5. 利用积分中值定理求 $\lim\limits_{n\to+\infty}\int_{0}^{\frac{\pi}{n}} \sin^n x\mathrm{d}x$.

6. 试证: $\frac{1}{2} \leqslant \int_{0}^{1} \frac{\mathrm{d}x}{1+\sqrt{x}} \leqslant 1$.

7. 设函数 $f(x)$ 为连续函数, 且 $f(x) = x + 2\int_{0}^{1} f(x)\mathrm{d}x$, 求 $f(x)$ 的表达式.

B 组

1. 设函数 $f(x)$ 的导数是 $\sin x$ 且 $f(0) = -1$, 则 $f(x)$ 有一个原函数为 (　　).

A. $1+\sin x$　　B. $1-\sin x$　　C. $1+\cos x$　　D. $1-\cos x$

2. 求下列积分:

(1) $\int \frac{\cos 2x}{\cos^2 x \sin^2 x}\mathrm{d}x$;　　(2) $\int \frac{1+2x^2}{x^2(1+x^2)}\mathrm{d}x$.

3. 设函数 $f(x), g(x)$ 在 $[a,b]$ 上连续, 证明:

$$\left(\int_a^b f(x)g(x)\mathrm{d}x\right)^2 \leqslant \int_a^b f^2(x)\mathrm{d}x\int_a^b g^2(x)\mathrm{d}x.$$

4. 试证: $\frac{3}{7} \leqslant \int_{-1}^{2} \frac{\mathrm{d}x}{1+x+x^2} \leqslant 4$.

5. 证明: 设函数 $f(x), g(x)$ 在 $[a,b]$ 上连续, 且 $g(x)$ 在 $[a,b]$ 上不变号, 则至少存在一点 $\xi \in [a,b]$, 使得

$$\int_a^b f(x)g(x)\mathrm{d}x = f(\xi)\int_a^b g(x)\mathrm{d}x, \quad a \leqslant \xi \leqslant b.$$

6. 证明: 设函数 $f(x)$ 在 $[a,b]$ 上连续, 且 $f(x) \geqslant 0, \int_a^b f(x)\mathrm{d}x = 0$, 则 $f(x) \equiv 0, x \in [a,b]$.

7. 证明: 设函数 $f(x)$ 在 $[0,a]$ 上有一阶连续导数, 则有

$$|f(0)| \leqslant \frac{1}{a}\int_0^a \left[|f(x)| + a\left|f'(x)\right|\right]\mathrm{d}x.$$

8. 证明: 设函数 $f(x)$ 可积, 则对任意三点 a, b, c, 有

$$\int_a^b f(x)\mathrm{d}x = \int_a^c f(x)\mathrm{d}x + \int_c^b f(x)\mathrm{d}x.$$

3.3 微积分基本公式

1. 理解积分上限函数的概念、掌握积分上限函数的求导;
2. 掌握牛顿–莱布尼茨公式;
3. 了解科学发现的一些简单现象及其规律, 培养科学探索能力.

3.3.1 积分上限函数

定积分具有广泛的应用前景, 但是若用定义直接计算积分值是十分困难的. 而从微分的逆运算的角度引入的不定积分, 具有计算方便的优点, 且同样可以用来求总量的问题, 不足之处是应用背景不如定积分清晰. 如何将两者的优点结合起来是人们要进一步讨论的问题.

下面人们先从一个简单的问题中寻找解决问题的线索.

1. 经济学中生产率跟生产总量之间的联系

设某产品的生产率 q 是一个关于时间 t 的连续函数 $q(t)$. 以时间 t 为横轴, 生产率 q 为纵轴建立直角坐标系 (图 3.11). 设在时刻 t, 产品的总产量为 $Q(t)$, 生产率为 $q(t)$.

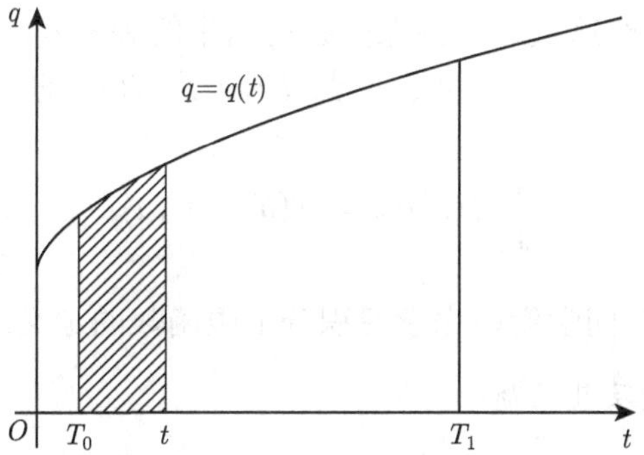

图 3.11

从定积分的定义可知: 在时间 $[T_0,T_1]$ 内该产品的总产量 Q 可以用生产率函数 $q(t)$ 在 $[T_0,T_1]$ 上的定积分

$$\int_{T_0}^{T_1} q(t)\mathrm{d}t$$

来表示; 另一方面, 这段时间的产量又可以表示成总产量函数 $Q(t)$ 在时间区间

$[T_0,T_1]$ 上的增量, 即

$$Q(T_1)-Q(T_0)$$

来表示. 由此可见, 总产量函数 $Q(t)$ 与生产率函数 $q(t)$ 之间有如下关系:

$$\int_{T_0}^{T_1} q(t)\mathrm{d}t = Q(T_1)-Q(T_0). \tag{3.3.1}$$

因为 $Q'(t)=q(t)$, 即总产量函数 $Q(t)$ 是生产率函数 $q(t)$ 的原函数, 故关系式 (3.3.1) 表示生产率函数 $q(t)$ 在区间 $[T_0,T_1]$ 上的定积分 $\int_{T_0}^{T_1} q(t)\mathrm{d}t$ 等于原函数 $Q(t)$ 在 $[T_0,T_1]$ 上的增量 $Q(T_1)-Q(T_0)$.

特别地, 设 t 是 $[T_0,T_1]$ 中的任意一点, 则

$$\int_{T_0}^{t} q(s)\mathrm{d}s = Q(t)-Q(T_0),$$

或

$$\int_{t}^{T_1} q(s)\mathrm{d}s = Q(T_1)-Q(t).$$

问题探究

上述等式是从生产总量这个特殊问题得出来的关系式, 是否具有一般性? 即: 设函数 $f(x)$ 在区间 $[a,b]$ 上的连续, 函数 $F(x)$ 是 $f(x)$ 的一个原函数, 则有

$$\int_a^b f(x)\mathrm{d}x = F(b)-F(a).$$

要回答这个问题, 同学们请先学习积分上限函数的定义.

2. 积分上限函数及其性质

设函数 $f(x)$ 在区间 $[a,b]$ 上连续, x 是区间 $[a,b]$ 上的一个定点, 则定积分

$$\int_a^x f(t)\mathrm{d}t$$

一定存在, 而且积分值一定与 x 有关. 如果积分上限 x 在区间 $[a,b]$ 上任意变动, 那么对于每一个取定的 x 值, 定积分 $\int_a^x f(t)\mathrm{d}t$ 都有一个与之对应的值, 所以它在 $[a,b]$ 上定义了一个函数, 记作 $\varPhi(x)$.

定义 3.3.1 设函数 $f(x)$ 在区间 $[a,b]$ 上连续, 则函数

$$\varPhi(x)=\int_a^x f(t)\mathrm{d}t$$

称为**积分上限函数或变限积分函数** (accumulation function).

积分上限函数有如下的性质.

定理 3.3.1 设函数 $f(x)$ 在区间 $[a,b]$ 上连续, 则积分上限函数 $\varPhi(x)$ 在 $[a,b]$ 上可导, 且有

$$\varPhi'(x)=\frac{\mathrm{d}}{\mathrm{d}x}\int_a^x f(t)\mathrm{d}t=f(x).$$

证 若 $x\in(a,b)$, 设 x 的增量为 Δx, 则相应的函数增量为

$$\begin{aligned}\Delta\varPhi(x)=\varPhi(x+\Delta x)-\varPhi(x)&=\int_a^{x+\Delta x} f(t)\mathrm{d}t-\int_a^x f(t)\mathrm{d}t\\&=\int_a^x f(t)\mathrm{d}t+\int_x^{x+\Delta x} f(t)\mathrm{d}t-\int_a^x f(t)\mathrm{d}t\\&=\int_x^{x+\Delta x} f(t)\mathrm{d}t=f(\xi)\Delta x,\quad \xi \text{ 介于 } x \text{ 与 } x+\Delta x \text{ 之间}.\end{aligned}$$

由闭区间上连续函数的性质知, 函数 $f(x)$ 在闭区间 $[a,b]$ 上是有界变量, 因此当 $\Delta x\to 0$ 时, 有

$$\Delta\varPhi(x)=f(\xi)\Delta x\to 0.$$

即 $\varPhi(x)$ 关于上限 x 是连续函数. 上式两端同除以 Δx, 得增量比

$$\frac{\Delta\varPhi}{\Delta x}=f(\xi),$$

由于 $f(x)$ 在区间 $[a,b]$ 上连续, 则当 $\Delta x\to 0$ 时, $\xi\to x$, 因此

$$\varPhi'(x)=\lim_{\Delta x\to 0}\frac{\Delta\varPhi(x)}{\Delta x}=\lim_{\Delta x\to 0} f(\xi)=f(x).$$

若 $x=a$, 取 $\Delta x>0$, 则同理可证 $\varPhi'_+(a)=f(a)$; 若 $x=b$, 则取 $\Delta x<0$, 同理可证 $\varPhi'_-(b)=f(b)$.

根据原函数的定义可知, 积分上限函数 $\varPhi(x)$ 是函数 $f(x)$ 在闭区间 $[a,b]$ 上的一个原函数, 因此, 给出如下的原函数存在定理.

定理 3.3.2 设函数 $f(x)$ 在区间 $[a,b]$ 上连续, 则函数

$$\Phi(x)=\int_a^x f(t)\mathrm{d}t$$

是 $f(x)$ 在 $[a,b]$ 上的一个原函数.

例 1 设函数 $f(x)$ 在下列积分区间上连续, 计算下列导数:

(1) $\dfrac{\mathrm{d}}{\mathrm{d}x}\displaystyle\int_2^x \cos t\mathrm{d}t$;

(2) $\dfrac{\mathrm{d}}{\mathrm{d}x}\displaystyle\int_x^b \sqrt{1+t^2}\mathrm{d}t$;

(3) $\dfrac{\mathrm{d}}{\mathrm{d}x}\displaystyle\int_a^{x^2} f(t)\mathrm{d}t$;

(4) $\dfrac{\mathrm{d}}{\mathrm{d}x}\displaystyle\int_{\ln x}^b x^2 f(t)\mathrm{d}t$.

解 (1) $\dfrac{\mathrm{d}}{\mathrm{d}x}\displaystyle\int_2^x \cos t\mathrm{d}t=\cos x$.

(2) 由 $\displaystyle\int_x^b \sqrt{1+t^2}\mathrm{d}t=-\int_b^x \sqrt{1+t^2}\mathrm{d}t$, 故

$$\frac{\mathrm{d}}{\mathrm{d}x}\int_x^b \sqrt{1+t^2}\mathrm{d}t=-\frac{\mathrm{d}}{\mathrm{d}x}\int_b^x \sqrt{1+t^2}\mathrm{d}t=-\sqrt{1+x^2}.$$

(3) 设 $F(x)=\displaystyle\int_a^{x^2} f(t)\mathrm{d}t$, 注意到上限 x^2 是 x 的函数, 因此设中间变量 $u=x^2$, 则所给函数 $F(x)$ 可看成由函数

$$\int_a^u f(t)\mathrm{d}t \quad 和 \quad u=x^2$$

复合而成. 根据复合函数求导法则, 得

$$\begin{aligned}\frac{\mathrm{d}}{\mathrm{d}x}\int_a^{x^2} f(t)\mathrm{d}t&=\frac{\mathrm{d}}{\mathrm{d}u}\left(\int_a^u f(t)\mathrm{d}t\right)\cdot\frac{\mathrm{d}u}{\mathrm{d}x}\\&=f(u)\cdot 2x=2xf(x^2).\end{aligned}$$

(4) 由于被积函数中含有自变量 x, 但对于积分变量 t 而言, x 可以视为常数. 因此整理可得

$$F(x)=\int_{\ln x}^b x^2 f(t)\mathrm{d}t=-x^2\int_b^{\ln x} f(t)\mathrm{d}t,$$

从而

$$\frac{\mathrm{d}}{\mathrm{d}x}\int_{\ln x}^b x^2 f(t)\mathrm{d}t=-\left[(x^2)'\int_b^{\ln x} f(t)\mathrm{d}t+x^2\left(\int_b^{\ln x} f(t)\mathrm{d}t\right)'\right]$$

$$= 2x\int_{\ln x}^{b} f(t)\mathrm{d}t - x^2 f(\ln x)\cdot(\ln x)'$$

$$= 2x\int_{\ln x}^{b} f(t)\mathrm{d}t - xf(\ln x).$$

一般地, 人们有如下的结论: 若函数 $u(x), v(x)$ 可微, 函数 $f(x)$ 连续, 则

$$\frac{\mathrm{d}}{\mathrm{d}x}\left[\int_{a}^{u(x)} f(t)\mathrm{d}t\right] = f[u(x)]u'(x);$$

$$\frac{\mathrm{d}}{\mathrm{d}x}\left[\int_{v(x)}^{b} f(t)\mathrm{d}t\right] = -f[v(x)]v'(x);$$

$$\frac{\mathrm{d}}{\mathrm{d}x}\left[\int_{v(x)}^{u(x)} f(t)\mathrm{d}t\right] = f[u(x)]u'(x) - f[v(x)]v'(x).$$

问题探究

若被积函数为多元函数时, 如何求导? 例如, $\frac{\mathrm{d}}{\mathrm{d}x}\left[\int_{v(x)}^{u(x)} f(x,t)\mathrm{d}t\right] =?$

3.3.2 微积分基本公式

在定理 3.3.2 中同学们已经了解到: 如果函数 $f(x)$ 在区间 $[a, b]$ 上连续, 那么积分上限函数

$$\Phi(x) = \int_{a}^{x} f(t)\mathrm{d}t$$

就是 $f(x)$ 在 $[a, b]$ 上的一个原函数, 或者说

$$\int f(x)\mathrm{d}x = \Phi(x) + C = \int_{a}^{x} f(t)\mathrm{d}t + C.$$

问题探究

当 $\Phi(x)$ 的积分上限 x 取值为常数 b 时, 会有什么结果呢?

下面给出这个问题的答案.

定理 3.3.3 设函数 $f(x)$ 在区间 $[a, b]$ 上连续, 函数 $F(x)$ 是 $f(x)$ 在区间 $[a, b]$ 上的任意一个原函数. 则有

$$\int_{a}^{b} f(x)\mathrm{d}x = F(b) - F(a) = F(x)\big|_{a}^{b}. \tag{3.3.2}$$

证 因为 $f(x)$ 在区间 $[a,b]$ 上连续, 所以 $\varPhi(x)=\int_a^x f(t)\mathrm{d}t$ 是 $f(x)$ 在区间 $[a,b]$ 上的一个原函数; 又 $F(x)$ 是 $f(x)$ 在区间 $[a,b]$ 上的一个原函数, 故

$$\varPhi(x)=F(x)+C.$$

令 $x=a$, 得 $F(a)+C=0$, 即 $C=-F(a)$, 因此有

$$\int_a^x f(t)\mathrm{d}t=F(x)-F(a).$$

令 $x=b$, 得

$$\int_a^b f(x)\mathrm{d}x=F(b)-F(a).$$

定理 3.3.3 是微积分中的一个极其重要的定理, 它将原本看似无关的定积分与不定积分 (原函数) 联系起来, 称为**微积分基本定理**, 公式 (3.3.2) 称为**微积分基本公式**又称**牛顿–莱布尼茨 (Newton-Leibniz) 公式**.

公式 (3.3.2) 表明: 定积分是被积函数 $f(x)$ 的原函数 $F(x)$ 在积分区间 $[a,b]$ 上的增量.

例如: 已知 t 时刻人口增长速度为 $v(t)=\dfrac{\mathrm{d}x}{\mathrm{d}t}$, 则

$$\int_{t_1}^{t_2} v(t)\mathrm{d}t=x(t_2)-x(t_1)$$

表示从时刻 t_1 到 t_2 这段时间内人口的净增量.

同样, 已知生产某种商品的边际成本为 $C'(x)$, 则

$$\int_{x_1}^{x_2} C'(t)\mathrm{d}t=C(x_2)-C(x_1)$$

表示从产量 x_1 增加到 x_2 的过程中增加的成本.

公式 (3.3.2) 为计算"**连续函数 $f(x)$ 在 $[a,b]$ 上的定积分**"提供了一种简便方法: 先求得 $f(x)$ 的任一原函数 $F(x)$, 再计算 $F(x)$ 的增量 $F(b)-F(a)$ 即可.

例 2 求 $\int_0^{\pi}\sin x\mathrm{d}x$.

解 因为 $\sin x$ 是连续函数, 且 $-\cos x$ 是 $\sin x$ 的一个原函数, 所以

$$\int_0^{\pi}\sin x\mathrm{d}x=-\cos x\Big|_0^{\pi}=-\cos\pi+\cos 0=1+1=2.$$

例 3 求 $\int_0^1 \frac{1}{1+x^2}\mathrm{d}x$.

解 因为 $\frac{1}{1+x^2}$ 是连续函数, 且 $\arctan x$ 是 $\frac{1}{1+x^2}$ 的一个原函数, 所以

$$\int_0^1 \frac{1}{1+x^2}\mathrm{d}x = \arctan x\Big|_0^1 = \arctan 1 - \arctan 0 = \frac{\pi}{4}.$$

例 4 设 $f(x) = \begin{cases} 2x+1, & x \leqslant 1, \\ 3x^2, & x > 1, \end{cases}$ 求 $\int_0^2 f(x)\mathrm{d}x$.

解 因为 $f(x)$ 在 $(-\infty, +\infty)$ 上连续, 所以 $f(x)$ 在 $[0,2]$ 可积. 因此根据积分区间的可加性知

$$\begin{aligned}\int_0^2 f(x)\mathrm{d}x &= \int_0^1 f(x)\mathrm{d}x + \int_1^2 f(x)\mathrm{d}x \\ &= \int_0^1 (2x+1)\,\mathrm{d}x + \int_1^2 3x^2\mathrm{d}x \\ &= \left(x^2+x\right)\Big|_0^1 + x^3\Big|_1^2 = 2 + 7 = 9.\end{aligned}$$

例 5 求 $\int_0^{\frac{\pi}{2}} \sqrt{1-\sin 2x}\mathrm{d}x$.

解 由

$$\sqrt{1-\sin 2x} = \sqrt{\sin^2 x + \cos^2 x - 2\sin x\cos x} = |\sin x - \cos x|,$$

当 $x \in \left[0, \frac{\pi}{4}\right]$ 时, 有

$$|\sin x - \cos x| = \cos x - \sin x;$$

当 $x \in \left[\frac{\pi}{4}, \frac{\pi}{2}\right]$ 时, 有

$$|\sin x - \cos x| = \sin x - \cos x.$$

故

$$\begin{aligned}\int_0^{\frac{\pi}{2}} \sqrt{1-\sin 2x}\mathrm{d}x &= \int_0^{\frac{\pi}{4}} (\cos x - \sin x)\mathrm{d}x + \int_{\frac{\pi}{4}}^{\frac{\pi}{2}} (\sin x - \cos x)\mathrm{d}x \\ &= (\sin x + \cos x)\Big|_0^{\frac{\pi}{4}} + (-\cos x - \sin x)\Big|_{\frac{\pi}{4}}^{\frac{\pi}{2}} \\ &= 2\sqrt{2} - 2.\end{aligned}$$

例 6 某产品总产量是时间 t 的函数, 其边际产量函数为

$$f(t)=30+5t-0.3t^2\ (\mathrm{t}/月),$$

试确定总产量函数, 并计算出第一季度的总产量.

解 因为总产量 $F(t)$ 是它的变化率 $f(t)$ 的原函数, 所以总产量函数

$$F(t)=\int_0^t f(x)\mathrm{d}x=\int_0^t\left(30+5x-0.3x^2\right)\mathrm{d}x=30t+\frac{5}{2}t^2-0.1t^3.$$

第一季度的总产量为 $F(3)=109.8\ (\mathrm{t})$.

例 7 中国的高铁举世瞩目, 现有一列速度为 98 m/s 的高铁准备进站停车, 启动制动系统后, 制动加速度为 1.4 $\mathrm{m/s^2}$, 问从制动开始时到高铁停下来, 该列高铁行驶的距离为多少米?

解 设制动开始时为零时刻, 该列高铁的速度为 $v(t)$, 行驶的距离为 $s(t)$, 则由题意可知 $v(0)=98\ \mathrm{m/s}$, $s(0)=0\ \mathrm{m}$. 又由 $v(t)$ 的导函数是制动加速度, 因此有

$$v(t)=\int -1.4\mathrm{d}t=-1.4t+C,$$

将 $v(0)=98$ 代入上式可得 $v(t)=-1.4t+98$, 因此可得当 $v(t)=0$ 时, $t=70$. 又因 $s(t)$ 的导函数是 $v(t)$, 所以从制动开始时到高铁停下来, 该列高铁行驶的距离为

$$s=\int_0^{70}v(t)\mathrm{d}t=\int_0^{70}(-1.4t+98)\mathrm{d}t=\left[98t-0.7t^2\right]_0^{70}=3430\ (\mathrm{m}).$$

习 题 3.3

A 组

1. 设 $\Phi(x)=\int_0^x \mathrm{e}^{t^2}\mathrm{d}t$, 求 $\Phi'(x)$ 和 $\Phi'(1)$.

2. 用牛顿–莱布尼茨公式求下列定积分:

(1) $\int_0^1\left(x^2+1\right)^2\mathrm{d}x$;　　(2) $\int_1^2\frac{1+x^2}{x}\mathrm{d}x$;

(3) $\int_0^{\frac{\pi}{4}}\tan^2 x\mathrm{d}x$;　　(4) $\int_0^2(\mathrm{e}^x-x)\mathrm{d}x$;

(5) $\int_0^1\left(2^x+x^4+\sec^2 x\right)\mathrm{d}x$;　　(6) $\int_0^1\frac{x^2-1}{x^2+1}\mathrm{d}x$.

3. 求下列导数:

(1) $\frac{\mathrm{d}}{\mathrm{d}x}\int_1^x t\ln t\mathrm{d}t$;　　(2) $\frac{\mathrm{d}}{\mathrm{d}x}\int_x^2 \mathrm{e}^{t^2}\mathrm{d}t$;

(3) $\dfrac{\mathrm{d}}{\mathrm{d}x}\displaystyle\int_a^{b+1} x^2\mathrm{d}x$($a,b$ 为常数); (4) $\dfrac{\mathrm{d}}{\mathrm{d}x}\displaystyle\int_x^{\sin x}\cos t\mathrm{d}t$.

4. 设 $f(x)=\dfrac{1}{1+x^2}+x^3\displaystyle\int_0^1 f(x)\mathrm{d}x$, 求 $\displaystyle\int_0^1 f(x)\mathrm{d}x$.

5. 求 $\displaystyle\int_{-1}^1 f(x)\mathrm{d}x$, 其中

$$f(x)=\begin{cases}2x-1, & -1\leqslant x<0,\\ \mathrm{e}^{-x}, & 0\leqslant x\leqslant 1.\end{cases}$$

B 组

1. 设 $k\in\mathbf{N}$, 试证下列各式:

(1) $\displaystyle\int_{-\pi}^{\pi}\cos kx\mathrm{d}x=0$; (2) $\displaystyle\int_{-\pi}^{\pi}\sin kx\mathrm{d}x=0$;

(3) $\displaystyle\int_{-\pi}^{\pi}\cos^2 kx\mathrm{d}x=\pi$; (4) $\displaystyle\int_{-\pi}^{\pi}\sin^2 kx\mathrm{d}x=\pi$.

2. 利用定积分求下列极限:

(1) $\displaystyle\lim_{n\to\infty}\left[\frac{1}{\sqrt{4n^2-1}}+\frac{1}{\sqrt{4n^2-2^2}}+\cdots+\frac{1}{\sqrt{4n^2-n^2}}\right]$;

(2) $\displaystyle\lim_{n\to\infty}\frac{1}{n}\left[\sin\frac{\pi}{n}+\sin\frac{2\pi}{n}+\cdots+\sin\frac{(n-1)\pi}{n}\right]$;

(3) $\displaystyle\lim_{n\to\infty}n\left[\frac{1}{1+n^2}+\frac{1}{2^2+n^2}+\cdots+\frac{1}{(n-1)^2+n^2}\right]$.

3. 求由方程 $\displaystyle\int_0^y t^2\mathrm{d}t+\int_0^{x^2}\frac{\sin t}{\sqrt{t}}\mathrm{d}t=1(x>0)$ 确定的函数 $y=y(x)$ 的导数 $\dfrac{\mathrm{d}y}{\mathrm{d}x}$.

4. 求极限

$$\lim_{x\to 0}\frac{\displaystyle\int_0^x\left[\int_0^{u^2}\arctan(1+t)\mathrm{d}t\right]\mathrm{d}u}{x(1-\cos x)}.$$

5. 设 $f(x)$ 在 $[a,b]$ 上连续, 在 (a,b) 内可导且 $f'(x)\leqslant 0$,

$$F(x)=\frac{1}{x-a}\int_a^x f(t)\mathrm{d}t,$$

证明在 (a,b) 内有 $F'(x)\leqslant 0$.

6. 设 $f(x)=\begin{cases}\sin x, & 0\leqslant x\leqslant\dfrac{\pi}{2},\\ 1, & \dfrac{\pi}{2}<x\leqslant\pi,\end{cases}$ 求 $\varPhi(x)=\displaystyle\int_0^x f(t)\mathrm{d}t$, 并讨论 $\varPhi(x)$ 在区间 $[0,\pi]$ 上的连续性.

3.4 积分方法

1. 熟练掌握不定积分和定积分换元积分法及分部积分法;
2. 会使用积分表求积分;
3. 训练数学思维, 提升数学素养, 培养科学发现能力.

在前面的不定积分学习过程中, 给出了一些常见的积分基本公式; 然而即使对形如 $\ln x, \tan x, \cot x$ 这样的基本初等函数, 也无法直接利用积分基本公式计算出它们的不定积分. 因此同学们还需要学习掌握一些基本的积分方法.

下面, 首先来学习换元积分法.

3.4.1 换元积分法

1. 不定积分的换元积分法

1) 第一类换元积分法

引例 3.4.1 设 n 为正整数, 求不定积分 $\int(1+x)^n\mathrm{d}x$.

解 当 $n=1$ 时, 则有

$$\int(1+x)\mathrm{d}x = x+\frac{1}{2}x^2+C.$$

当 $n\geqslant 2$ 时, 可以先利用二项式定理先将 $(1+x)^n$ 展开, 再利用不定积分的线性性质进行计算. 例如, 当 $n=3$ 时,

$$\int(1+x)^3\mathrm{d}x=\int(1+3x+3x^2+x^3)\mathrm{d}x = x+\frac{3}{2}x^2+x^3+\frac{1}{4}x^4+C.$$

一般地, 则有

$$\int(1+x)^n\mathrm{d}x=\int\left(\sum_{k=0}^{n}\mathrm{C}_n^k x^k\right)\mathrm{d}x=\sum_{k=0}^{n}\frac{\mathrm{C}_n^k}{k+1}x^{k+1}+C.$$

问题探究

在引例 3.4.1 中,

(1) 当 n 比较大时, 利用二项式展开求解, 过程比较繁琐, 能否简化求解过程?

(2) 当 n 不取正整数且 $n\neq -1$ 时, 又该怎样求不定积分呢?

在微分学中, 根据复合函数的求导法则可知: 设函数 $y = F(u)$, $u = \varphi(x)$ 都可微, 则复合函数 $F[\varphi(x)]$ 可微, 且

$$\frac{\mathrm{d}F(u)}{\mathrm{d}x} = F'(u)\varphi'(x) = F'[\varphi(x)]\varphi'(x),$$

即

$$\mathrm{d}F(u) = F'(u)\varphi'(x)\mathrm{d}x = F'[\varphi(x)]\varphi'(x)\mathrm{d}x.$$

因此 $F'(u)\varphi'(x)$ 和 $F'[\varphi(x)]\varphi'(x)$ 都是 $F[\varphi(x)]$ 的导函数, 则根据积分与微分互为逆运算知

$$\int F'[\varphi(x)]\varphi'(x)\mathrm{d}x = F[\varphi(x)] + C.$$

由此可得下述定理.

定理 3.4.1 设函数 $f(u)$ 有原函数 $F(u)$, $u = \varphi(x)$ 可导, 则有

$$\int f[\varphi(x)]\varphi'(x)\mathrm{d}x = \int f(u)\mathrm{d}u = F(u) + C = F[\varphi(x)] + C. \tag{3.4.1}$$

公式 (3.4.1) 称为不定积分的**第一换元公式**.

定理 3.4.1 表明利用第一类换元法求 $\int g(x)\mathrm{d}x$ 的关键在于: 将被积函数 $g(x)$ 恒等变形为 $f[\varphi(x)]\varphi'(x)$ 的形式, 即

$$g(x) = f[\varphi(x)]\varphi'(x),$$

则有

$$\int g(x)\mathrm{d}x = \int f[\varphi(x)]\varphi'(x)\mathrm{d}x = \left[\int f(u)\mathrm{d}u\right]_{u=\varphi(x)}.$$

现在人们来解决引例 3.4.1 中的问题.

令 $u = 1 + x$, 则 $\mathrm{d}u = \mathrm{d}x$, 从而

$$\int (1+x)^n\mathrm{d}x = \int u^n\mathrm{d}u = \frac{1}{n+1}u^{n+1} + C = \frac{1}{n+1}(1+x)^{n+1} + C.$$

例 1 求 $\int \frac{3}{1+3x}\mathrm{d}x$.

解 令 $u = 1 + 3x$, 则 $\mathrm{d}u = 3\mathrm{d}x$, 因此

$$\int \frac{3}{1+3x}\mathrm{d}x = \int \frac{1}{1+3x}\cdot 3\mathrm{d}x = \int \frac{1}{1+3x}\cdot (1+3x)'\mathrm{d}x$$

$$= \int \frac{1}{u} \mathrm{d}u = \ln |u| + C,$$

将 $u = 1 + 3x$ 代入, 即得

$$\int \frac{3}{1+3x} \mathrm{d}x = \ln |1+3x| + C.$$

如何选择适当的中间变量 $u = \varphi(x)$, 将被积表达式 $f[\varphi(x)]\varphi'(x)\mathrm{d}x$ 转化为 $f(u)\mathrm{d}u$, 也可以理解为先凑出微分再代换

$$\varphi'(x)\mathrm{d}x = \mathrm{d}(\varphi(x)) = \mathrm{d}u,$$

从而将积分转化为 $\int f(u)\mathrm{d}u$, 人们将这种先凑出微分再代换的方法称为**凑微分法**.

例 2 求 $\int 2x\mathrm{e}^{x^2}\mathrm{d}x$.

解

$$\int 2x\mathrm{e}^{x^2}\mathrm{d}x = \int \mathrm{e}^{x^2} \cdot 2x\mathrm{d}x = \int \mathrm{e}^{x^2} \cdot (x^2)'\mathrm{d}x = \int \mathrm{e}^{x^2}\mathrm{d}(x^2),$$

令 $u = x^2$, 则有

$$\int 2x\mathrm{e}^{x^2}\mathrm{d}x = \int \mathrm{e}^u\mathrm{d}u = \mathrm{e}^u + C,$$

将 $u = x^2$ 代入, 即得

$$\int 2x\mathrm{e}^{x^2}\mathrm{d}x = \mathrm{e}^{x^2} + C.$$

例 3 求 $\int \frac{\ln x}{x}\mathrm{d}x$.

解

$$\int \frac{\ln x}{x}\mathrm{d}x = \int \ln x \cdot \frac{1}{x}\mathrm{d}x = \int \ln x \cdot (\ln x)'\mathrm{d}x = \int \ln x\mathrm{d}(\ln x),$$

设 $u = \ln x$, 则

$$\int \frac{\ln x}{x}\mathrm{d}x = \int u\mathrm{d}u = \frac{1}{2}u^2 + C,$$

将 $u = \ln x$ 代入, 即得

$$\int \frac{\ln x}{x}\mathrm{d}x = \frac{1}{2}(\ln x)^2 + C.$$

例 4 求 $\int x\sqrt{1+x^2}\mathrm{d}x$.

解

$$\int x\sqrt{1+x^2}\mathrm{d}x=\frac{1}{2}\int\sqrt{1+x^2}\cdot 2x\mathrm{d}x=\frac{1}{2}\int\sqrt{1+x^2}\mathrm{d}(x^2)$$
$$=\frac{1}{2}\int\sqrt{1+x^2}\mathrm{d}\left(x^2+1\right).$$

设 $u=1+x^2$, 则

$$\int x\sqrt{1+x^2}\mathrm{d}x=\frac{1}{2}\int\sqrt{u}\mathrm{d}u=\frac{1}{3}u^{\frac{3}{2}}+C,$$

将 $u=1+x^2$ 代入, 即得

$$\int x\sqrt{1+x^2}\mathrm{d}x=\frac{1}{3}\left(1+x^2\right)^{\frac{3}{2}}+C.$$

一般地, 在对变量代换比较熟练后, 求解过程中就不一定要明确写出中间变量, 而是可以直接写出不定积分.

例 5 求 $\int\frac{\mathrm{d}x}{x^2+a^2}(a\neq 0)$.

解

$$\int\frac{\mathrm{d}x}{x^2+a^2}=\frac{1}{a}\int\frac{1}{1+\left(\frac{x}{a}\right)^2}\cdot\frac{1}{a}\mathrm{d}x=\frac{1}{a}\int\frac{1}{1+\left(\frac{x}{a}\right)^2}\mathrm{d}\left(\frac{x}{a}\right)$$
$$=\frac{1}{a}\arctan\left(\frac{x}{a}\right)+C.$$

例 6 求 $\int\frac{1}{x^2-a^2}\mathrm{d}x\ (a>0)$.

解 因为

$$\frac{1}{x^2-a^2}=\frac{1}{2a}\left(\frac{1}{x-a}-\frac{1}{x+a}\right),$$

从而有

$$\int\frac{1}{x^2-a^2}\mathrm{d}x=\frac{1}{2a}\int\left(\frac{1}{x-a}-\frac{1}{x+a}\right)\mathrm{d}x$$
$$=\frac{1}{2a}\left[\int\frac{1}{x-a}\mathrm{d}(x-a)-\int\frac{1}{x+a}\mathrm{d}(x+a)\right]$$
$$=\frac{1}{2a}\left(\ln|x-a|-\ln|x+a|\right)+C$$

$$=\frac{1}{2a}\ln\left|\frac{x-a}{x+a}\right|+C.$$

例 7　求 $\displaystyle\int\frac{1}{\sqrt{a^2-x^2}}\mathrm{d}x\ (a>0)$.

解

$$\int\frac{1}{\sqrt{a^2-x^2}}\mathrm{d}x=\int\frac{1}{\sqrt{1-\left(\frac{x}{a}\right)^2}}\cdot\frac{1}{a}\mathrm{d}x=\int\frac{1}{\sqrt{1-\left(\frac{x}{a}\right)^2}}\mathrm{d}\left(\frac{x}{a}\right)=\arcsin\frac{x}{a}+C.$$

例 8　求 $\displaystyle\int\tan x\mathrm{d}x$.

解

$$\int\tan x\mathrm{d}x=\int\frac{\sin x}{\cos x}\mathrm{d}x=-\int\frac{-\sin x\mathrm{d}x}{\cos x}=-\int\frac{\mathrm{d}(\cos x)}{\cos x}=-\ln|\cos x|+C.$$

例 9　求 $\displaystyle\int\sec x\mathrm{d}x$.

解　方法 1　$\displaystyle\int\sec x\mathrm{d}x=\int\frac{1}{\cos x}\mathrm{d}x=\int\frac{\cos x}{\cos^2 x}\mathrm{d}x=\int\frac{\mathrm{d}(\sin x)}{1-\sin^2 x}$

$$=\frac{1}{2}\ln\left|\frac{1+\sin x}{1-\sin x}\right|+C.$$

方法 2　$\displaystyle\int\sec x\mathrm{d}x=\int\sec x\frac{\sec x+\tan x}{\sec x+\tan x}\mathrm{d}x=\int\frac{\sec^2 x+\sec x\tan x}{\sec x+\tan x}\mathrm{d}x$

$$=\int\frac{\mathrm{d}(\sec x+\tan x)}{\sec x+\tan x}=\ln|\sec x+\tan x|+C.$$

类似地, 可得

$$\int\csc x\mathrm{d}x=\ln|\csc x-\cot x|+C\quad\text{或}\quad-\ln|\csc x+\cot x|+C.$$

例 10　求 $\displaystyle\int\sin^2 x\mathrm{d}x$.

解　方法 1

$$\int\sin^2 x\mathrm{d}x=\int\frac{1-\cos 2x}{2}\mathrm{d}x=\frac{1}{2}\int\mathrm{d}x-\frac{1}{2}\int\cos 2x\mathrm{d}x$$
$$=\frac{x}{2}-\frac{1}{4}\int\cos 2x\mathrm{d}(2x)=\frac{x}{2}-\frac{1}{4}\sin 2x+C.$$

方法 2

$$\begin{aligned}\int \sin^2 x\mathrm{d}x &= \frac{1}{2}\int 2\sin^2 x\mathrm{d}x = \frac{1}{2}\int (\sin^2 x + \cos^2 x + \sin^2 x - \cos^2 x)\mathrm{d}x \\ &= \frac{1}{2}\int (\sin^2 x + \cos^2 x)\mathrm{d}x - \frac{1}{2}\int (\cos^2 x - \sin^2 x)\mathrm{d}x \\ &= \frac{x}{2} - \frac{1}{2}\int (\sin x + \cos x)(\cos x - \sin x)\mathrm{d}x \\ &= \frac{x}{2} - \frac{1}{2}\int (\sin x + \cos x)\mathrm{d}(\sin x + \cos x) \\ &= \frac{x}{2} - \frac{1}{4}(\sin x + \cos x)^2 + C.\end{aligned}$$

类似地, 可得

$$\int \cos^2 x\mathrm{d}x = \frac{x}{2} + \frac{1}{4}\sin 2x + C,$$

或者

$$\int \cos^2 x\mathrm{d}x = \frac{x}{2} + \frac{1}{4}(\sin x + \cos x)^2 + C.$$

由例 10 可知, 不定积分的最后计算结果在形式上可能会因为采用的计算方法不同而不同, 但本质上是一致的. 因为

$$\frac{1}{4}(\sin x + \cos x)^2 = \frac{1}{4}(\sin^2 x + \cos^2 x + 2\sin x\cos x) = \frac{1}{4}\sin 2x + \frac{1}{4}.$$

例 11 求 $\int \cos^3 x\mathrm{d}x$.

解

$$\int \cos^3 x\mathrm{d}x = \int \cos^2 x\mathrm{d}(\sin x) = \int \left(1 - \sin^2 x\right)\mathrm{d}(\sin x) = \sin x - \frac{1}{3}\sin^3 x + C.$$

通过上面的例子, 可以看到凑微分法在求不定积分中所起的作用. 下面人们给出一些常见的凑微分形式:

(1) $\int f(ax+b)\mathrm{d}x = \frac{1}{a}\int f(ax+b)\mathrm{d}(ax+b)(a \neq 0)$;

(2) $\int f(x^\mu)x^{\mu-1}\mathrm{d}x = \frac{1}{\mu}\int f(x^\mu)\mathrm{d}(x^\mu)(\mu \neq 0)$;

(3) $\int f(a^x)a^x\mathrm{d}x = \frac{1}{\ln a}\int f(a^x)\mathrm{d}(a^x)(a \neq 1, a > 0)$;

(4) $\int f(\ln x)\frac{\mathrm{d}x}{x}=\int f(\ln x)\mathrm{d}(\ln x)$;

(5) $\int f(\sin x)\cos x\mathrm{d}x=\int f(\sin x)\mathrm{d}(\sin x)$;

(6) $\int f(\cos x)\sin x\mathrm{d}x=-\int f(\cos x)\mathrm{d}(\cos x)$;

(7) $\int f(\tan x)\sec^2 x\mathrm{d}x=\int f(\tan x)\mathrm{d}(\tan x)$;

(8) $\int f(\cot x)\csc^2 x\mathrm{d}x=-\int f(\cot x)\mathrm{d}(\cot x)$;

(9) $\int f(\arcsin x)\frac{\mathrm{d}x}{\sqrt{1-x^2}}=\int f(\arcsin x)\mathrm{d}(\arcsin x)$;

(10) $\int f(\arctan x)\frac{\mathrm{d}x}{1+x^2}=\int f(\arctan x)\mathrm{d}(\arctan x)$.

2) 第二类换元积分法

前面介绍的第一类换元积分法是通过变量代换 $u=\varphi(x)$, 将积分

$$\int f[\varphi(x)]\varphi'(x)\mathrm{d}x \quad \text{化成} \quad \int f(u)\mathrm{d}u.$$

有时, 与此情形相反, 当积分 $\int f(u)\mathrm{d}u$ 不易计算时, 通过变换 $u=\varphi(x)$, 将积分

$$\int f(u)\mathrm{d}u \quad \text{化成} \quad \int f[\varphi(x)]\varphi'(x)\mathrm{d}x$$

来计算. 这种求不定积分的方法刚好与第一类换元积分法相反, 称之为**第二类换元积分法**.

定理 3.4.2　设函数 $x=\varphi(t)$ 单调可导, 且 $\varphi'(t)\neq 0$, 又 $f[\varphi(t)]\varphi'(t)$ 有原函数 $F(t)$, 则有

$$\int f(x)\mathrm{d}x=\int f[\varphi(t)]\varphi'(t)\mathrm{d}t=F(t)+C=F\left[\varphi^{-1}(x)\right]+C,$$

其中 $t=\varphi^{-1}(x)$ 是 $x=\varphi(t)$ 的反函数.

证　令 $\Phi(x)=F\left[\varphi^{-1}(x)\right]$, $t=\varphi^{-1}(x)$, 由复合函数与反函数求导法则, 有

$$\Phi'(x)=\frac{\mathrm{d}F(t)}{\mathrm{d}t}\cdot\frac{\mathrm{d}t}{\mathrm{d}x}=f[\varphi(t)]\varphi'(t)\cdot\frac{1}{\varphi'(t)}=f[\varphi(t)]=f(x),$$

即 $\Phi(x)$ 是函数 $f(x)$ 的原函数. 因此

$$\int f(x)\mathrm{d}x=F\left[\varphi^{-1}(x)\right]+C.$$

现在举例说明第二类换元积分法的应用.

例 12 求 $\int \frac{\sqrt{1+x}}{x}\mathrm{d}x$.

解 设 $\sqrt{1+x}=t$, 则 $x=t^2-1$, $\mathrm{d}x=2t\mathrm{d}t$, 从而

$$\begin{aligned}\int \frac{\sqrt{1+x}}{x}\mathrm{d}x &= \int \frac{t}{t^2-1}\cdot 2t\mathrm{d}t = 2\int \frac{t^2-1+1}{t^2-1}\mathrm{d}t \\ &= 2\int \mathrm{d}t + \int \left(\frac{1}{t-1}-\frac{1}{t+1}\right)\mathrm{d}t \\ &= 2t+\ln\left|\frac{t-1}{t+1}\right|+C \\ &= 2\sqrt{1+x}+\ln\left|\frac{\sqrt{1+x}-1}{\sqrt{1+x}+1}\right|+C.\end{aligned}$$

例 13 求 $\int \sqrt{a^2-x^2}\mathrm{d}x\ (a>0)$.

解 设 $x=a\sin t\left(-\frac{\pi}{2}<t<\frac{\pi}{2}\right)$, 则 $\sqrt{a^2-x^2}=a\cos t$, $\mathrm{d}x=a\cos t\mathrm{d}t$, 所以

$$\begin{aligned}\int \sqrt{a^2-x^2}\mathrm{d}x &= a^2\int \cos^2 t\mathrm{d}t = a^2\int \frac{1+\cos 2t}{2}\mathrm{d}t \\ &= \frac{a^2}{2}\int \mathrm{d}t + \frac{a^2}{4}\int \cos 2t\mathrm{d}(2t) \\ &= \frac{1}{2}a^2 t+\frac{1}{4}a^2\sin 2t+C \\ &= \frac{1}{2}a^2 t+\frac{1}{2}a^2\sin t\cos t+C \\ &= \frac{1}{2}a^2\arcsin\frac{x}{a}+\frac{1}{2}x\sqrt{a^2-x^2}+C.\end{aligned}$$

例 14 求 $\int \frac{\mathrm{d}x}{\sqrt{x^2-a^2}}\ (a>0)$.

解 由于被积函数的定义域为 $(-\infty,-a)\cup(a,+\infty)$, 所以需要分别在两个区间内求其不定积分.

当 $x>a$ 时, 设 $x=a\sec t\left(0<t<\frac{\pi}{2}\right)$, 则

$$\sqrt{x^2-a^2}=\sqrt{a^2\sec^2 t-a^2}=a\tan t,\quad \mathrm{d}x=a\sec t\tan t\mathrm{d}t,$$

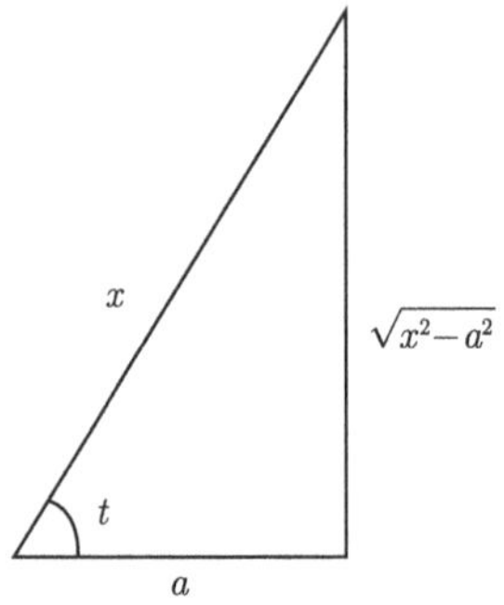

图 3.12

从而

$$\int \frac{\mathrm{d}x}{\sqrt{x^2-a^2}} = \int \frac{a\sec t\tan t}{a\tan t}\mathrm{d}t = \int \sec t\mathrm{d}t$$
$$= \ln|\sec t + \tan t| + C.$$

为将 $\sec t$ 与 $\tan t$ 换成 x 的函数, 可以根据 $\sec t = \frac{x}{a}$ 作辅助三角形 (图 3.12), 得到 $\tan t = \frac{\sqrt{x^2-a^2}}{a}$, 因此

$$\int \frac{\mathrm{d}x}{\sqrt{x^2-a^2}} = \ln\left|x+\sqrt{x^2-a^2}\right| + C.$$

当 $x < -a$ 时, 令 $x = -u$, 则 $u > a$. 从而

$$\begin{aligned}\int \frac{\mathrm{d}x}{\sqrt{x^2-a^2}} &= -\int \frac{\mathrm{d}u}{\sqrt{u^2-a^2}} = -\ln\left|u+\sqrt{u^2-a^2}\right| + C_1\\ &= -\ln\left|-x+\sqrt{x^2-a^2}\right| + C_1\\ &= \ln\left|\frac{x+\sqrt{x^2-a^2}}{a^2}\right| + C_1 = \ln\left|x+\sqrt{x^2-a^2}\right| + C,\end{aligned}$$

其中 $C = C_1 - 2\ln a$. 综上所述, 则有

$$\int \frac{\mathrm{d}x}{\sqrt{x^2-a^2}} = \ln\left|x+\sqrt{x^2-a^2}\right| + C.$$

例 15 求 $\int \frac{\mathrm{d}x}{\sqrt{x^2+a^2}}\ (a>0)$.

解 设 $x = a\tan t\left(-\frac{\pi}{2} < t < \frac{\pi}{2}\right)$, 则

$$\sqrt{x^2+a^2} = \sqrt{a^2\tan^2 t + a^2} = a\sec t, \quad \mathrm{d}x = a\sec^2 t\mathrm{d}t,$$

从而

$$\int \frac{\mathrm{d}x}{\sqrt{x^2+a^2}} = \int \frac{a\sec^2 t}{a\sec t}\mathrm{d}t = \int \sec t\mathrm{d}t = \ln(\sec t + \tan t) + C_1.$$

与例 14 类似, 可将 $\sec t$ 与 $\tan t$ 换成 x 的函数, 根据 $\tan t = \frac{x}{a}$ 作辅助三角形, 得到 $\sec t = \frac{\sqrt{x^2+a^2}}{a}$, 因此

$$\int \frac{\mathrm{d}x}{\sqrt{x^2+a^2}} = \ln\left|x+\sqrt{x^2+a^2}\right| + C \quad (C = C_1 - \ln a).$$

一般地, 求积分 $\int f(x)\mathrm{d}x$ 运用第二类换元积分法, 关键是通过换元将被积函数 $f(x)$ 中的根式消除掉, 归纳起来, 主要有以下几种常见换元技巧:

(1) 当根式为 $\sqrt{ax+b}$ 时, 则令 $t=\sqrt{ax+b}$;

(2) 当根式为 $\sqrt[n]{ax+b}$ 时, 则令 $t=\sqrt[n]{ax+b}$;

(3) 当根式为 $\sqrt{a^2-x^2}$ 时, 则令 $x=a\sin t$ (或 $x=a\cos t$);

(4) 当根式为 $\sqrt{a^2+x^2}$ 时, 则令 $x=a\tan t$ (或 $x=a\cot t$);

(5) 当根式为 $\sqrt{x^2-a^2}$ 时, 则令 $x=a\sec t$ (或 $x=a\csc t$).

在使用第二类换元积分法时, 应根据被积函数的形式, 尽可能选取简捷的换元技巧, 并随时与函数的恒等变形、不定积分性质、第一类换元积分法等结合起来.

例 16 求 $\int 2\mathrm{e}^x\sqrt{1-\mathrm{e}^{2x}}\mathrm{d}x$.

解 令 $u=\mathrm{e}^x$, 则 $\mathrm{d}u=\mathrm{e}^x\mathrm{d}x$, 从而

$$\int 2\mathrm{e}^x\sqrt{1-\mathrm{e}^{2x}}\mathrm{d}x=\int 2\sqrt{1-u^2}\mathrm{d}u,$$

由例 13 的结果可知

$$\int\sqrt{1-u^2}\mathrm{d}u=\frac{1}{2}\arcsin u+\frac{1}{2}u\sqrt{1-u^2}+C_1,$$

从而

$$\int 2\mathrm{e}^x\sqrt{1-\mathrm{e}^{2x}}\mathrm{d}x=\arcsin\mathrm{e}^x+\mathrm{e}^x\sqrt{1-\mathrm{e}^{2x}}+C.$$

例 17 求 $\int\frac{\sin x}{\sin x+\cos x}\mathrm{d}x$.

解 **方法 1** 利用第二类换元积分法:

令 $t=\tan x$, 则 $x=\arctan t, \mathrm{d}x=\frac{1}{1+t^2}\mathrm{d}t$, 有

$$\begin{aligned}\int\frac{\sin x}{\sin x+\cos x}\mathrm{d}x&=\int\frac{\tan x}{\tan x+1}\mathrm{d}x=\int\frac{t}{(1+t)(1+t^2)}\mathrm{d}t\\&=\frac{1}{2}\int\left(\frac{-1}{1+t}+\frac{1+t}{1+t^2}\right)\mathrm{d}t\\&=-\frac{1}{2}\ln|1+t|+\frac{1}{4}\int\frac{\mathrm{d}(1+t^2)}{1+t^2}+\frac{1}{2}\int\frac{\mathrm{d}t}{1+t^2}\\&=-\frac{1}{2}\ln|1+t|+\frac{1}{4}\ln(1+t^2)+\frac{1}{2}\arctan t+C\end{aligned}$$

$$= \frac{1}{4}\ln\frac{1+t^2}{(1+t)^2} + \frac{1}{2}\arctan t + C$$

$$= \frac{1}{4}\ln\frac{1+(\tan x)^2}{(1+\tan x)^2} + \frac{x}{2} + C.$$

方法 2　利用第一类换元积分法:

$$\begin{aligned}\int\frac{\sin x}{\sin x+\cos x}\mathrm{d}x &= \frac{1}{2}\int\frac{2\sin x}{\sin x+\cos x}\mathrm{d}x = \frac{1}{2}\int\frac{\sin x+\cos x-\cos x+\sin x}{\sin x+\cos x}\mathrm{d}x \\ &= \frac{1}{2}\int\frac{\sin x+\cos x}{\sin x+\cos x}\mathrm{d}x - \frac{1}{2}\int\frac{\cos x-\sin x}{\sin x+\cos x}\mathrm{d}x \\ &= \frac{x}{2} - \frac{1}{2}\int\frac{\mathrm{d}(\sin x+\cos x)}{\sin x+\cos x} \\ &= \frac{x}{2} - \frac{1}{2}\ln|\sin x+\cos x| + C.\end{aligned}$$

例 17 说明利用换元法计算不定积分, 到底是利用第一类换元积分法还是第二类换元积分法并不是绝对的, 应该充分比较被积函数的特点.

下面通过例子来介绍一种非常有用的变量代换方法——倒代换, 特别地, 当分母的阶较高时, 利用倒代换常常会更加简便.

例 18　求 $\displaystyle\int\frac{1}{x(x^7+2)}\mathrm{d}x$.

解　**方法 1**　利用倒代换: 令 $x=\dfrac{1}{t}$, 则 $x=\dfrac{1}{t}, \mathrm{d}x = -\dfrac{1}{t^2}\mathrm{d}t$, 因此

$$\begin{aligned}\int\frac{1}{x(x^7+2)}\mathrm{d}x &= \int\frac{t}{\left(\frac{1}{t}\right)^7+2}\cdot\left(-\frac{1}{t^2}\right)\mathrm{d}t = -\int\frac{t^6}{1+2t^7}\mathrm{d}t \\ &= -\frac{1}{14}\int\frac{2\cdot 7t^6}{1+2t^7}\mathrm{d}t = -\frac{1}{14}\ln|1+2t^7| + C \\ &= -\frac{1}{14}\ln|2+x^7| + \frac{1}{2}\ln|x| + C.\end{aligned}$$

方法 2　利用第一类换元积分法: 令 $u=x^7$, 则 $\mathrm{d}u = 7x^6\mathrm{d}x$, 因此

$$\begin{aligned}\int\frac{1}{x(x^7+2)}\mathrm{d}x &= \int\frac{x^6}{x^7(x^7+2)}\mathrm{d}x = \frac{1}{7}\int\frac{7x^6}{x^7(x^7+2)}\mathrm{d}x \\ &= \frac{1}{7}\int\frac{1}{u(u+2)}\mathrm{d}u = \frac{1}{14}\int\left(\frac{1}{u} - \frac{1}{u+2}\right)\mathrm{d}u\end{aligned}$$

$$
\begin{aligned}
&= \frac{1}{14}\ln|u| - \frac{1}{14}\ln|u+2| + C \\
&= \frac{1}{2}\ln|x| - \frac{1}{14}\ln|x^7+2| + C.
\end{aligned}
$$

方法 3 再用第一类换元积分法:

$$
\begin{aligned}
\int \frac{1}{x(x^7+2)}\mathrm{d}x &= \frac{1}{2}\int \frac{2}{x(x^7+2)}\mathrm{d}x = \frac{1}{2}\int \frac{2+x^7-x^7}{x(x^7+2)}\mathrm{d}x \\
&= \frac{1}{2}\int \frac{1}{x}\mathrm{d}x - \frac{1}{2}\int \frac{x^6}{x^7+2}\mathrm{d}x \\
&= \frac{1}{2}\ln|x| - \frac{1}{14}\int \frac{7x^6}{x^7+2}\mathrm{d}x \\
&= \frac{1}{2}\ln|x| - \frac{1}{14}\int \frac{1}{x^7+2}\mathrm{d}(x^7+2) \\
&= \frac{1}{2}\ln|x| - \frac{1}{14}\ln|x^7+2| + C.
\end{aligned}
$$

例 18 说明在计算不定积分的过程中, 可用的方法、技巧灵活多变, 建议学习过程中多做多练多思.

2. 定积分的换元积分法

由牛顿–莱布尼茨公式可知, 当函数 $f(x)$ 在区间 $[a,b]$ 上连续时, 求定积分 $\int_a^b f(x)\mathrm{d}x$ 的问题最后可以转化为求 $f(x)$ 的任意一个原函数 $F(x)$ 在积分区间 $[a,b]$ 上的增量. 因此, 可以把求不定积分的积分方法应用到求定积分的计算中来.

引例 3.4.2 求 $\int_0^a \sqrt{a^2-x^2}\mathrm{d}x\ (a>0)$.

由例 13 可知 $\frac{1}{2}a^2\arcsin\frac{x}{a} + \frac{1}{2}x\sqrt{a^2-x^2}$ 是 $\sqrt{a^2-x^2}$ 的一个原函数, 因此

$$
\int_0^a \sqrt{a^2-x^2}\mathrm{d}x = \left(\frac{1}{2}a^2\arcsin\frac{x}{a} + \frac{1}{2}x\sqrt{a^2-x^2}\right)\Bigg|_0^a = \frac{\pi a^2}{4}.
$$

在计算 $\int \sqrt{a^2-x^2}\mathrm{d}x$ 的过程中, 令 $x = a\sin t\left(-\frac{\pi}{2} < x < \frac{\pi}{2}\right)$, 将积分

$$
\int \sqrt{a^2-x^2}\mathrm{d}x \quad 化为 \quad a^2\int \cos^2 t\mathrm{d}t,
$$

而

$$a^2\int\cos^2 t\mathrm{d}t=a^2\left(\frac{t}{2}+\frac{\sin 2t}{4}\right)+C,$$

即

$$\int\sqrt{a^2-x^2}\mathrm{d}x=\frac{1}{2}a^2\arcsin\frac{x}{a}+\frac{1}{2}x\sqrt{a^2-x^2}+C.$$

再将 $t=\arcsin\dfrac{x}{a}$ 代入而得.

作变换 $x=a\sin t$, 因为当 $x=a$ 时, 有 $t=\dfrac{\pi}{2}$; 当 $x=0$ 时, 有 $t=0$. 所以当变量 $x\in[0,a]$ 时, 变量 t 对应的区间为 $\left[0,\dfrac{\pi}{2}\right]$. 又因 $\dfrac{1}{2}a^2t+\dfrac{1}{4}a^2\sin 2t$ 是 $a^2\cos^2 t$ 的一个原函数, 则有

$$\int_0^{\frac{\pi}{2}}a^2\cos^2 t\mathrm{d}t=\left(\frac{1}{2}a^2t+\frac{1}{4}a^2\sin 2t\right)\Bigg|_0^{\frac{\pi}{2}}=\frac{\pi a^2}{4}.$$

由引例 3.4.2 可以看出, 利用 $x=\varphi(t)$ 把积分变量 x 转换成积分变量 t, 若将 x 的积分限也换成变量 t 的对应值, 则计算定积分就不必像计算不定积分那样, 再将 t 转换成 x 的函数了. 即有如下定理.

定理 3.4.3 设函数 $f(x)$ 在闭区间 $[a,b]$ 上连续, 函数 $x=\varphi(t)$ 在闭区间 $[\alpha,\beta]$ 上有连续导数, 且 $\varphi(\alpha)=a$, $\varphi(\beta)=b$ 及 $a\leqslant\varphi(t)\leqslant b(t\in[\alpha,\beta])$, 则

$$\int_a^b f(x)\mathrm{d}x=\int_\alpha^\beta f[\varphi(t)]\varphi'(t)\mathrm{d}t.$$

证 设 $F(x)$ 是 $f(x)$ 的一个原函数, 则 $\displaystyle\int_a^b f(x)\mathrm{d}x=F(b)-F(a)$. 设 $\Phi(t)=F[\varphi(t)]$, 则

$$\Phi'(t)=F'[\varphi(t)]\varphi'(t)=f[\varphi(t)]\varphi'(t),$$

从而 $\Phi(t)$ 是 $f[\varphi(t)]\varphi'(t)$ 的一个原函数. 因此有

$$\int_\alpha^\beta f[\varphi(t)]\varphi'(t)\mathrm{d}t=\Phi(\beta)-\Phi(\alpha).$$

又 $\Phi(t)=F[\varphi(t)]$ 以及 $\varphi(\alpha)=a$, $\varphi(\beta)=b$, 故

$$\Phi(\beta)-\Phi(\alpha)=F[\varphi(\beta)]-F[\varphi(\alpha)]=F(b)-F(a),$$

所以

$$\int_a^b f(x)\mathrm{d}x = F(b) - F(a) = \Phi(\beta) - \Phi(\alpha) = \int_\alpha^\beta f[\varphi(t)]\varphi'(t)\mathrm{d}t.$$

注 (1) 积分限是积分变量的变化范围, 如果积分变量改变了, 则积分限必须同时改变, 如果积分变量不变 (例如用凑微分法时), 则积分限不变. 即**要变则都变, 不变则都不变**.

(2) 在定理 3.4.3 的结论中, 新积分变量 t 的上限 β 对应于旧积分变量 x 的上限 b, 新积分变量 t 的下限 α 对应于旧积分变量 x 的下限 a. 即**上限对上限, 下限对下限**.

例 19 求 $\displaystyle\int_{-2}^0 \frac{\mathrm{d}x}{x^2+2x+2}$.

解 由于

$$\frac{1}{x^2+2x+2} = \frac{1}{(x^2+2x+1)+1} = \frac{1}{(x+1)^2+1}.$$

令 $x+1=t$, 则有 $\mathrm{d}x=\mathrm{d}t$; 当 $x=-2$ 时, $t=-1$; 当 $x=0$ 时, $t=1$. 于是

$$\begin{aligned}\int_{-2}^0 \frac{\mathrm{d}x}{x^2+2x+2} &= \int_{-2}^0 \frac{\mathrm{d}(x+1)}{(x+1)^2+1} = \int_{-1}^1 \frac{\mathrm{d}t}{1+t^2} \\ &= \arctan t\Big|_{-1}^1 = \frac{\pi}{2}.\end{aligned}$$

例 20 求 $\displaystyle\int_4^9 \frac{\sqrt{x}}{\sqrt{x}-1}\mathrm{d}x$.

解 令 $\sqrt{x}=t$, 则有 $x=t^2$, $\mathrm{d}x=2t\mathrm{d}t$; 当 $x=4$ 时, $t=2$; 当 $x=9$ 时, $t=3$. 于是

$$\begin{aligned}\int_4^9 \frac{\sqrt{x}}{\sqrt{x}-1}\mathrm{d}x &= \int_2^3 \frac{t\cdot 2t}{t-1}\mathrm{d}t = \int_2^3 \frac{2t^2}{t-1}\mathrm{d}t \\ &= 2\int_2^3 \frac{(t^2-1)+1}{t-1}\mathrm{d}t \\ &= 2\int_2^3 \left(t+1+\frac{1}{t-1}\right)\mathrm{d}t \\ &= 2\int_2^3 (t+1)\mathrm{d}t + 2\int_2^3 \frac{1}{t-1}\mathrm{d}t \\ &= (t+1)^2\Big|_2^3 + 2\ln(t-1)\Big|_2^3\end{aligned}$$

$$= 16 - 9 + 2\ln 2 - 2\ln 1 = 7 + 2\ln 2.$$

例 21　求 $\int_0^1 x^2\sqrt{1-x^2}\mathrm{d}x$.

解　令 $x = \sin t$, 则有 $\mathrm{d}x = \cos t\mathrm{d}t$; 当 $x = 0$ 时, $t = 0$; $x = 1$ 时, $t = \frac{\pi}{2}$. 于是

$$\begin{aligned}\int_0^1 x^2\sqrt{1-x^2}\mathrm{d}x &= \int_0^{\frac{\pi}{2}} \sin^2 t\cos^2 t\mathrm{d}t = \frac{1}{4}\int_0^{\frac{\pi}{2}} \sin^2 2t\mathrm{d}t \\ &= \frac{1}{8}\int_0^{\frac{\pi}{2}} (1-\cos 4t)\,\mathrm{d}t \\ &= \frac{1}{8}\left(t - \frac{1}{4}\sin 4t\right)\Big|_0^{\frac{\pi}{2}} = \frac{\pi}{16}.\end{aligned}$$

例 22　设常数 $a > 0$, 函数 $f(x)$ 在 $[-a, a]$ 上连续, 证明:

(1) 当 $f(x)$ 为偶函数时, $\int_{-a}^{a} f(x)\mathrm{d}x = 2\int_0^a f(x)\mathrm{d}x$;

(2) 当 $f(x)$ 为奇函数时, $\int_{-a}^{a} f(x)\mathrm{d}x = 0$.

证　因为

$$\int_{-a}^{a} f(x)\mathrm{d}x = \int_{-a}^{0} f(x)\mathrm{d}x + \int_0^a f(x)\mathrm{d}x.$$

在 $\int_{-a}^{0} f(x)\mathrm{d}x$ 中令 $x = -t$, 则有

$$\int_{-a}^{0} f(x)\mathrm{d}x = -\int_a^0 f(-t)\mathrm{d}t = \int_0^a f(-t)\mathrm{d}t = \int_0^a f(-x)\mathrm{d}x,$$

因此

$$\begin{aligned}\int_{-a}^{a} f(x)\mathrm{d}x &= \int_{-a}^{0} f(x)\mathrm{d}x + \int_0^a f(x)\mathrm{d}x \\ &= \int_0^a [f(x) + f(-x)]\,\mathrm{d}x.\end{aligned}$$

(1) 当 $f(x)$ 为偶函数时, 则有

$$f(x) + f(-x) = 2f(x),$$

从而

$$\int_{-a}^{a} f(x)\mathrm{d}x = 2\int_{0}^{a} f(x)\mathrm{d}x.$$

(2) 当 $f(x)$ 为奇函数时, 则有

$$f(x) + f(-x) = 0,$$

从而

$$\int_{-a}^{a} f(x)\mathrm{d}x = 0.$$

例 23 设函数 $f(x)$ 在 $[0,T]$ 上连续, 且 $f(x)$ 为周期函数, 周期为 T, 试证: 对任意 $a \in \mathbf{R}$, 恒有

$$\int_{0}^{T} f(x)\mathrm{d}x = \int_{a}^{a+T} f(x)\mathrm{d}x.$$

证 由定积分的积分区间可加性, 可得

$$\int_{a}^{a+T} f(x)\mathrm{d}x = \int_{a}^{0} f(x)\mathrm{d}x + \int_{0}^{T} f(x)\mathrm{d}x + \int_{T}^{T+a} f(x)\mathrm{d}x.$$

对于定积分

$$\int_{T}^{T+a} f(x)\mathrm{d}x,$$

令 $x = t + T$, 则 $\mathrm{d}x = \mathrm{d}t$, 因此

$$\int_{T}^{T+a} f(x)\mathrm{d}x = \int_{0}^{a} f(t+T)\mathrm{d}t = \int_{0}^{a} f(t)\mathrm{d}t = -\int_{a}^{0} f(x)\mathrm{d}x.$$

从而

$$\int_{0}^{T} f(x)\mathrm{d}x = \int_{a}^{a+T} f(x)\mathrm{d}x.$$

例 24 设函数 $f(x)$ 在 $[0,1]$ 上连续, 试证:

$$\int_{0}^{\frac{\pi}{2}} f(\sin x)\mathrm{d}x = \int_{0}^{\frac{\pi}{2}} f(\cos x)\mathrm{d}x.$$

证 令 $x = \dfrac{\pi}{2} - t$, 则有 $\mathrm{d}x = -\mathrm{d}t$; 当 $x = 0$ 时, $t = \dfrac{\pi}{2}$; 当 $x = \dfrac{\pi}{2}$ 时, $t = 0$. 于是

$$\int_{0}^{\frac{\pi}{2}} f(\sin x)\mathrm{d}x = \int_{\frac{\pi}{2}}^{0} f\left[\sin\left(\frac{\pi}{2} - t\right)\right](-1)\mathrm{d}t$$

$$= -\int_{\frac{\pi}{2}}^{0} f(\cos t)\mathrm{d}t = \int_{0}^{\frac{\pi}{2}} f(\cos t)\mathrm{d}t = \int_{0}^{\frac{\pi}{2}} f(\cos x)\mathrm{d}x,$$

即

$$\int_{0}^{\frac{\pi}{2}} f(\sin x)\mathrm{d}x = \int_{0}^{\frac{\pi}{2}} f(\cos x)\mathrm{d}x.$$

问题探究

当函数 $f(x)=x^n$ 时, 由例 23 的结论可知

$$\int_{0}^{\frac{\pi}{2}} \sin^n x\mathrm{d}x = \int_{0}^{\frac{\pi}{2}} \cos^n x\mathrm{d}x.$$

当 $n=2$ 时, 又因为

$$\int_{0}^{\frac{\pi}{2}} (\sin^2 x + \cos^2 x)\mathrm{d}x = \int_{0}^{\frac{\pi}{2}} 1\mathrm{d}x = \frac{\pi}{2}.$$

因此有

$$\int_{0}^{\frac{\pi}{2}} \sin^2 x\mathrm{d}x = \int_{0}^{\frac{\pi}{2}} \cos^2 x\mathrm{d}x = \frac{\pi}{4}.$$

3.4.2 分部积分法

1. 不定积分的分部积分法

基于复合函数求导法则所得到的换元积分法, 为求解不定积分和定积分提供了一类非常有效的解决方法. 然而面对下列积分

$$\int \ln x\mathrm{d}x,\ \int x\sin x\mathrm{d}x,\ \int \mathrm{e}^x\cos x\mathrm{d}x, \cdots$$

换元积分法对此却感觉到无能为力. 为此利用两个函数乘积的求导法则, 推导得到另一种求积分的基本方法: **分部积分法**.

设 $u=u(x), v=v(x)$ 有连续的导数. 由于

$$(uv)' = u'v + uv',$$

移项得

$$uv' = (uv)' - u'v,$$

等式两边同时积分, 得

$$\int uv'\mathrm{d}x = \int [(uv)' - u'v]\mathrm{d}x,$$

从而有

$$\int uv'\mathrm{d}x = uv - \int u'v\mathrm{d}x, \tag{3.4.2}$$

即

$$\int u\mathrm{d}v = uv - \int v\mathrm{d}u. \tag{3.4.3}$$

公式 (3.4.2) 和 (3.4.3) 称为**分部积分公式**. 如果积分 $\int u\mathrm{d}v$ 或者 $\int uv'\mathrm{d}x$ 难求, 而 $\int v\mathrm{d}u$ 或者 $\int u'v\mathrm{d}x$ 易求, 则可考虑运用分部积分公式来求积分.

下面通过一个定理给出上述结论.

定理 3.4.4 若函数 $u=u(x), v=v(x)$ 具有连续导数, 则

$$\int uv'\mathrm{d}x = \int u\mathrm{d}v = uv - \int u'v\mathrm{d}x = uv - \int v\mathrm{d}u.$$

下面通过例子, 来展示分部积分公式的重要应用.

例 25 求 $\int x\sin x\mathrm{d}x$.

解 设 $u=x$, $\mathrm{d}v=\sin x\mathrm{d}x$, 则 $v=-\cos x$, $\mathrm{d}u=\mathrm{d}x$. 于是

$$\int x\sin x\mathrm{d}x = -x\cos x + \int \cos x\mathrm{d}x = -x\cos x + \sin x + C.$$

可是, 如果设 $u=\sin x$, $\mathrm{d}v=x\mathrm{d}x$, 则

$$v=\frac{1}{2}x^2, \quad \mathrm{d}u=\cos x\mathrm{d}x.$$

于是

$$\int x\sin x\mathrm{d}x = \frac{1}{2}x^2\sin x - \int \frac{1}{2}x^2\cos x\mathrm{d}x.$$

上式右端的积分比原积分似乎更难求解.

由此可见, 选取 u 和 v' (或 $\mathrm{d}v$) 不当时, 不仅不能将问题化简, 反而有可能将问题变得更加复杂. 因此, 在利用分部积分法时, 关键是选取恰当的 u 和 v' (或 $\mathrm{d}v$).

选择 u 和 v' (或 $\mathrm{d}v$), 通常基于以下两个原则:

(1) v 要容易求得;

(2) $\int v\mathrm{d}u$ 要比 $\int u\mathrm{d}v$ 容易求出.

例 26 求 $\int x\mathrm{e}^x\mathrm{d}x$.

解 设 $u=x$, $\mathrm{d}v=\mathrm{e}^x\mathrm{d}x$, 则 $v=\mathrm{e}^x$, $\mathrm{d}u=\mathrm{d}x$. 于是

$$\int x\mathrm{e}^x\mathrm{d}x=x\mathrm{e}^x-\int\mathrm{e}^x\mathrm{d}x=x\mathrm{e}^x-\mathrm{e}^x+C.$$

例 27 求 $\int x^2\cos x\mathrm{d}x$.

解 设 $u=x^2$, $\mathrm{d}v=\cos x\mathrm{d}x$, 则 $v=\sin x$, $\mathrm{d}u=2x\mathrm{d}x$. 于是

$$\begin{aligned}\int x^2\cos x\mathrm{d}x&=x^2\sin x-\int\sin x\mathrm{d}(x^2)\\&=x^2\sin x-2\int x\sin x\mathrm{d}x.\end{aligned}$$

由例 25 的结果可得

$$\int x\sin x\mathrm{d}x=-x\cos x+\sin x+C,$$

于是

$$\int x^2\cos x\mathrm{d}x=x^2\sin x+2x\cos x-2\sin x+C.$$

由上面三个例子可以看出, 当被积函数是幂函数与三角函数 (或指数函数) 的乘积时, 可以将幂函数设为 u; 则每运用一次分部积分公式, 幂函数的幂次就会降低一次, 从而将积分化简. 值得注意的是: 此处幂函数的幂次为正整数.

当同学们熟悉了分部积分法之后, 在运用分部积分公式求积分的过程中, 就不一定要引入符号 u 和 v', 完全可以采用先凑微分再分部积分的方式进行求解. 例如, 例 27 的求解过程可以表述如下:

$$\begin{aligned}\int x^2\cos x\mathrm{d}x&=\int x^2\mathrm{d}(\sin x)=x^2\sin x-\int\sin x\mathrm{d}(x^2)\\&=x^2\sin x-2\int x\sin x\mathrm{d}x=x^2\sin x+2\int x\mathrm{d}(\cos x)\\&=x^2\sin x+2x\cos x-2\int\cos x\mathrm{d}x\\&=x^2\sin x+2x\cos x-2\sin x+C.\end{aligned}$$

例 28 求 $\int x\ln x\mathrm{d}x$.

解 $$\int x\ln x\mathrm{d}x=\frac{1}{2}\int\ln x\mathrm{d}\left(x^2\right)=\frac{1}{2}x^2\ln x-\frac{1}{2}\int x^2\mathrm{d}(\ln x)$$
$$=\frac{1}{2}x^2\ln x-\frac{1}{2}\int x\mathrm{d}x=\frac{1}{2}x^2\ln x-\frac{1}{4}x^2+C.$$

例 29 求 $\int x\arctan x\mathrm{d}x$.

解 $$\int x\arctan x\mathrm{d}x=\frac{1}{2}\int\arctan x\mathrm{d}\left(x^2\right)=\frac{1}{2}x^2\arctan x-\frac{1}{2}\int x^2\mathrm{d}(\arctan x)$$
$$=\frac{1}{2}x^2\arctan x-\frac{1}{2}\int\frac{x^2}{1+x^2}\mathrm{d}x$$
$$=\frac{1}{2}x^2\arctan x-\frac{1}{2}\int\frac{1+x^2-1}{1+x^2}\mathrm{d}x$$
$$=\frac{1}{2}x^2\arctan x-\frac{1}{2}\left(\int\mathrm{d}x-\int\frac{1}{1+x^2}\mathrm{d}x\right)$$
$$=\frac{1}{2}x^2\arctan x-\frac{1}{2}x+\frac{1}{2}\arctan x+C.$$

例 30 求 $\int\arcsin x\mathrm{d}x$.

解 $$\int\arcsin x\mathrm{d}x=x\arcsin x-\int x\mathrm{d}(\arcsin x)$$
$$=x\arcsin x-\int\frac{x}{\sqrt{1-x^2}}\mathrm{d}x$$
$$=x\arcsin x+\frac{1}{2}\int\frac{\mathrm{d}\left(1-x^2\right)}{\sqrt{1-x^2}}$$
$$=x\arcsin x+\sqrt{1-x^2}+C.$$

由上面三个例子可以看出, 当被积函数为幂函数 (例 29 中幂函数为 1) 与反三角函数 (或对数函数) 的乘积时, 运用分部积分公式: 可以考虑将反三角函数 (或对数函数) 设为 u.

例 31 求 $\int\mathrm{e}^x\sin x\mathrm{d}x$.

解 $$\int\mathrm{e}^x\sin x\mathrm{d}x=\int\sin x\mathrm{d}(\mathrm{e}^x)=\mathrm{e}^x\sin x-\int\mathrm{e}^x\mathrm{d}(\sin x)$$
$$=\mathrm{e}^x\sin x-\int\mathrm{e}^x\cos x\mathrm{d}x$$
$$=\mathrm{e}^x\sin x-\int\cos x\mathrm{d}(\mathrm{e}^x)$$

$$
\begin{aligned}
&= \mathrm{e}^x \sin x - \left(\mathrm{e}^x \cos x - \int \mathrm{e}^x \mathrm{d}(\cos x)\right) \\
&= \mathrm{e}^x(\sin x - \cos x) - \int \mathrm{e}^x \sin x \mathrm{d}x,
\end{aligned}
$$

因此

$$
2\int \mathrm{e}^x \sin x \mathrm{d}x = \mathrm{e}^x(\sin x - \cos x) + C_1,
$$

即

$$
\int \mathrm{e}^x \sin x \mathrm{d}x = \frac{1}{2}\mathrm{e}^x(\sin x - \cos x) + C, \text{其中 } C = \frac{C_1}{2}.
$$

由例 31 可知, 当被积函数是指数函数与正 (余) 弦函数的乘积时, 要积分两次, 最后如同解方程一样求出结果, 而且每次分部积分时的顺序是一致的, 即 $v' = \mathrm{e}^x$, 那么上例中能否令 $v' = \sin x$ 呢? 答案是肯定的, 有兴趣的同学可以自己去计算.

例 32 设 n 为正整数, 求 $I_n = \int \frac{1}{(x^2+a^2)^n}\mathrm{d}x \quad (a > 0)$ 的递推公式.

解 当 $n = 1$ 时, 有

$$
I_1 = \int \frac{1}{x^2+a^2}\mathrm{d}x = \frac{1}{a}\arctan\frac{x}{a} + C.
$$

当 $n \geqslant 2$ 时, 有

$$
\begin{aligned}
I_n &= \int \frac{1}{(x^2+a^2)^n}\mathrm{d}x = \frac{x}{(x^2+a^2)^n} - \int x \mathrm{d}\frac{1}{(x^2+a^2)^n} \\
&= \frac{x}{(x^2+a^2)^n} + 2n\int \frac{x^2}{(x^2+a^2)^{n+1}}\mathrm{d}x = \frac{x}{(x^2+a^2)^n} + 2n\int \frac{x^2+a^2-a^2}{(x^2+a^2)^{n+1}}\mathrm{d}x \\
&= \frac{x}{(x^2+a^2)^n} + 2n\int \frac{1}{(x^2+a^2)^n}\mathrm{d}x - 2na^2\int \frac{1}{(x^2+a^2)^{n+1}}\mathrm{d}x,
\end{aligned}
$$

整理可得

$$
I_n = \frac{x}{(x^2+a^2)^n} + 2nI_n - 2na^2 I_{n+1},
$$

因此可得递推公式为

$$
I_{n+1} = \frac{x}{2na^2(x^2+a^2)^n} + \frac{2n-1}{2na^2}I_n \quad (n = 1, 2, \cdots).
$$

对于这类积分, 当 $n \geqslant 2$ 时, 常常是利用分部积分法建立递推公式, 最后总可以递推到 $n = 1$ 的情形, 从而将积分求出.

在计算不定积分时, 常常将分部积分法跟换元法结合起来.

例 33 求 $\int e^{\sqrt{x}}dx$.

解 令 $t=\sqrt{x}$, 则 $x=t^2$, $dx=2tdt$, 因此

$$\begin{aligned}\int e^{\sqrt{x}}dx &= 2\int te^t dt = 2\int t d(e^t) = 2te^t - 2\int e^t dt \\ &= 2te^t - 2e^t + C \\ &= 2\left(\sqrt{x}-1\right)e^{\sqrt{x}} + C.\end{aligned}$$

例 34 求 $\int \sin(\ln x)dx$.

解 设 $t=\ln x$, 则 $x=e^t$, $dx=e^t dt$, 因此

$$\int \sin(\ln x)dx = \int \sin t \cdot e^t dt,$$

由例 31 的结果, 得

$$\begin{aligned}\int \sin(\ln x)dx &= \frac{1}{2}e^t(\sin t - \cos t) + C \\ &= \frac{1}{2}e^{\ln x}[\sin(\ln x) - \cos(\ln x)] + C \\ &= \frac{1}{2}x[\sin(\ln x) - \cos(\ln x)] + C.\end{aligned}$$

2. 定积分的分部积分法

根据不定积分的分部积分法, 有

$$\int_a^b u(x)v'(x)dx = \int_a^b u(x)d(v(x)) = [u(x)v(x)]_a^b - \int_a^b v(x)u'(x)dx, \tag{3.4.4}$$

简记为

$$\int_a^b udv = (uv)|_a^b - \int_a^b vdu. \tag{3.4.5}$$

式 (3.4.4) 和式 (3.4.5) 都称为**定积分的分部积分公式**. 上述公式表明, 原函数已经积出的部分可以先用上、下限代入计算.

例 35 求 $\int_0^1 xe^{-x}dx$.

解 $\int_0^1 x\mathrm{e}^{-x}\mathrm{d}x = -\int_0^1 x\mathrm{d}(\mathrm{e}^{-x}) = -\left[\left(x\mathrm{e}^{-x}\right)\Big|_0^1 - \int_0^1 \mathrm{e}^{-x}\mathrm{d}x\right]$

$$= -\frac{1}{\mathrm{e}} - \int_0^1 \mathrm{e}^{-x}\mathrm{d}(-x).$$

$$= -\mathrm{e}^{-1} - \mathrm{e}^{-x}\Big|_0^1 = 1 - \frac{2}{\mathrm{e}}.$$

例 36 求 $\int_0^{\frac{1}{2}} \arcsin x\mathrm{d}x$.

解 $\int_0^{\frac{1}{2}} \arcsin x\mathrm{d}x = x\arcsin x\Big|_0^{\frac{1}{2}} - \int_0^{\frac{1}{2}} x\mathrm{d}(\arcsin x)$

$$= \frac{\pi}{12} - \int_0^{\frac{1}{2}} \frac{x\mathrm{d}x}{\sqrt{1-x^2}} = \frac{\pi}{12} + \frac{1}{2}\int_0^{\frac{1}{2}} \frac{\mathrm{d}(1-x^2)}{\sqrt{1-x^2}}$$

$$= \frac{\pi}{12} + \sqrt{1-x^2}\Big|_0^{\frac{1}{2}} = \frac{\pi}{12} + \frac{\sqrt{3}}{2} - 1.$$

例 37 求 $\int_0^1 \sin\sqrt{x}\mathrm{d}x$.

解 设 $t = \sqrt{x}$, 则 $x = t^2$, $\mathrm{d}x = 2t\mathrm{d}t$, 且当 $x = 0$ 时, $t = 0$; $x = 1$ 时, $t = 1$. 所以

$$\int_0^1 \sin\sqrt{x}\mathrm{d}x = -2\int_0^1 t\mathrm{d}\cos t = -2t\cos t\big|_0^1 + 2\int_0^1 \cos t\mathrm{d}t$$

$$= -2\cos 1 + 2\sin t\big|_0^1 = 2(\sin 1 - \cos 1).$$

例 38 为了贯彻绿色发展理念, 彻底改变油井低产低效态势, 某油田采用绿色间抽技术后, 其中一口新井原油生产速度为 $V(t) = 1 - 0.02t\sin(2\pi t)$ (单位: 万吨/年), 求该井投产后 5 年内生产的石油总量 Q.

解 $Q = \int_0^5 [1 - 0.02t\sin(2\pi t)]\mathrm{d}t = \int_0^5 \mathrm{d}t - 0.02\int_0^5 t\sin(2\pi t)\mathrm{d}t$

$$= t\big|_0^5 + \frac{0.02}{2\pi}\int_0^5 t\mathrm{d}\left[\cos(2\pi t)\right]$$

$$= 5 + \frac{0.01}{\pi}\left(\left[t\cos(2\pi t)\right]_0^5 - \int_0^5 \cos(2\pi t)\mathrm{d}t\right)$$

$$= 5 + \frac{0.01}{\pi}\left(5 - \frac{1}{2\pi}\left[\sin(2\pi t)\right]_0^5\right) = 5 + \frac{0.05}{\pi} \approx 5.016(\text{万吨}).$$

例 39 证明：$I_n=\int_0^{\frac{\pi}{2}}\sin^n x\mathrm{d}x=\int_0^{\frac{\pi}{2}}\cos^n x\mathrm{d}x$

$$=\begin{cases}\dfrac{n-1}{n}\cdot\dfrac{n-3}{n-2}\cdot\cdots\cdot\dfrac{1}{2}\cdot\dfrac{\pi}{2}, & n\text{ 为正偶数},\\ \dfrac{n-1}{n}\cdot\dfrac{n-3}{n-2}\cdot\cdots\cdot\dfrac{2}{3}, & n\text{ 为大于 1 的正奇数}.\end{cases}$$

证 令 $x=\dfrac{\pi}{2}-t$, 则 $\mathrm{d}x=-\mathrm{d}t$, 且当 $x=0$ 时, $t=\dfrac{\pi}{2}$; $x=\dfrac{\pi}{2}$ 时, $t=0$, 所以

$$I_n=\int_0^{\frac{\pi}{2}}\sin^n x\mathrm{d}x=-\int_{\frac{\pi}{2}}^{0}\sin^n\left(\frac{\pi}{2}-t\right)\mathrm{d}t=\int_0^{\frac{\pi}{2}}\cos^n t\mathrm{d}t=\int_0^{\frac{\pi}{2}}\cos^n x\mathrm{d}x.$$

又

$$\begin{aligned}I_n&=-\int_0^{\frac{\pi}{2}}\sin^{n-1}x\mathrm{d}(\cos x)=\left[-\cos x\sin^{n-1}x\right]_0^{\frac{\pi}{2}}+(n-1)\int_0^{\frac{\pi}{2}}\sin^{n-2}x\cos^2 x\mathrm{d}x\\&=0+(n-1)\int_0^{\frac{\pi}{2}}\sin^{n-2}x\left(1-\sin^2 x\right)\mathrm{d}x\\&=(n-1)\left[\int_0^{\frac{\pi}{2}}\sin^{n-2}x\mathrm{d}x-\int_0^{\frac{\pi}{2}}\sin^n x\mathrm{d}x\right]\\&=(n-1)I_{n-2}-(n-1)I_n.\end{aligned}$$

因此

$$I_n=\frac{n-1}{n}I_{n-2}\quad(n\geqslant 2).$$

由于

$$I_0=\int_0^{\frac{\pi}{2}}\mathrm{d}x=\frac{\pi}{2},\quad I_1=\int_0^{\frac{\pi}{2}}\sin x\mathrm{d}x=1,$$

所以

$$\begin{aligned}I_n&=\int_0^{\frac{\pi}{2}}\sin^n x\mathrm{d}x=\int_0^{\frac{\pi}{2}}\cos^n x\mathrm{d}x\\&=\begin{cases}\dfrac{n-1}{n}\cdot\dfrac{n-3}{n-2}\cdot\cdots\cdot\dfrac{1}{2}\cdot\dfrac{\pi}{2}, & n\text{ 为正偶数},\\ \dfrac{n-1}{n}\cdot\dfrac{n-3}{n-2}\cdot\cdots\cdot\dfrac{2}{3}, & n\text{ 为大于 1 的正奇数}.\end{cases}\end{aligned}$$

由例 39 可知

$$I_2=\int_0^{\frac{\pi}{2}}\sin^2 x\mathrm{d}x=\int_0^{\frac{\pi}{2}}\cos^2 x\mathrm{d}x=\frac{\pi}{4}.$$

上述结论也可以在例 23 中看到, 这也表明求积分的方法不是唯一确定的, 唯一确定的是结果.

3.4.3 简单有理函数的积分及积分表的使用

1. 有理函数

定义 3.4.1 设 n 是一非负整数, $\alpha_0,\alpha_1,\cdots,\alpha_n$ 是实数, 形如

$$\alpha_0x^n+\alpha_1x^{n-1}+\cdots+\alpha_n \tag{3.4.6}$$

的表达式称为实数域 $\mathbf{R}$ 上的**一元 n 次多项式**.

两个多项式函数的商称为**有理函数**, 其一般形式为

$$R(x)=\frac{P(x)}{Q(x)}=\frac{\alpha_0x^n+\alpha_1x^{n-1}+\cdots+\alpha_n}{\beta_0x^m+\beta_1x^{m-1}+\cdots+\beta_m}\quad(\alpha_0\neq 0,\beta_0\neq 0), \tag{3.4.7}$$

其中 n,m 为非负整数, $\alpha_0,\alpha_1,\cdots,\alpha_n$ 及 $\beta_0,\beta_1,\cdots,\beta_m$ 都是实数, $P(x)$ 与 $Q(x)$ 为多项式.

在式 (3.4.7) 中, 总假定多项式 $P(x)$ 与 $Q(x)$ 之间除了常数外, 没有其他类型的公因式; 若 $m>n$, 则称它为**真分式**; 若 $m\leqslant n$, 则称它为**假分式**.

跟假分数类似, 假分式总能化为一个多项式与一个真分式之和. 例如

$$\frac{x^2+2x-3}{x+1}=x+1-\frac{4}{x+1}.$$

由于多项式的积分是容易求得的, 因此这里只关注真分式的积分.

定义 3.4.2 设 $R(x),R_1(x),R_2(x),\cdots,R_n(x)$ 为真分式, 且满足

$$R(x)=R_1(x)+R_2(x)+\cdots+R_n(x),$$

则上式右端表达式称为 $R(x)$ 的**分解式**, 分解式中的真分式称为原分式 $R(x)$ 的**部分分式或分项分式**.

为了方便计算, 下面给出有理函数分解的一个非常重要的性质.

性质 3.4.1 真分式 $R(x)$ 的部分分式可以表示为下列四种基本形式:

$$\frac{A}{x-a},\quad \frac{B}{(x-a)^k},\quad \frac{Cx+D}{x^2+px+q},\quad \frac{Ex+F}{(x^2+px+q)^k},$$

其中 A, B, C, D, E, F 为部分分式的系数, 正整数 $k>1$, $p^2-4q<0$.

确定分解式中的系数 A, B, C, D, E, F 的方法称为**待定系数法**.

待定系数法的具体步骤如下.

设真分式 $R(x)$ 由式 (3.4.7) 确定.

(1) 当 $Q(x)$ 有因式 $(x-a)^k$ 时, 则 $R(x)$ 有下列 k 个部分分式:

$$\frac{A_1}{x-a}, \frac{A_2}{(x-a)^2}, \cdots, \frac{A_k}{(x-a)^k};$$

(2) 当 $Q(x)$ 有因式 $(x^2+px+q)^k$ 时, 则 $R(x)$ 有下列 k 个部分分式:

$$\frac{B_1x+D_1}{x^2+px+q}, \frac{B_2x+D_2}{(x^2+px+q)^2}, \cdots, \frac{B_kx+D_k}{(x^2+px+q)^k};$$

(3) 通过比较分解式两端项的系数可以得到方程组, 解方程组可得系数.

例 40 求 $\dfrac{x-1}{x^2+3x+2}$ 的分解式.

解 对分母进行因式分解, 则有

$$x^2+3x+2=(x+2)(x+1),$$

因此设

$$\frac{x-1}{x^2+3x+2}=\frac{x-1}{(x+2)(x+1)}=\frac{A}{x+2}+\frac{B}{x+1},$$

左右两边同时去分母, 得

$$x-1=A(x+1)+B(x+2),$$

即 $x-1=(A+B)x+(A+2B)$, 比较系数, 得

$$\begin{cases} A+B=1, \\ A+2B=-1, \end{cases}$$

解方程组, 得 $A=3, B=-2$. 因此

$$\frac{x-1}{(x+2)(x+1)}=\frac{3}{x+2}-\frac{2}{x+1}.$$

确定真分式的部分分式的系数, 除待定系数法之外, 将有理函数化为部分分式的方法还有: 拼凑法、赋值法、混合法等. 此处不再赘述.

由上面的代数知识可知, 有理真分式必定可以表示成若干个部分分式之和. 因而求有理函数的积分问题归结为求那些部分分式的积分.

2. 简单有理函数的积分

下面通过例子来了解有理函数的积分.

例 41　求 $\int \frac{x^2+2x-3}{x+1}\mathrm{d}x$.

解　由于

$$\frac{x^2+2x-3}{x+1}=x+1-\frac{4}{x+1},$$

故

$$\begin{aligned}\int \frac{x^2+2x-3}{x+1}\mathrm{d}x&=\int\left(x+1-\frac{4}{x+1}\right)\mathrm{d}x\\&=\int x\mathrm{d}x+\int\mathrm{d}x-4\int\frac{\mathrm{d}x}{x+1}\\&=\frac{1}{2}x^2+x-4\ln|x+1|+C.\end{aligned}$$

例 42　求 $\int \frac{2x-1}{x^2+3x+2}\mathrm{d}x$.

解　被积函数的分母分解成 $(x+2)(x+1)$, 可设

$$\frac{2x-1}{x^2+3x+2}=\frac{A}{x+2}+\frac{B}{x+1},$$

则

$$2x-1=A(x+1)+B(x+2),$$

整理可得

$$2x-1=(A+B)x+(A+2B),$$

从而

$$\begin{cases}A+B=2,\\A+2B=-1,\end{cases}$$

解得 $A=5, B=-3$. 因此

$$\begin{aligned}\int \frac{2x-1}{x^2+3x+2}\mathrm{d}x&=\int\left(\frac{5}{x+2}+\frac{-3}{x+1}\right)\mathrm{d}x\\&=5\ln|x+2|-3\ln|x+1|+C.\end{aligned}$$

例 43　求 $\int \frac{3x+2}{(x-1)(x^2+4x+5)}\mathrm{d}x$.

解 设

$$\frac{3x+2}{(x-1)(x^2+4x+5)}=\frac{A}{x-1}+\frac{Bx+C}{x^2+4x+5}.$$

则

$$3x+2=A(x^2+4x+5)+(Bx+C)(x-1),$$

即

$$3x+2=(A+B)x^2+(4A-B+C)x+(5A-C),$$

从而

$$\begin{cases}A+B=0,\\4A-B+C=3,\\5A-C=2,\end{cases}\quad \text{解得}\quad \begin{cases}A=\dfrac{1}{2},\\B=-\dfrac{1}{2},\\C=\dfrac{1}{2}.\end{cases}$$

因此

$$\begin{aligned}\int\frac{3x+2}{(x-1)(x^2+4x+5)}\mathrm{d}x&=\frac{1}{2}\int\left(\frac{1}{x-1}+\frac{-x+1}{x^2+4x+5}\right)\mathrm{d}x\\&=\frac{1}{2}\ln|x-1|-\frac{1}{4}\int\frac{(2x+4)-6}{x^2+4x+5}\mathrm{d}x\\&=\frac{1}{2}\ln|x-1|-\frac{1}{4}\int\frac{\mathrm{d}(x^2+4x+5)}{x^2+4x+5}+\frac{3}{2}\int\frac{\mathrm{d}(x+2)}{(x+2)^2+1}\\&=\frac{1}{2}\ln|x-1|-\frac{1}{4}\ln(x^2+4x+5)+\frac{3}{2}\arctan(x+2)+C.\end{aligned}$$

例 44 求 $\int\frac{x+3}{(x+1)(x^2-1)}\mathrm{d}x$.

解 被积函数分母的两个因式 $x+1$ 与 x^2-1 有公因式, 故需分解成 $(x-1)(x+1)^2$. 设

$$\frac{x+3}{(x+1)(x^2-1)}=\frac{x+3}{(x+1)^2(x-1)}=\frac{A}{x-1}+\frac{B}{(x+1)}+\frac{C}{(x+1)^2},$$

则

$$x+3=A(x+1)^2+B(x+1)(x-1)+C(x-1),$$

即

$$x+3=(A+B)x^2+(2A+C)x+(A-B-C),$$

从而

$$\begin{cases} A+B=0, \\ 2A+C=1, \\ A-B-C=3, \end{cases} \quad \text{解得} \quad \begin{cases} A=1, \\ B=-1, \\ C=-1. \end{cases}$$

因此

$$\begin{aligned}\int \frac{x+3}{(x+1)(x^2-1)}\mathrm{d}x &= \int \left(\frac{1}{x-1}+\frac{-1}{x+1}+\frac{-1}{(x+1)^2}\right)\mathrm{d}x \\ &= \int \frac{1}{x-1}\mathrm{d}x - \int \frac{1}{x+1}\mathrm{d}x - \int \frac{\mathrm{d}x}{(x+1)^2} \\ &= \ln|x-1| - \ln|x+1| - \int \frac{\mathrm{d}(x+1)}{(x+1)^2} \\ &= \ln\left|\frac{x-1}{x+1}\right| + \frac{1}{x+1} + C.\end{aligned}$$

3. 可化为有理函数的积分举例

1) 三角函数有理式的积分

三角函数有理式是指由常数和简单三角函数 $\sin x$ 与 $\cos x$ 经过有限次的有理运算 (加、减、乘、除) 得到的函数, 记作 $R(\sin x, \cos x)$.

因为根据三角函数公式有

$$\sin x = 2\sin\frac{x}{2}\cos\frac{x}{2} = 2\tan\frac{x}{2}\cos^2\frac{x}{2} = \frac{2\tan\dfrac{x}{2}}{\sec^2\dfrac{x}{2}} = \frac{2\tan\dfrac{x}{2}}{1+\tan^2\dfrac{x}{2}},$$

$$\cos x = \cos^2\frac{x}{2} - \sin^2\frac{x}{2} = \cos^2\frac{x}{2}\left(1-\tan^2\frac{x}{2}\right) = \frac{1-\tan^2\dfrac{x}{2}}{1+\tan^2\dfrac{x}{2}},$$

所以, 令 $u=\tan\dfrac{x}{2}$ (称它为**半角替换**或**万能替换**), 则有

$$\sin x = \frac{2u}{1+u^2}, \quad \cos x = \frac{1-u^2}{1+u^2}, \quad \mathrm{d}x = \mathrm{d}(2\arctan u) = \frac{2}{1+u^2}\mathrm{d}u.$$

将其代入三角函数有理式的积分可得

$$\int R(\sin x, \cos x)\mathrm{d}x = \int R\left(\frac{2u}{1+u^2}, \frac{1-u^2}{1+u^2}\right)\frac{2}{1+u^2}\mathrm{d}u.$$

这表明三角函数有理式的积分可以通过万能替换变成有理函数的积分.

例 45 求 $\int \frac{1}{\sin x-\cos x+1}\mathrm{d}x$.

解 令 $u=\tan\frac{x}{2}$, 则 $\sin x=\frac{2u}{1+u^2}$, $\cos x=\frac{1-u^2}{1+u^2}$, $\mathrm{d}x=\frac{2}{1+u^2}\mathrm{d}u$. 因此

$$\begin{aligned}\int \frac{1}{\sin x-\cos x+1}\mathrm{d}x&=\int \frac{1}{\frac{2u}{1+u^2}-\frac{1-u^2}{1+u^2}+1}\frac{2}{1+u^2}\mathrm{d}u=\int\frac{1}{u(u+1)}\mathrm{d}u\\&=\int\left(\frac{1}{u}-\frac{1}{u+1}\right)\mathrm{d}u=\ln|u|-\ln|u+1|+C\\&=\ln\left|\frac{\tan\frac{x}{2}}{\tan\frac{x}{2}+1}\right|+C.\end{aligned}$$

万能替换化简三角函数有理式是有效的, 但有时其他三角替换会比它更有效.

例 46 求 $\int_0^{\frac{\pi}{4}}\frac{\mathrm{d}x}{a^2\sin^2 x+b^2\cos^2 x}(ab\neq 0)$.

解 由于

$$\int_0^{\frac{\pi}{4}}\frac{\mathrm{d}x}{a^2\sin^2 x+b^2\cos^2 x}=\int_0^{\frac{\pi}{4}}\frac{\sec^2 x}{a^2\tan^2 x+b^2}\mathrm{d}x=\int_0^{\frac{\pi}{4}}\frac{\mathrm{d}(\tan x)}{a^2\tan^2 x+b^2},$$

故令 $u=\tan x$, 就有

$$\begin{aligned}\int_0^{\frac{\pi}{4}}\frac{\mathrm{d}x}{a^2\sin^2 x+b^2\cos^2 x}&=\int_0^1\frac{\mathrm{d}u}{a^2u^2+b^2}=\frac{1}{a}\int_0^1\frac{\mathrm{d}(au)}{(au)^2+b^2}\\&=\left[\frac{1}{ab}\arctan\frac{au}{b}\right]_0^1=\frac{1}{ab}\arctan\frac{a}{b}.\end{aligned}$$

2) 简单的无理函数积分

当函数的自变量包含在根号中时, 函数称为无理函数. 无理函数积分的计算是比较麻烦的, 但对于一些简单的无理函数, 可以通过变量替换, 将根号消除掉, 转化为有理函数积分.

例 47 求 $\int\frac{1}{x}\sqrt{\frac{x+2}{x-2}}\mathrm{d}x$.

解 令 $t=\sqrt{\frac{x+2}{x-2}}$, 则有 $x=\frac{2(t^2+1)}{t^2-1}$, $\mathrm{d}x=\frac{-8t}{(t^2-1)^2}\mathrm{d}t$,

$$\int\frac{1}{x}\sqrt{\frac{x+2}{x-2}}\mathrm{d}x=\int\frac{4t^2}{(1-t^2)(1+t^2)}\mathrm{d}t$$

$$\begin{aligned}&=\int\left(\frac{2}{1-t^2}-\frac{2}{1+t^2}\right)\mathrm{d}t\\&=\ln\left|\frac{1+t}{1-t}\right|-2\arctan t+C\\&=\ln\left|\frac{1+\sqrt{(x+2)/(x-2)}}{1-\sqrt{(x+2)/(x-2)}}\right|-2\arctan\sqrt{\frac{x+2}{x-2}}+C.\end{aligned}$$

例 48　求 $\displaystyle\int\frac{\mathrm{d}x}{(1+x)\sqrt{2+x-x^2}}$.

解　由于

$$\frac{1}{(1+x)\sqrt{2+x-x^2}}=\frac{1}{(1+x)^2}\sqrt{\frac{1+x}{2-x}},$$

故令 $t=\sqrt{\dfrac{1+x}{2-x}}$, 则有 $x=\dfrac{2t^2-1}{1+t^2},\mathrm{d}x=\dfrac{6t}{(1+t^2)^2}\mathrm{d}t$,

$$\begin{aligned}\int\frac{\mathrm{d}x}{(1+x)\sqrt{2+x-x^2}}&=\int\frac{1}{(1+x)^2}\sqrt{\frac{1+x}{2-x}}\mathrm{d}x\\&=\int\frac{(1+t^2)^2}{9t^4}\cdot t\cdot\frac{6t}{(1+t^2)^2}\mathrm{d}t=\int\frac{2}{3t^2}\mathrm{d}t\\&=-\frac{2}{3t}+C=-\frac{2}{3}\sqrt{\frac{2-x}{1+x}}+C.\end{aligned}$$

3.4.4　积分表的使用

通过前面的讨论, 可以看出积分的计算比导数的计算更加灵活、复杂. 为了更方便地计算积分, 将一些常用的积分公式汇集成表, 这种表叫做积分表 (附录 2).

举几个可以从积分表中查得结果的积分例子.

例 49　求 $\displaystyle\int\frac{\mathrm{d}x}{x(3x+2)^2}$.

解　在表中查到公式 9

$$\int\frac{\mathrm{d}x}{x(ax+b)^2}=\frac{1}{b(ax+b)}-\frac{1}{b^2}\ln\left|\frac{ax+b}{x}\right|+C.$$

现在 $a=3,b=2$, 故

$$\int\frac{\mathrm{d}x}{x(3x+2)^2}=\frac{1}{2(3x+2)}-\frac{1}{4}\ln\left|\frac{3x+2}{x}\right|+C.$$

例 50 求 $\int\frac{x^2\mathrm{d}x}{\sqrt{4x^2-1}}$.

解 这个积分不能在表中查到, 但可以先变量代换.

令 $2x=t$, 则 $\sqrt{4x^2-1}=\sqrt{t^2-1}$, $\mathrm{d}x=\frac{1}{2}\mathrm{d}t$, 于是

$$\int\frac{x^2\mathrm{d}x}{\sqrt{4x^2-1}}=\frac{1}{8}\int\frac{t^2}{\sqrt{t^2-1}}\mathrm{d}t.$$

查表有公式 49

$$\int\frac{x^2\mathrm{d}x}{\sqrt{x^2-a^2}}=\frac{x}{2}\sqrt{x^2-a^2}+\frac{a^2}{2}\ln\left|x+\sqrt{x^2-a^2}\right|+C,$$

因此

$$\begin{aligned}\int\frac{x^2\mathrm{d}x}{\sqrt{4x^2-1}}&=\frac{1}{8}\int\frac{t^2}{\sqrt{t^2-1}}\mathrm{d}t=\frac{1}{16}\left(\sqrt{t^2-1}+\ln\left|t+\sqrt{t^2-1}\right|\right)+C\\&=\frac{1}{16}\left(\sqrt{4x^2-1}+\ln\left|2x+\sqrt{4x^2-1}\right|\right)+C.\end{aligned}$$

习 题 3.4

A 组

1. 在下列各式的横线上填入适当的系数, 使等式成立.

(1) $\mathrm{d}x=$ ________ $\mathrm{d}(3x+2)$;

(2) $x\mathrm{d}x=$ ________ $\mathrm{d}(1-3x^2)$;

(3) $\frac{1}{x}\mathrm{d}x=$ ________ $\mathrm{d}(2\ln|x|+3)$;

(4) $\frac{1}{1+x^2}\mathrm{d}x=$ ________ $\mathrm{d}(\operatorname{arccot}x-1)$;

(5) $\mathrm{e}^{-x}\mathrm{d}x=$ ________ $\mathrm{d}(\mathrm{e}^{-x}+3)$;

(6) $\frac{1}{x^2}\mathrm{d}x=$ ________ $\mathrm{d}\left(\frac{2}{x}+1\right)$;

(7) $\cos 3x\mathrm{d}x=$ ________ $\mathrm{d}(\sin 3x+1)$;

(8) $\frac{\mathrm{d}x}{\sqrt{1-2x^2}}=$ ________ $\mathrm{d}\arcsin(\sqrt{2}x)$;

(9) $x\mathrm{e}^{x^2}\mathrm{d}x=$ ________ $\mathrm{d}(2\mathrm{e}^{x^2}+1)$;

(10) $\sec x\tan x\mathrm{d}x=$ ________ $\mathrm{d}(3\tan x+2)$.

2. 用换元法求下列不定积分:

(1) $\int\sqrt[3]{2+3x}\mathrm{d}x$;

(2) $\int\frac{\ln x+1}{x}\mathrm{d}x$;

(3) $\int\frac{\arctan x}{1+x^2}\mathrm{d}x$;

(4) $\int x(4x^2+3)^3\mathrm{d}x$;

(5) $\int\frac{\sin\sqrt{x}}{\sqrt{x}}\mathrm{d}x$;

(6) $\int\frac{\mathrm{e}^{\frac{1}{x}}}{x^2}\mathrm{d}x$;

(7) $\int\sqrt[3]{\cos x}\sin x\mathrm{d}x$;

(8) $\int\sec^2 x\tan^3 x\mathrm{d}x$;

(9) $\int \frac{(\arcsin x)^2}{\sqrt{1-x^2}}\mathrm{d}x$;

(10) $\int \frac{\mathrm{d}x}{x^2+2x+2}$;

(11) $\int \frac{\mathrm{d}x}{x(1+x^4)}$;

(12) $\int \frac{\mathrm{d}x}{1+\sqrt{2x}}$;

(13) $\int \frac{\mathrm{d}x}{(a^2-x^2)^{\frac{3}{2}}}(a>0)$;

(14) $\int \frac{\sqrt{x^2+1}}{x^4}\mathrm{d}x$;

(15) $\int \frac{\sqrt{x-1}}{x}\mathrm{d}x$;

(16) $\int \frac{x}{\sqrt{x^2-1}}\mathrm{d}x$.

3. 设 $f(x)=\mathrm{e}^{-x}$, 求 $\int \frac{f'(\ln x)}{x}\mathrm{d}x$.

4. 用换元法求下列定积分:

(1) $\int_0^{\frac{\pi}{2}} \sin\left(x-\frac{\pi}{3}\right)\mathrm{d}x$;

(2) $\int_0^{\frac{\pi}{3}} \sin x\cos^3 x\mathrm{d}x$;

(3) $\int_0^1 \frac{x\mathrm{d}x}{\sqrt{5-4x^2}}$;

(4) $\int_1^{\mathrm{e}} \frac{\mathrm{d}x}{x\sqrt{1+\ln x}}$;

(5) $\int_0^{\pi} \cos x\sin 2x\mathrm{d}x$;

(6) $\int_0^1 x\mathrm{e}^{-x^2}\mathrm{d}x$;

(7) $\int_0^{\sqrt{2}} \sqrt{2-x^2}\mathrm{d}x$;

(8) $\int_2^4 \frac{\sqrt{x^2-4}}{x^2}\mathrm{d}x$;

(9) $\int_0^2 x^2\sqrt{4-x^2}\mathrm{d}x$;

(10) $\int_1^{\sqrt{3}} \frac{\mathrm{d}x}{x^2\sqrt{1+x^2}}$;

(11) $\int_{\frac{3}{4}}^1 \frac{\mathrm{d}x}{\sqrt{1-x}-1}$;

(12) $\int_0^{\ln 2} \sqrt{\mathrm{e}^x-1}\mathrm{d}x$.

5. 用分部积分法求下列不定积分:

(1) $\int (x+1)\mathrm{e}^x\mathrm{d}x$;

(2) $\int x^2\ln x\mathrm{d}x$;

(3) $\int \left(x^2-1\right)\sin 2x\mathrm{d}x$;

(4) $\int \ln^2 x\mathrm{d}x$;

(5) $\int \mathrm{e}^{-x}\sin 2x\mathrm{d}x$;

(6) $\int x\arctan x\mathrm{d}x$.

6. 用分部积分法求下列定积分:

(1) $\int_0^1 x\mathrm{e}^{-x}\mathrm{d}x$;

(2) $\int_1^2 x\ln x\mathrm{d}x$;

(3) $\int_0^{\pi} x^2\sin\frac{x}{2}\mathrm{d}x$;

(4) $\int_0^1 x\arctan x\mathrm{d}x$;

(5) $\int_0^{\frac{\pi}{2}} \mathrm{e}^{2x}\cos x\mathrm{d}x$;

(6) $\int_{\frac{1}{\mathrm{e}}}^{\mathrm{e}} |\ln x|\,\mathrm{d}x$.

7. 求下列不定积分:

(1) $\int \frac{x^3}{1+x}\mathrm{d}x$;

(2) $\int \frac{x+1}{x^2-2x+2}\mathrm{d}x$;

(3) $\int \frac{3}{1+x^3}\mathrm{d}x$;

(4) $\int \frac{\cot x\mathrm{d}x}{1+\sin x}$;

(5) $\int \frac{x^2+1}{(x+1)^2(x-1)}\mathrm{d}x$;

(6) $\int \frac{\mathrm{d}x}{\sqrt{x}+\sqrt[4]{x}}$;

(7) $\int \frac{\cos x}{2\sin x+\cos^2 x}\mathrm{d}x$;

(8) $\int \frac{\sin^2 x+1}{\cos^4 x}\mathrm{d}x$.

B 组

1. 求下列积分 (下面题中在没有特别指明的情况下, 取 $n \in \mathbf{N}^+$):

(1) $\int \frac{x\mathrm{d}x}{1+x^4}$;

(2) $\int \mathrm{e}^{\mathrm{e}^x+x}\mathrm{d}x$;

(3) $\int \frac{x\mathrm{e}^x}{(\mathrm{e}^x+1)^2}\mathrm{d}x$;

(4) $\int \sqrt{1-x^2}\arcsin x\mathrm{d}x$;

(5) $\int (\arcsin x)^2\mathrm{d}x$;

(6) $\int \mathrm{e}^{\sqrt{3x+4}}\mathrm{d}x$;

(7) $\int \frac{-x^2-2}{(x^2+x+1)^2}\mathrm{d}x$;

(8) $\int \sqrt{\frac{1-x}{1+x}}\frac{\mathrm{d}x}{x}$;

(9) $\int_{-2}^{0} \frac{(x+2)\mathrm{d}x}{x^2+2x+2}$;

(10) $\int_0^{2\pi} |\sin(x+1)|\,\mathrm{d}x$;

(11) $\int_{-\frac{1}{2}}^{\frac{1}{2}} \frac{(\arcsin x)^2}{\sqrt{1-x^2}}\mathrm{d}x$;

(12) $\int_{-1}^{1} (|x|+x)\mathrm{e}^{-x}\mathrm{d}x$;

(13) $\int_0^{\pi} \frac{x\sin x}{1+\cos^2 x}\mathrm{d}x$;

(14) $\int_0^{\pi} x^2|\cos x|\mathrm{d}x$;

(15) $\int_0^{\pi} x\sin^n x\mathrm{d}x$;

(16) $\int_0^1 (1-x^2)^{\frac{n}{2}}\mathrm{d}x$;

(17) $\int \frac{1}{x+\sqrt{x^2-x+1}}\mathrm{d}x$;

(18) $\int \cos(5x+1)\cos(2x+3)\,\mathrm{d}x$.

2. 已知 $f(x)$ 的一个原函数为 $x\mathrm{e}^{-x}$, 求:

(1) $\int xf'(x)\mathrm{d}x$;

(2) $\int xf(x)\mathrm{d}x$.

3. 设 $f(x)=\begin{cases} x\mathrm{e}^{x^2}, & -\frac{1}{2}\leqslant x<\frac{1}{2}, \\ -1, & x\geqslant \frac{1}{2}, \end{cases}$ 求 $\int_{\frac{1}{2}}^{2} f(x-1)\mathrm{d}x$.

4. 设 $f(\sin^2 x)=\frac{x}{\sin x}$, 求 $\int \frac{\sqrt{x}}{\sqrt{1-x}}f(x)\mathrm{d}x$.

5. 设 $f(x)$ 为连续函数, 试证:

$$\int_0^a x^3 f(x^2)\mathrm{d}x=\frac{1}{2}\int_0^{a^2} xf(x)\mathrm{d}x \quad (a>0).$$

6. 设 $f(x)$ 为连续函数, 试证:

$$\int_0^x \left[\int_0^t f(x)\mathrm{d}x\right]\mathrm{d}t=\int_0^x f(t)(x-t)\mathrm{d}t.$$

7. 若 $f(x)=\int_0^x \frac{\sin t}{\pi-t}\mathrm{d}t$, 求 $\int_0^\pi f(x)\mathrm{d}x$.

8. 设 $f(x),g(x)$ 在 $[0,1]$ 上的导数连续, 且 $f(0)=0$, $f'(x)\geqslant 0$, $g'(x)\geqslant 0$. 证明: 对任意 $a\in[0,1]$, 有

$$\int_0^a g(x)f'(x)\mathrm{d}x+\int_0^1 f(x)g'(x)\mathrm{d}x\geqslant f(a)g(1).$$

9. 设 $f(x),g(x)$ 在 $[a,b]$ 上连续, 且满足

$$\int_a^x f(t)\mathrm{d}t\geqslant\int_a^x g(t)\mathrm{d}t,\quad x\in[a,b],\quad \int_a^b f(t)\mathrm{d}t=\int_a^b g(t)\mathrm{d}t.$$

证明: $\int_a^b xf(x)\mathrm{d}x\leqslant\int_a^b xg(x)\mathrm{d}x$.

3.5 定积分在几何和经济中的应用

1. 了解定积分的微元法的思想;
2. 会用定积分计算平面图形的面积、旋转体的体积;
3. 掌握定积分在经济中的简单应用;
4. 培养创新意识与实践能力.

3.5.1 定积分的微元法

定积分在几何和经济中的应用, 主要采用微元法或称为元素法. 为了更好地理解该方法, 大家一起来回顾本章最开始的引例 3.1.1 所讨论的曲边梯形求面积问题.

设函数 $f(x)$ 在区间 $[a,b]$ 上非负、连续, 求由直线 $x=a$, $x=b$, $y=0$ 及曲线 $y=f(x)$ 所围成的曲边梯形 A. 则由定积分的定义可知, 曲边梯形的面积 A 可表示为定积分, 即

$$A=\int_a^b f(x)\mathrm{d}x.$$

具体步骤如下.

(1) **分割** 在区间 $[a,b]$ 上任意的插入 $n-1$ 个分割点

$$x_0=a<x_1<x_2<\cdots<x_n=b,$$

将 $[a,b]$ 分成 n 个小区间:

$$[x_0,x_1],[x_1,x_2],\cdots,[x_{n-1},x_n],$$

同时将曲边梯形也分割成 n 个小曲边梯形, 记第 i 个区间为 $[x_{i-1},x_i](i=1,2,3,\cdots,n)$, 区间长度为 $\Delta x_i=x_i-x_{i-1}$, 第 i 个小曲边梯形的面积为 ΔA_i, 则有

$$A=\sum_{i=1}^{n}\Delta A_i.$$

(2) **计算 ΔA_i 的近似值** 任意取一点 $\xi_i\in[x_{i-1},x_i](i=1,2,3,\cdots,n)$, 以 $f(\xi_i)$ 为高、区间 $[x_{i-1},x_i]$ 为底的小矩形面积作为 ΔA_i 的近似值, 即

$$\Delta A_i\approx f(\xi_i)\Delta x_i,\quad i=1,2,3,\cdots,n.$$

(3) **求和, 计算 A 的近似值** 将 ΔA_i $(i=1,2,3,\cdots,n)$ 的近似值求和, 可得

$$A\approx\sum_{i=1}^{n}f(\xi_i)\Delta x_i.$$

(4) **取极限** 记 $\lambda=\max\limits_{1\leqslant i\leqslant n}\{\Delta t_i\}$, 当 $\lambda\to 0$ 时, 则有

$$A=\lim_{\lambda\to 0}\sum_{i=1}^{n}f(\xi_i)\Delta x_i=\int_a^b f(x)\mathrm{d}x.$$

分析 在上述曲边梯形求面积问题中, 同学们注意到: 当所求量 (即面积 A) 与区间 $[a,b]$ 有关时, 如果将区间 $[a,b]$ 分成许多小区间, 那么所求量相应地也分成许多部分量 (即 ΔA_i), 而所求量等于所有部分量之和$\left(\text{即 } A=\sum\limits_{i=1}^{n}\Delta A_i\right)$, 这一性质称为所求量对于区间 $[a,b]$ 具有**可加性**. 此外, 以 $f(\xi_i)\Delta x_i$ 近似代替部分量 ΔA_i 时, 要求它们只相差一个 Δx_i 的高阶无穷小, 从而确保

$$A=\int_a^b f(x)\mathrm{d}x.$$

一般地, 计算在区间 $[a,b]$ 上具有可加性的某个所求量 I 时, 具体步骤为

(1) 根据问题的具体情况, 首先选取一个变量, 例如 x; 其次将区间 $[a,b]$ 分割成任意多个小区间, 取其中任意一个小区间并记为 $[x,x+\mathrm{d}x]$; 最后计算小区间 $[x,x+\mathrm{d}x]$ 上的部分量 ΔI 的近似值 $\mathrm{d}I$, 并表示成

$$\mathrm{d}I=f(x)\mathrm{d}x,$$

则 $f(x)\mathrm{d}x$ 称为所求量 I 的**微元或面积元素**, 其中 $f(x)$ 在 $[a,b]$ 上连续.

(2) 以 $\mathrm{d}I = f(x)\mathrm{d}x$ 为被积表达式, 以 $[a,b]$ 为积分区间, 求定积分, 则有

$$I = \int_a^b f(x)\mathrm{d}x.$$

上述计算所求量 I 的方法通常称为定积分的**微元法**或**元素法**. 下面分别讨论微元法在几何和经济中的应用.

3.5.2 定积分在几何上的应用

1. 平面图形的面积

1) 直角坐标系下平面图形的面积

设函数 $f(x)$ 在区间 $[a,b]$ 上连续, 并且 $f(x) \geqslant 0$. 根据定积分的几何意义可知, 由曲线 $y = f(x)$ 和三条直线 $x = a, x = b, y = 0$ 所围曲边梯形的面积为

$$A = \int_a^b f(x)\mathrm{d}x.$$

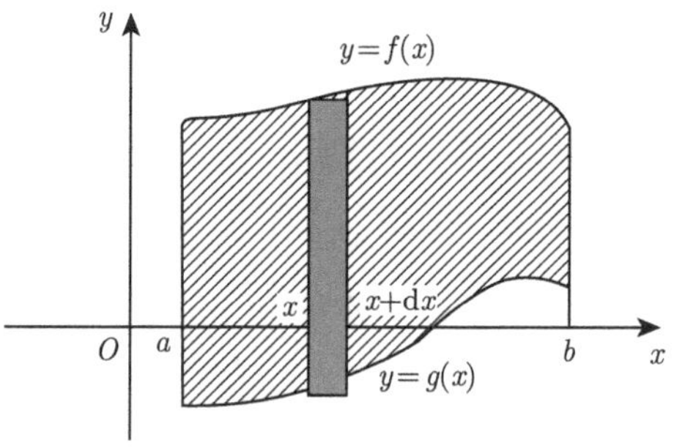

图 3.13

现在考虑更一般的情形, 将围成曲边梯形的 x 轴改为另一条曲线 $y = g(x)$ (图 3.13), 并假设 $f(x) \geqslant g(x)$. 现在求由曲线 $y = f(x)$, $y = g(x)$, $x = a, x = b$ 所围图形的面积 A.

对于所讨论的平面图形, x 的变化区间为 $[a,b]$, 取其任一小区间 $[x, x+\mathrm{d}x]$, 相应的窄条面积近似于底为 $\mathrm{d}x$, 高为 $f(x) - g(x)$ 的矩形面积, 因此面积元素

$$\mathrm{d}A = [f(x) - g(x)]\,\mathrm{d}x.$$

以此为被积表达式, 在 $[a,b]$ 上积分便得图形的面积:

$$A = \int_a^b [f(x) - g(x)]\,\mathrm{d}x. \tag{3.5.1}$$

事实上, 公式 (3.5.1) 具有求平面图形面积的一般性. 在 $[a,b]$ 区间上, 两条连续曲线 $y = f(x)$, $y = g(x)$ 无论在 x 轴上方、下方, 还是上下方兼有, 只要满足 $f(x) \geqslant g(x)$, 就可以用公式 (3.5.1) 来计算其面积.

例 1 求由 $xy = 1$, $y = x$ 及 $x = 2$ 所围区域的面积.

解 联立方程

$$\begin{cases} xy = 1, \\ y = x \end{cases}$$

得交点 $A(1,1)$. 类似地, 可以求出交点 $B(2,2)$, $C\left(2,\dfrac{1}{2}\right)$ (图 3.14). 由公式 (3.5.1) 可得所求图形面积为

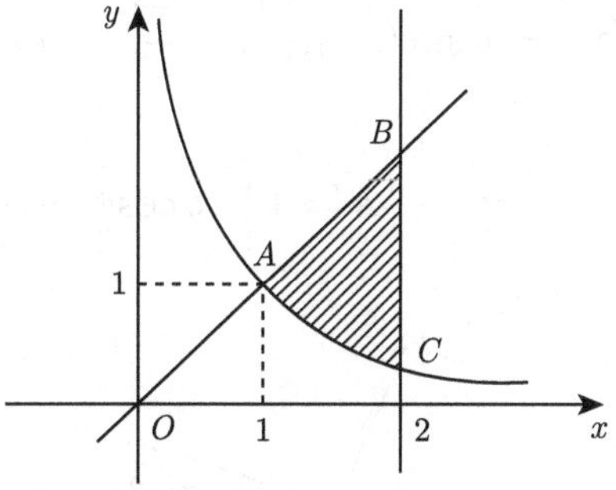

图 3.14

$$A = \int_1^2 \left(x - \frac{1}{x}\right)\mathrm{d}x = \left(\frac{1}{2}x^2 - \ln x\right)\Big|_1^2 = \frac{3}{2} - \ln 2.$$

若平面图形由 $x = \varphi(y)$, $x = \psi(y)$, $y = c, y = d$ ($\varphi(x) \geqslant \psi(x), c < d$) 所围成, 则面积为

$$A = \int_c^d [\varphi(y) - \psi(y)]\,\mathrm{d}y. \tag{3.5.2}$$

例 2 计算抛物线 $y^2 = 2x$ 和直线 $y = 2 - 2x$, 所围图形的面积.

解 联立曲线方程

$$\begin{cases} y^2 = 2x, \\ y = 2 - 2x \end{cases}$$

可得交点为 $\left(\dfrac{1}{2}, 1\right)$ 和 $(2,-2)$ (图 3.15). 而所围平面图形在 y 轴上的投影区间为 $[-2,1]$, 函数 $x = 1 - \dfrac{y}{2}$ 和 $x = \dfrac{1}{2}y^2$ 满足 $1 - \dfrac{y}{2} > \dfrac{1}{2}y^2$, 所以

$$A = \int_{-2}^1 \left[\left(1 - \frac{y}{2}\right) - \frac{1}{2}y^2\right]\mathrm{d}y = \left(y - \frac{1}{4}y^2 - \frac{1}{6}y^3\right)\Big|_{-2}^1 = \frac{9}{4}.$$

例 3 求椭圆 $\dfrac{x^2}{a^2} + \dfrac{y^2}{b^2} = 1$ 的面积.

解 由对称性可知 $A = 4A_1$, 其中 A_1 是椭圆在第一象限部分的面积 (图 3.16), 在这一部分 $x \in [0,a]$ 上边界为 $y = b\sqrt{1 - \dfrac{x^2}{a^2}}$, 下边界为 $y = 0$, 因此图形面积为

$$A = 4\int_0^a b\sqrt{1 - \frac{x^2}{a^2}}\mathrm{d}x.$$

令 $x=a\sin t$, 则 $\sqrt{1-\dfrac{x^2}{a^2}}=\cos t$, $\mathrm{d}x=a\cos t\mathrm{d}t$, 有

$$A=4\int_0^{\frac{\pi}{2}} b\cos t\cdot a\cos t\mathrm{d}t=4ab\left[\frac{t}{2}+\frac{1}{4}\sin 2t\right]_0^{\frac{\pi}{2}}=\pi ab.$$

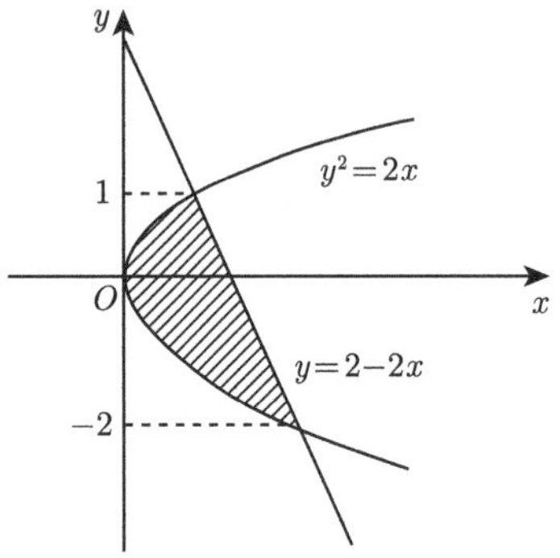

图 3.15

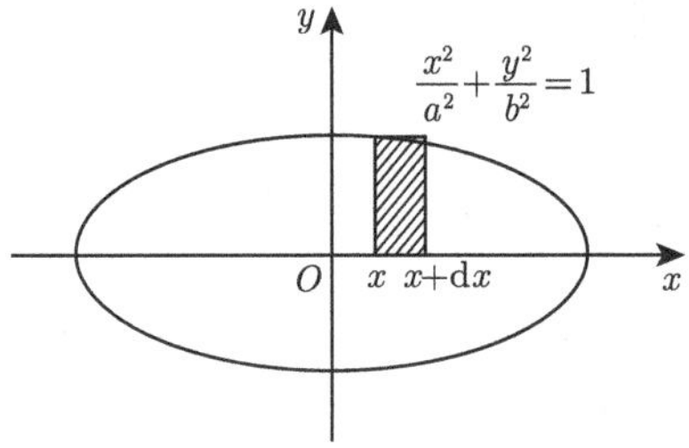

图 3.16

问题探究

如何用定积分表示由直线 $x=a,x=b$, 曲线 $y=f(x),y=g(x)$ 所围图形的面积 A?

上述问题探究的答案为

$$A=\int_a^b|f(x)-g(x)|\,\mathrm{d}x.$$

具体的推导过程留给同学们课后去思考.

2) 极坐标下平面图形的面积

在求平面图形的面积时, 有时候用极坐标会更加方便.

由曲线 $r=r(\theta)$, 射线 $\theta=\alpha,\theta=\beta$ 围成的图形, 称为**曲边扇形**. 求曲边扇形的面积 (图 3.17). 设 $r(\theta)$ 在 $[\alpha,\beta]$ 上连续, 且 $r(\theta)\geqslant 0$.

与平面直角坐标类似, 这里也采用微元法求图形的面积, 值得注意的是自变量所在的区间为 $\theta\in[\alpha,\beta]$. 按如下步骤进行计算.

(1) 取小区间 $[\theta,\theta+\mathrm{d}\theta]\subset[\alpha,\beta]$, 则面积元素等于以 $r=r(\theta)$ 为半径, $\mathrm{d}\theta$ 为中心角的圆扇形的面积, 即

$$\mathrm{d}A=\frac{1}{2}[r(\theta)]^2\,\mathrm{d}\theta.$$

(2) 以面积元素 $\mathrm{d}A=\dfrac{1}{2}[r(\theta)]^2\,\mathrm{d}\theta$ 为被积表达式, 在区间 $[\alpha,\beta]$ 上积分, 就得

所求面积, 即

$$A = \int_{\alpha}^{\beta} \frac{1}{2} [r(\theta)]^2 \, \mathrm{d}\theta.$$

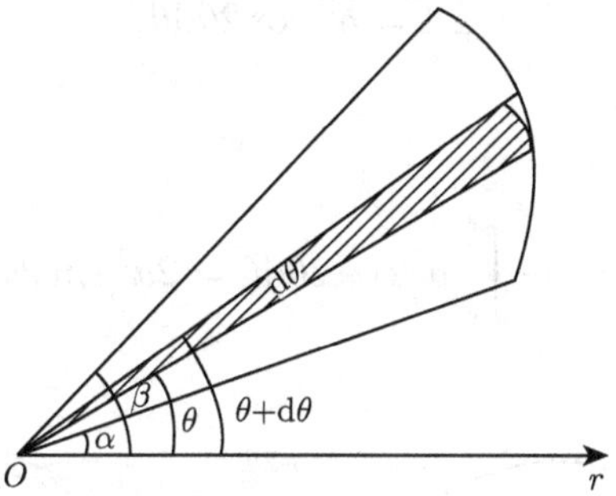

图 3.17

例 4 求心形线 $r = a(1+\cos\theta)(a>0)$ 所围图形面积.

解 如图 3.18 所示, 心形线分为上下两部分, 且关于极轴对称, 因此所求图形的面积 A 是极轴以上部分图形面积 A_1 的两倍. 易知, 极轴以上部分图形, θ 的变化区间为 $[0, \pi]$, 则

$$\begin{aligned} A &= 2A_1 = 2 \cdot \frac{1}{2} \int_0^{\pi} [a(1+\cos\theta)]^2 \, \mathrm{d}\theta \\ &= a^2 \int_0^{\pi} \left(1 + 2\cos\theta + \cos^2\theta\right) \mathrm{d}\theta \\ &= \frac{3\pi}{2} a^2. \end{aligned}$$

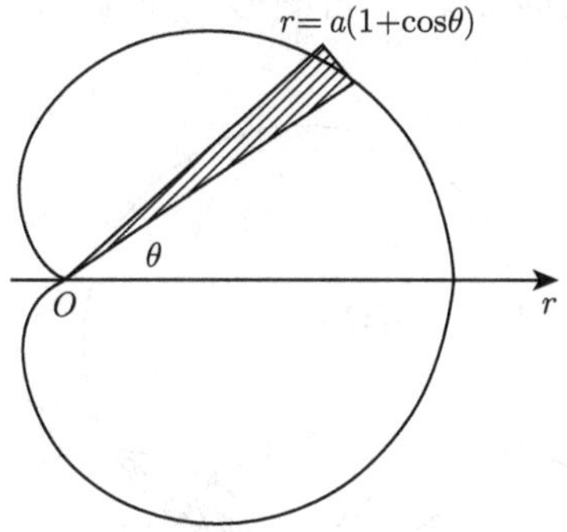

图 3.18

例 5 求双纽线 $r^2 = 2a^2 \cos 2\theta (a>0)$ 所围图形面积.

解 如图 3.19 所示, 令 $r=0$, 即 $\cos 2\theta = 0$, 得 $\theta = \frac{\pi}{4}$, 由于图形分成四部

分, 且面积都相等, 故所求图形的面积 A 等于极轴上部的右半部分的面积 A_1 的 4 倍. 此时 $0 \leqslant \theta \leqslant \dfrac{\pi}{4}$, 且

$$\mathrm{d}A = a^2 \cos 2\theta \mathrm{d}\theta,$$

因此所求图形的面积为

$$A = 4A_1 = 4 \cdot \int_0^{\frac{\pi}{4}} a^2 \cos 2\theta \mathrm{d}\theta = 2a^2 \sin 2\theta|_0^{\frac{\pi}{4}} = 2a^2.$$

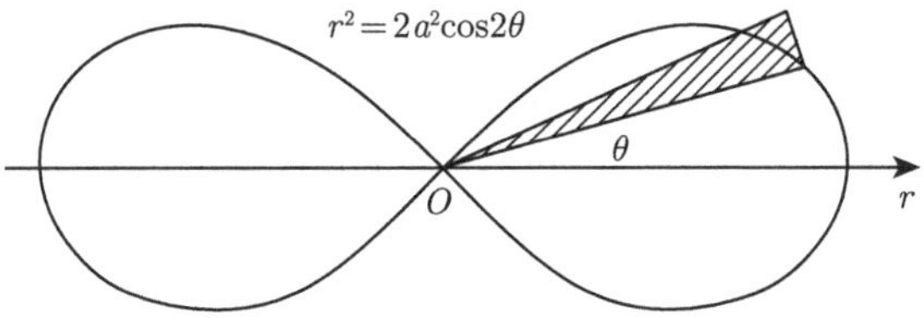

图 3.19

例 6 求由 $r = \sqrt{2}\sin\theta, r^2 = \cos 2\theta$ 所围公共部分图形面积.

解 如图 3.20 所示, 这个图形的左右两边面积相同, 因此只需计算右半部分. 联立曲线方程

$$\begin{cases} r = \sqrt{2}\sin\theta, \\ r^2 = \cos 2\theta \end{cases}$$

得 $\sin\theta = \dfrac{1}{2}$, 即 $\theta = \dfrac{\pi}{6}$. 此时 $\theta = \dfrac{\pi}{6}$ 将图形一分为二, 分别记为 A_1, A_2.

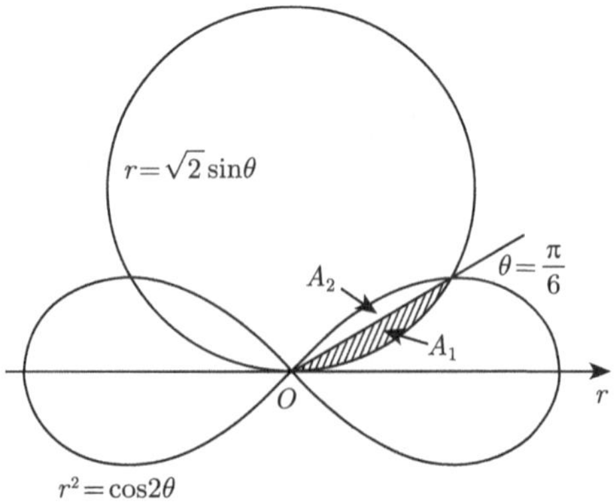

图 3.20

对 A_1, $0 \leqslant \theta \leqslant \dfrac{\pi}{6}$, 面积元素为

$$\mathrm{d}A = \frac{1}{2}\left(\sqrt{2}\sin\theta\right)^2 \mathrm{d}\theta,$$

积分可得其面积为

$$S_1 = \frac{1}{2}\int_0^{\frac{\pi}{6}} \left(\sqrt{2}\sin\theta\right)^2 \mathrm{d}\theta = \left(\frac{\theta}{2} - \frac{\sin 2\theta}{4}\right)\Bigg|_0^{\frac{\pi}{6}} = \frac{\pi}{12} - \frac{\sqrt{3}}{8}.$$

对 A_2, 因为 $\cos 2\theta \geqslant 0$, 故 $\theta \leqslant \dfrac{\pi}{4}$, 因此 $\dfrac{\pi}{6} \leqslant \theta \leqslant \dfrac{\pi}{4}$, 面积元素为

$$\mathrm{d}A = \frac{1}{2}(\cos 2\theta)\,\mathrm{d}\theta,$$

积分可得, 其面积为

$$S_2 = \frac{1}{2}\int_{\frac{\pi}{6}}^{\frac{\pi}{4}} \cos 2\theta \mathrm{d}\theta = \frac{1}{4}\sin 2\theta\,\Big|_{\frac{\pi}{6}}^{\frac{\pi}{4}} = \frac{1}{4} - \frac{\sqrt{3}}{8},$$

故

$$S = 2(S_1 + S_2) = \frac{\pi}{6} + \frac{1-\sqrt{3}}{2}.$$

2. 空间立体图形体积的计算

1) 平行截面面积为已知的立体体积

设有一立体 Ω, 它被垂直于某条直线 (例如 x 轴) 的平面所截的截面面积 $A(x)$ 为 x 的已知连续函数, 且此立体介于平面 $x=a$ 与 $x=b$ 之间, 如图 3.21 所示, 求立体 Ω 的体积.

取 x 为积分变量, 它的变化区间为 $[a,b]$, 在小区间 $[x, x+\mathrm{d}x]$ 上 $A(x)$ 近似不变, 即把位于 $[x, x+\mathrm{d}x]$ 上的立体薄片近似看作以 $A(x)$ 为底、$\mathrm{d}x$ 为高的柱片, 从而得到体积元素 $\mathrm{d}V = A(x)\mathrm{d}x$. 于是该立体的体积为

$$V = \int_a^b A(x)\mathrm{d}x.$$

若把 x 轴换成 y 轴, 被垂直于 y 轴的平面所截的截面面积为 $A(y)$, $c \leqslant y \leqslant d$, 则该立体的体积为

$$V = \int_c^d A(y)\mathrm{d}y.$$

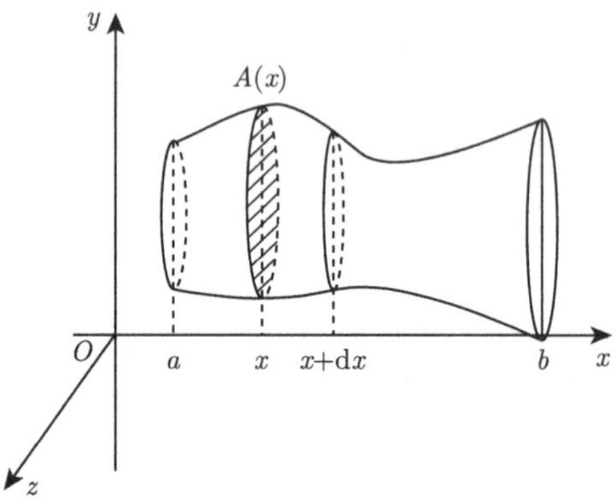

图 3.21

例 7 一平面经过半径为 R 的圆柱体的底圆中心, 并与底面交成角 α, 计算这平面截圆柱所得立体的体积.

解 不妨取这平面与圆柱体的底面的交线为 x 轴, 底面上过圆中心且垂直于 x 轴的直线为 y 轴, 那么, 底圆的方程为 $x^2+y^2=R^2$, 立体中过点 x 且垂直于 x 轴的截面是一个直角三角形, 两个直角边分别为 $\sqrt{R^2-x^2}$ 和 $\sqrt{R^2-x^2}\tan\alpha$, 如图 3.22 所示. 因而, 截面面积为 $A(x)=\dfrac{1}{2}(R^2-x^2)\tan\alpha$. 于是, 所求立体的体积为

$$V=\int_{-R}^{R}A(x)\mathrm{d}x=\frac{1}{2}\int_{-R}^{R}\left(R^2-x^2\right)\tan\alpha\mathrm{d}x=\frac{2}{3}R^3\tan\alpha.$$

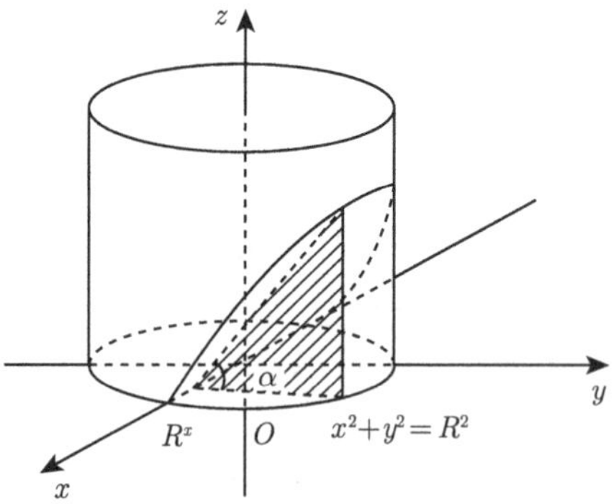

图 3.22

2) 旋转体的体积

平面图形绕平面上某一条直线 (旋转轴) 旋转一周而成的立体, 称为**旋转体**. 对于旋转体, 人们身边有很多的实例, 如圆柱、圆锥、圆台、球体等都是旋转体.

圆柱、圆锥、球的体积公式同学们在中学阶段就已经掌握, 但一般的旋转体的体积如何计算呢?

如图 3.23 所示, 先求由连续曲线 $y=f(x)$, 直线 $x=a, x=b\,(a<b)$ 及 x 轴所围曲边梯形绕 x 轴旋转而成的旋转体的体积, 这里记它的体积为 V_x.

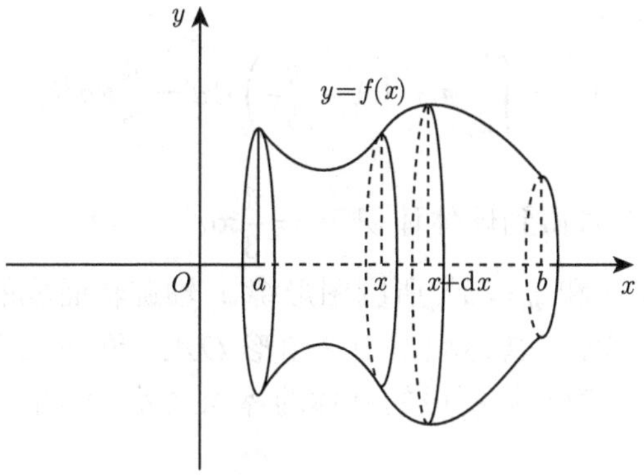

图 3.23

跟前面的方法类似, 先在 $[a,b]$ 内任取一点 x, 则在 $[x,x+\mathrm{d}x]$ 上对应的小窄曲边梯形绕 x 轴旋转而成的图形的体积近似地可以看成以 $f(x)$ 为底半径, $\mathrm{d}x$ 为高的圆柱体的体积. 故对应的体积元素为

$$\mathrm{d}V=\pi f^2(x)\mathrm{d}x,$$

以 $\pi f^2(x)\mathrm{d}x$ 为被积表达式, 在区间 $[a,b]$ 上积分, 便得所求旋转体体积

$$V_x=\int_a^b \pi\left[f(x)\right]^2\mathrm{d}x.$$

类似地, 如果图形由连续曲线 $x=\varphi(y)$, 直线 $y=c, y=d\,(c<d)$ 及 y 轴所围的曲边梯形绕 y 轴旋转而成的旋转体, 则它的体积 V_y 为

$$V_y=\int_c^d \pi[\varphi(y)]^2\mathrm{d}y.$$

例 8 计算椭圆 $\dfrac{x^2}{a^2}+\dfrac{y^2}{b^2}=1$ 绕 x 轴和 y 轴旋转而成的旋转椭球体的体积.

解 旋转椭球体可以看作是由半椭圆 $y=\dfrac{b}{a}\sqrt{a^2-x^2}$ 绕 x 轴旋转而成, 则

$$V_x=\int_{-a}^{a}\pi\frac{b^2}{a^2}(a^2-x^2)\mathrm{d}x$$

$$= 2\pi\frac{b^2}{a^2}\int_0^a \left(a^2 - x^2\right) \mathrm{d}x = \frac{4}{3}\pi ab^2.$$

若将该椭圆绕 y 轴旋转, 则旋转椭球体为半椭圆 $x^2 = a^2\left(1 - \frac{y^2}{b^2}\right)$ 绕 y 轴旋转而成, 体积为

$$V_y = \int_{-b}^{b} \pi a^2 \left(1 - \frac{y^2}{b^2}\right) \mathrm{d}y = \frac{4}{3}\pi a^2 b.$$

特别地, 当 $a = b$ 时得到球体体积 $V = \frac{4}{3}\pi a^3$.

例 9 求由 $y = x$ 和 $y = x^2$ 所围图形绕 x 轴旋转而成的旋转体的体积.

解 此为一空心立体, 其体积是由三角形 OAB 绕 x 轴旋转所成的立体与曲边梯形 $OEABO$ 绕 x 轴旋转所成的立体的体积之差, 如图 3.24 所示.

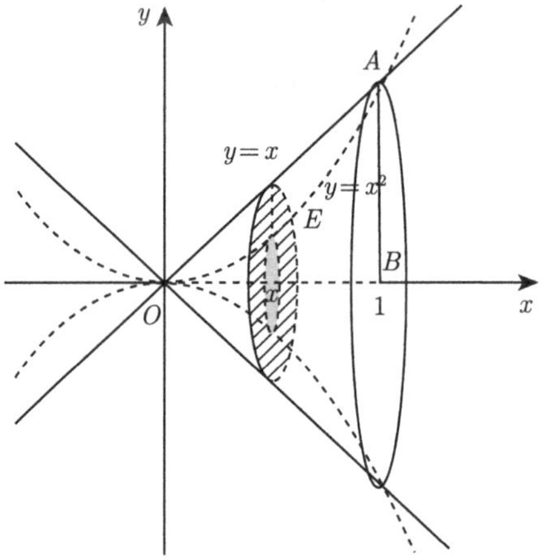

图 3.24

联立两曲线方程

$$\begin{cases} y = x, \\ y = x^2, \end{cases}$$

可得交点 $(0,0)$, $(1,1)$. 因此该图形 x 的变化区间为 $[0,1]$, 所求旋转体的体积为

$$V_x = \int_0^1 \pi x^2 \mathrm{d}x - \int_0^1 \pi \left(x^2\right)^2 \mathrm{d}x = \pi\left[\frac{1}{3}x^3 - \frac{1}{5}x^5\right]_0^1 = \frac{2\pi}{15}.$$

3.5.3 定积分在经济中的应用

1. 由经济函数的边际, 求经济函数在区间上的增量

在经济学中经常会遇到已知变化率或边际函数, 求在某个范围内的总量的问题. 这些问题可以通过定积分来解决, 设边际成本、边际收入、边际利润都是产量 Q 的函数, 当产量 Q 的变动区间为 $[a,b]$ 时, 则所求量在 $[a,b]$ 上的改变量 (增量) 就等于它们各自的边际在 $[a,b]$ 上的定积分, 即有

$$C(b)-C(a)=\int_a^b C'(Q)\mathrm{d}Q;$$

$$R(b)-R(a)=\int_a^b R'(Q)\mathrm{d}Q;$$

$$L(b)-L(a)=\int_a^b L'(Q)\mathrm{d}Q.$$

例 10 某公司每个月生产液晶电视机 x 台, 边际利润函数为

$$L'(x)=465-0.1x,\quad 0\leqslant x\leqslant 4000.$$

目前公司每月生产 1500 台电视机, 并计划提高产量, 试求出当每月生产 1600 台电视机时, 利润增加了多少?

解 $$L(1600)-L(1500)=\int_{1500}^{1600} L'(x)\,\mathrm{d}x=\int_{1500}^{1600}(465-0.1x)\mathrm{d}x$$
$$=(465x-0.05x^2)\Big|_{1500}^{1600}$$
$$=616000-585000=31000.$$

例 11 某企业生产某产品 x 单位时的边际收益为

$$R'(x)=100-0.2x\ (元/单位).$$

(1) 求生产 x 单位时的总收益 $R(x)$ 及平均收益 $\overline{R}(x)$;

(2) 求生产 100 个单位该产品的总收益及平均收益, 并求再生产 100 个单位时该产品所增加的总收益.

解 (1) 因为 $R(0)=0$, 所以总收益为

$$R(x)=\int_0^x R'(t)\mathrm{d}t=\int_0^x(100-2t)\mathrm{d}t$$
$$=100x-0.1x^2,$$

平均收益为

$$\overline{R}(x)=\frac{R(x)}{x}=100-0.1x.$$

(2) 生产 100 个单位该产品的总收益为

$$R(100)=100\times 100-0.1\times 100^2=9000\ (\text{元}),$$

平均收益为

$$\overline{R}(100)=\frac{R(100)}{100}=90\ (\text{元}),$$

再生产 100 个单位该产品所增加的总收益为

$$\Delta R=R(200)-R(100)=\int_{100}^{200}R'(x)\mathrm{d}x=\left(100x-0.1x^2\right)\Big|_{100}^{200}=7000\ (\text{元}).$$

2. 资本现值和投资问题

对于一个正常运营的企业而言, 其资金的收入与支出往往是位于一定的时间区间 $[a,b]$ 上, 比如购买生产原料的费用支出, 销售生产产品的货款收入等. 在理论分析过程中, 为了计算的方便, 通常将收入与支出近似看作是连续发生的, 并称之为收入流 (或支出流).

设某个项目在 t 时刻的收入为 $f(t)$, 连续复利的年利率为 r, 则在时间区间 $[t,t+\mathrm{d}t]$ 内的**收入现值**为 $f(t)\mathrm{e}^{-rt}\mathrm{d}t$. 则应用定积分计算, 该项目在时间区间 $[a,b]$ 内得到的**总收入现值** (**总贴现值**) 为 $\int_a^b f(t)\mathrm{e}^{-rt}\mathrm{d}t$.

设该项目在竣工时的总收入现值为 A, 竣工后的年收入预计为 a, 连续复利的年利率为 r. 在进行动态经济分析时, 把竣工后收入的总贴现值达到 A, 即使关系式 $\int_0^T a\mathrm{e}^{-rt}\mathrm{d}t=A$ 成立的时间 T 称为该项工程的**投资回收期**.

问题探究

若已知在 t 时刻收入流的变化率为 $f(t)$, 那么如何计算收入流的终值和现值呢?

例 12 某工程总投资在竣工时的总贴现值为 1000 万元, 竣工后的年收入预计为 200 万元, 年利息率为 0.08, 求该工程的投资回收期.

解 由 $A=1000$, $a=200$, $r=0.08$, 则该工程竣工后 T 年内的收入总贴现值为

$$\int_0^T 200\mathrm{e}^{-0.08t}\mathrm{d}t=-2500\mathrm{e}^{-0.08t}\Big|_0^T=2500(1-\mathrm{e}^{-0.08T}),$$

由 $2500(1-\mathrm{e}^{-0.08T})=1000$, 即得该工程的投资回收期为

$$T=-\frac{1}{0.08}\ln\left(1-\frac{1000}{2500}\right)=6.39\ (\text{年}).$$

例 13　某实验室需要某种仪器一台, 这种仪器的使用年限为 15 年. 若购买仪器需资金 10 万元, 如果租用该仪器每月需支付租金 1000 元, 设资金的年利率为 5%, 按连续复利计算. 问购买仪器合算还是租用仪器合算?

解　将一次性购买的费用跟租用该仪器 15 年的租金总额进行比较.

由于租用仪器时每月需支付租金 1000 元, 故每年租金为 1.2 万元, 将交款时间做分割, 在时间间隔 $[t,t+\mathrm{d}t]$ 内付款数为 $1.2\mathrm{e}^{-0.05t}\mathrm{d}t$ 万元, 于是租金总值的现值为

$$\int_0^{15}1.2\mathrm{e}^{-0.05t}\mathrm{d}t=-\left.\frac{1.2}{0.05}\mathrm{e}^{-0.05t}\right|_0^{15}=24(1-\mathrm{e}^{-0.75})\approx 12.66\ (\text{万元}).$$

与仪器的现价进行比较, 显然买仪器合算.

例 14　一对夫妇准备为孩子存款积攒教育储备金, 银行存款的年利率为 2%, 以连续复利计算, 若他们打算 10 年后攒够 5 万元, 计算这对夫妇每年应等额地为其孩子存入多少钱?

解　设这对夫妇每年应等额地为其孩子存入 A 元, 使得 10 年后存款总额的将来值达到 5 万元, 由公式得

$$\int_0^{10}A\mathrm{e}^{0.02(10-t)}\mathrm{d}t=\frac{A(\mathrm{e}^{0.2}-1)}{0.02}=50000,$$

解得

$$A=\frac{50000\times 0.02}{\mathrm{e}^{0.2}-1}\approx 4517\ (\text{元}).$$

即这对夫妇每年应等额地为其孩子存入 4517 元, 10 年后才能攒够 5 万元.

习　题　3.5

A 组

1. 求 $y=\dfrac{x^2}{2},y=\dfrac{1}{1+x^2}$ 与 $x=-\sqrt{3},x=\sqrt{3}$ 所围图形面积.
2. 求 $y^2=ax$ 与 $x=a(a>0)$ 所围图形面积.
3. 求 $x=5y^2$ 与 $x=1+y^2$ 所围图形面积.
4. 求圆 $x^2+(y-b)^2=R^2(b>R>0)$, 分别绕 x 轴和 y 轴旋转所成的环体的体积.

5. 求摆线 $x=a(t-\sin t)$, $y=a(1-\cos t)$ 相应于 $0\leqslant t\leqslant 2\pi$ 的一拱与 $y=0$ 所围成的图形分别绕 x 轴、y 轴旋转构成旋转体的体积.

6. 求 $y=\sin x$ 和它在 $x=\dfrac{\pi}{2}$ 处的切线及 $x=\pi$ 所围图形绕 x 轴旋转而成的旋转体体积.

7. 一年中某商品的销售速度为 $v(t)=100+100\sin\left(2\pi t-\dfrac{\pi}{2}\right)$ (单位: 件/月), 求此商品在第一季度的销售总量.

8. 已知生产某种产品时, 边际成本函数为 $C'(q)=q^2-4q+4$ (万元/吨), 固定成本 $C(0)=6$ 万元, 边际收入 $R'(q)=15-2q$ (万元/吨), 试求总成本函数和总收益函数.

9. 某工厂每天生产某产品 q 单位, 固定成本为 20 元, 边际成本为

$$C'(q)=0.4q+2\ (\text{元/单位}).$$

(1) 求成本函数 $C(q)$;

(2) 如果这种产品销售价为 18 元/单位, 且产品可以全部售出, 求利润函数.

B 组

1. 求由曲线 $r=a\sin\theta$, $r=a(\cos\theta+\sin\theta)(a>0)$ 所围图形公共部分的面积.

2. 若曲线 $y=\cos x\left(0\leqslant x\leqslant\dfrac{\pi}{2}\right)$ 与 x 轴, y 轴所围成的图形面积被曲线 $y=a\sin x$ 和 $y=b\sin x(a>b>0)$ 三等分, 试确定 a, b 之值.

3. 设平面图形 A 由 $x^2+y^2\leqslant 2x$ 与 $y\geqslant x$ 所确定, 求图形 A 绕直线 $x=2$ 旋转一周所得的旋转体体积.

4. 求由曲线 $xy=a(a>0)$, 直线 $x=a$, $x=2a$ 及 x 轴所围成的图形绕 y 轴旋转一周所成的旋转体体积.

5. 过曲线 $y=x^2(x\geqslant 0)$ 上某点 $P(x,y)$ 作一切线, 使之与曲线及 x 轴所围图形的面积为 $\dfrac{1}{12}$, 求: (1) 切点 P 的坐标; (2) 过切点 P 的切线方程; (3) 由上述图形绕 x 轴旋转而成旋转体体积 V.

6. 设某商品从时刻 0 到时刻 t 的销售量为 $q(t)=kt$ (件), $t\in[0,T],(k>0)$. 欲在 T 时将数量为 A 的该商品销售完, 试求

(1) t 时的商品剩余量, 并确定 k 的值;

(2) 在时间段 $[0,T]$ 上的平均剩余量.

7. 某企业投资 100 万元生产某产品, 如果该企业在投资的前 10 年每年以 30 万元的速度均匀地收回资金, 且按年利率 5%的连续复利计算, 试求多少年后该企业可以收回投资? 并求该项投资收入的现值.

本章内容小结

本章的主要内容有

(1) 积分的概念.

设函数 $f(x)$ 在区间 (a,b) 内有定义, 若存在一个函数 $F(x)$, 使得该区间内每一点 x, 都有 $F'(x)=f(x)$ 或 $\mathrm{d}F(x)=f(x)\mathrm{d}x$ 成立, 则称 $F(x)$ 为 $f(x)$ 在区间 (a,b) 内的一个原函数, 而函数 $f(x)$ 的全体原函数称为 $f(x)$ 的不定积分, 即

$$\int f(x)\mathrm{d}x = F(x) + C.$$

函数 $f(x)$ 在区间 $[a,b]$ 上的定积分是通过积分和的极限来定义的:

$$\int_a^b f(x)\mathrm{d}x = \lim_{\lambda\to 0}\sum_{i=1}^{n} f(\xi_i)\Delta x_i.$$

定积分表示的是一个具体的数值, 这与不定积分的概念完全不同.

(2) 原函数存在定理.

若函数 $f(x)$ 在区间 I 上连续, 则它在该区间上存在原函数 $F(x)$.

(3) 两种积分之间的联系——牛顿–莱布尼茨公式.

如果函数 $F(x)$ 是连续函数 $f(x)$ 在区间 $[a,b]$ 上的一个原函数, 则

$$\int_a^b f(x)\mathrm{d}x = F(b) - F(a) = F(x)\big|_a^b .$$

(4) 积分的性质.

① 定积分与不定积分都具有线性性质.

② 定积分还有如下的性质.

a. 定积分的值仅依赖于被积函数和积分区间, 而与积分变量无关

$$\int_a^b f(x)\mathrm{d}x = \int_a^b f(t)\mathrm{d}t = \int_a^b f(u)\mathrm{d}u.$$

b. 交换积分上、下限, 定积分变号

$$\int_a^b f(x)\mathrm{d}x = -\int_b^a f(x)\mathrm{d}x.$$

c. (积分区间的可加性) 若函数 $f(x)$ 可积, 则对任意三点 a,b,c, 有

$$\int_a^b f(x)\mathrm{d}x = \int_a^c f(x)\mathrm{d}x + \int_c^b f(x)\mathrm{d}x.$$

d. (积分中值定理) 如果函数 $f(x)$ 在闭区间 $[a,b]$ 上连续, 则至少存在一点 $\xi\in[a,b]$, 使得

$$\int_a^b f(x)\mathrm{d}x = f(\xi)(b-a).$$

(5) 积分的计算——换元法及分部积分法.

学习中要注意的几点.

(1) 定积分与不定积分可以通过牛顿–莱布尼茨公式进行联系, 但定积分是一个数, 而不定积分是函数族.

(2) 在用换元法求定积分时, 换元必换限, 而不定积分没有这样的要求.

(3) 多次分部积分的规律:

$$\begin{aligned}\int uv^{(n+1)}\mathrm{d}x &= uv^{(n)} - \int u'v^{(n)}\mathrm{d}x = uv^{(n)} - u'v^{(n-1)} + \int u''v^{(n-1)}\mathrm{d}x \\ &= uv^{(n)} - u'v^{(n-1)} + u''v^{(n-2)} - \int u'''v^{(n-2)}\mathrm{d}x \\ &= \cdots \\ &= uv^{(n)} - u'v^{(n-1)} + u''v^{(n-2)} - \cdots + (-1)^{n+1}\int u^{(n+1)}v\mathrm{d}x.\end{aligned}$$

(4) 初等函数的原函数不一定是初等函数, 因此不一定都能积出.

莱布尼茨与微积分

第 4 章　微分方程初步

微积分学的主要研究对象是函数. 在某些情况下, 往往很难直接得到所研究的变量之间的函数关系, 却比较容易建立起这些变量与它们的导数 (或微分) 之间的关系, 从而得到一个联系着自变量、未知函数以及它的导数或微分的关系式, 这种关系式称为微分方程. 通过求解这种方程, 同样可以找到所要求的函数关系.

本章主要讨论微分方程的一些基本概念以及几种常用的、基本的微分方程的解法.

4.1　微分方程的基本概念

1. 理解微分方程的定义;
2. 熟知微分方程的阶、解、初始条件的含义;
3. 明辨微分方程的通解、特解之间的异同.

4.1.1　问题的引入

为了说明微分方程的基本概念, 先来看两个具体实例.

引例 4.1.1(几何问题)　一条曲线过点 $(2,5)$, 且在该曲线上任一点 (x,y) 处的切线斜率等于 $2x$, 求此曲线的方程.

解　设所求曲线方程为 $y=y(x)$, 根据导数的几何意义, 可知未知函数 $y=y(x)$ 应满足下面的关系式:

$$\begin{cases} \dfrac{\mathrm{d}y}{\mathrm{d}x}=2x, & (4.1.1\text{a}) \\ y(2)=5, & (4.1.1\text{b}) \end{cases}$$

其中 $y(2)$ 表示 $x=2$ 时 y 的值. 要求满足式 (4.1.1a) 的函数, 只需把式 (4.1.1a) 两边积分, 得

$$y=\int 2x\mathrm{d}x,$$

即

$$y=x^2+C,$$

其中 C 是任意常数. 如果将已知条件 $y(2)=5$ 代入上式, 得 $5=2^2+C$, 解得 $C=1$, 即

$$y=x^2+1$$

就是所求的曲线方程.

引例 4.1.2 (经济问题) 已知某产品产量的变化率是时间 t 的函数 $f(t)=3t^2+1$, 设此产品的产量函数为 $p(t)$, 已知 $p(0)=0$, 求 $p(t)$.

解 由于产品产量的变化率是产量对时间 t 的导数, 因此 $p(t)$ 满足以下关系式:

$$\begin{cases} \dfrac{\mathrm{d}p(t)}{\mathrm{d}t}=3t^2+1, & (4.1.2\mathrm{a}) \\ p(0)=0, & (4.1.2\mathrm{b}) \end{cases}$$

同样, 对式 (4.1.2a) 两边积分得

$$p(t)=\int(3t^2+1)\mathrm{d}t=t^3+t+C,$$

再将条件 $p(0)=0$ 代入上式, 得 $0=0^3+0+C$, 解得 $C=0$, 即

$$p(t)=t^3+t$$

即为所求.

4.1.2 微分方程的一般概念

上述两个例题中, 关系式 (4.1.1a) 和 (4.1.2a) 都含有未知函数的导数, 它们都是微分方程.

定义 4.1.1 含有自变量、未知函数以及未知函数的导数 (或微分) 的方程称为**微分方程** (differential equation).

如果在微分方程中未知函数是一元函数, 称为**常微分方程** (ordinary differential equation); 未知函数是多元函数, 称为**偏微分方程** (partial differential equation). 上述方程中, 式 (4.1.1a) 和式 (4.1.2a) 都是常微分方程. 本书只讨论常微分方程, 因此, 在后面的讨论中, 把常微分方程简称为 "微分方程" 或 "方程".

思考 以下方程为常微分方程吗?

(1) $(x+y)\mathrm{d}x+(x-y)\mathrm{d}y=0$;

(2) $y''+ay'+by=\cos x$. (4.1.3)

答案 它们都是常微分方程.

定义 4.1.2 微分方程中所出现的未知函数的最高阶导数的阶数, 叫做**微分方程的阶** (order).

例如, 微分方程 (4.1.1a), (4.1.2a) 是一阶的, 微分方程 (4.1.3) 是二阶的.

设 x 是自变量, y 是未知函数, 则 n 阶微分方程的一般形式为

$$F(x,y,y',y'',\cdots,y^{(n)})=0, \tag{4.1.4}$$

其中 F 是 $n+2$ 个变量的连续函数 (特别指出: 在式 (4.1.4) 中 n 阶导数 $y^{(n)}$ 必须出现, 其余部分根据实际情况可出现或不出现).

4.1.3 微分方程的解

若存在函数

$$y=f(x),$$

当以 $f(x),f'(x),f''(x),\cdots,f^{(n)}(x)$ 分别代替 (4.1.4) 中的 $y,y',y'',\cdots,y^{(n)}$ 时, 使方程成为恒等式

$$F[x,f(x),f'(x),f''(x),\cdots,f^{(n)}(x)]\equiv 0,$$

则称 $y=f(x)$ 为微分方程 (4.1.4) 的解. 例如, $y=x^2+C$ 和 $y=x^2+1$ 是方程 (4.1.1a) 的解, $p(t)=t^3+t+C$ 和 $p(t)=t^3+t$ 是方程 (4.1.2a) 的解.

定义 4.1.3 如果存在 (能找到) 一个函数 $y=\varphi(x)$, 将其代入方程 (4.1.4), 使其成为恒等式, 则称函数 $y=\varphi(x)$ 为方程 (4.1.4) 的**解** (solution), 也称为**显式解** (explicit solution). 如果关系式 $\Phi(x,y)=0$ 确定的隐函数 $y=\varphi(x)$ 是方程 (4.1.4) 的解, 则称 $\Phi(x,y)=0$ 是方程 (4.1.4) 的**隐式解** (implicit solution). 将显式解和隐式解统称为方程的**解**.

从引例 4.1.1 和引例 4.1.2 中可以看出, 微分方程的解有两种不同的形式. 一种是解中含有任意的常数, 且独立的任意常数的个数恰好与方程的阶数相同, 这样的解称为微分方程的**通解** (general solution). 例如, $y=x^2+C$ 是 (4.1.1a) 的通解. 另一种解中不含有任意的常数, 这样的解称为微分方程的**特解** (particular solution). 例如, $y=x^2+1$ 是 (4.1.1a) 的特解. 通常可以按照问题所给的条件, 从通解中确定任意常数的特定值, 从而得到满足条件的特解. 用来确定特解的条件, 称为**定解条件**, 也称为**初始条件**. 在引例 4.1.1 中, 特解 $y=x^2+1$ 就是通过初始条件 $y(2)=5$ 从通解 $y=x^2+C$ 中求解出来的.

定义 4.1.4 若微分方程的解中含有任意的常数, 且独立的任意常数的个数与方程的阶数相同, 则称这样的解为微分方程的**通解**. 满足初始条件的微分方程的解称为微分方程的**特解**.

注 (1) 这里所说的相互独立的任意常数, 是指它们不能通过合并而使通解中的任意常数个数减少, 且其中任何一个常数的取法也不受其他常数取法的限制.

(2) 通解中任意独立常数的个数与方程的阶数相等.

由微分方程寻找它的解的过程称为**解微分方程**. 求解微分方程满足相应初始条件的特解这一问题称为微分方程的**初值问题**.

例如, 一阶微分方程的初值问题为

$$\begin{cases} y' = f(x, y), \\ y(x_0) = y_0. \end{cases}$$

二阶微分方程的初值问题为

$$\begin{cases} y'' = f(x, y, y'), \\ y'(x_0) = y_1, \\ y(x_0) = y_0. \end{cases}$$

确定 n 阶方程 $F(x, y, y', y'', \cdots, y^{(n)}) = 0$ 通解中任意常数的初始条件为 $y(x_0) = y_0, y'(x_0) = y_1, y''(x_0) = y_2, \cdots, y^{(n-1)}(x_0) = y_{n-1}$, 其中 $x_0, y_0, y_1, y_2, \cdots, y_{n-1}$ 为常数.

定义 4.1.5 微分方程的一个解在平面上对应一条曲线, 称为该微分方程的**积分曲线**.

微分方程的通解的图形表示一族曲线, 称为该微分方程的**积分曲线族**; 特解的图形则是依据初始条件确定的积分曲线族中的某一条特定曲线. 例如, 在引例 4.1.1 中通解和特解的图形如图 4.1 所示.

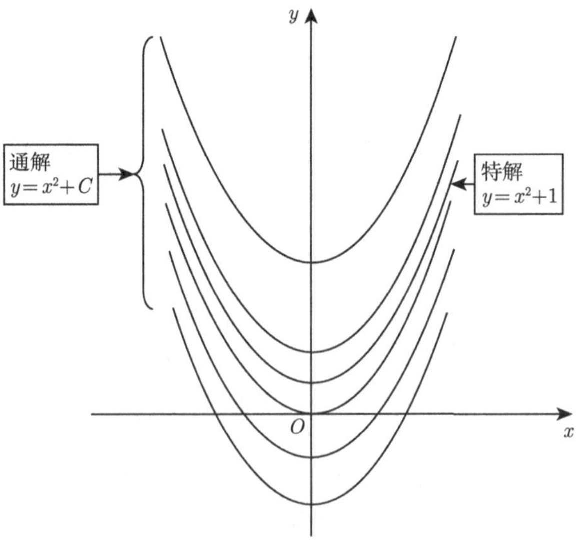

图 4.1

例 1　设微分方程为 $y' + y = 0$,

(1) 验证 $y = C\mathrm{e}^{-x}$ (C 为任意常数) 是该方程的通解;

(2) 由 $y = C\mathrm{e}^{-x}$ 求出方程满足初始条件 $y(0) = 1$ 的特解.

解　(1) 因为 $y = C\mathrm{e}^{-x}$, 所以 $y' = -C\mathrm{e}^{-x}$, 将它们代入方程 $y' + y = 0$, 方程两边恒等, 根据微分方程解的定义, 可知 $y = C\mathrm{e}^{-x}$ 是微分方程 $y' + y = 0$ 的解. 又因为 $y = C\mathrm{e}^{-x}$ 中仅含一个任意的常数 C, 所以它是一阶微分方程 $y' + y = 0$ 的通解.

(2) 将初始条件 $y(0) = 1$ 代入通解 $y = C\mathrm{e}^{-x}$ 中, 有 $1 = C\mathrm{e}^0 = C$, 所以 $y = \mathrm{e}^{-x}$ 是一阶微分方程 $y' + y = 0$ 满足初始条件 $y(0) = 1$ 的特解.

习　题　4.1

A 组

1. 试指出下列方程哪些是微分方程? 并指出微分方程的阶数 (其中 y 是未知函数):

(1) $(x + y)\mathrm{d}x + x\mathrm{d}y = 0$;

(2) $x^4y''' + 5y'' + xy = 0$;

(3) $(y')^2 + xy = \cos x$;

(4) $xy'' + 3y' + x^2y = 0$.

2. 验证下列函数是不是所给微分方程的解:

(1) $y = Cx^{-3}$, $xy' + 3y = 0$;

(2) $y = 5x^2$, $xy' = 2y$;

(3) $y = (x + C)\mathrm{e}^{-x}$, $\dfrac{\mathrm{d}y}{\mathrm{d}x} + y = \mathrm{e}^{-x}$;

(4) $y = C_1\mathrm{e}^x + C_2\mathrm{e}^{-x}$, $y'' - y = 0$.

3. $y = Cx + \dfrac{1}{C}$(C 是任意非零常数) 是方程 $x(y')^2 - yy' + 1 = 0$ 的解, 求满足初始条件 $y(0) = 2$ 的特解.

4. 设曲线在点 (x, y) 处的切线的斜率等于该点横坐标的倒数, 试建立曲线所满足的微分方程.

B 组

1. 下列等式中为微分方程的是 (　　).

A. $u'v + uv' = (uv)'$　　B. $\dfrac{\mathrm{d}y}{\mathrm{d}x} + \mathrm{e}^x = \dfrac{\mathrm{d}\,(y + \mathrm{e}^x)}{\mathrm{d}x}$

C. $(u + v)' = u' + v'$　　D. $y' = \mathrm{e}^x + \sin x$

2. 在下列各题中, 确定函数关系式中所含的参数, 使函数满足所给的初始条件:

(1) $y = (C_1 + C_2x)\mathrm{e}^{2x}$, $y(0) = 0$, $y'(0) = 1$;

(2) $y = C_1\sin(x - C_2)$, $y(\pi) = 1$, $y'(\pi) = 0$.

3. 验证函数 $y = \mathrm{e}^{\frac{x^2}{2}}\left(\displaystyle\int \mathrm{e}^{-\frac{x^2}{2}}\mathrm{d}x + C\right)$ (C 是任意常数) 是方程 $y' - xy = 1$ 的通解.

4.2 一阶微分方程

1. 掌握变量可分离的微分方程及其解法;
2. 会求解齐次微分方程, 会用简单的变量代换解某些微分方程;
3. 会求解一阶线性微分方程.

在引例 4.1.1、引例 4.1.2 中读者已经看到, 有些微分方程可以用直接求积分的方法来求解, 但是在实际问题中遇到的微分方程往往是多种多样的, 它们的解法也各不相同. 在众多微分方程中, 一阶微分方程是最基本的一种, 因此, 本节主要介绍几种常见的一阶微分方程的求解方法. 这些内容虽然都是古典而且简单的, 但是它们却是微分方程求解方法的基础.

一阶微分方程的一般形式是

$$F(x,y,y')=0, \tag{4.2.1}$$

其中 y' 必出现. 该方程也可化为

$$y'=f(x,y), \tag{4.2.2}$$

进一步, 方程 (4.2.2) 还可转化为

$$P(x,y)\mathrm{d}x+Q(x,y)\mathrm{d}y=0. \tag{4.2.3}$$

一阶微分方程的通解含有一个任意常数, 为了确定这个任意常数, 必须给出一个初始条件, 记作

$$y(x_0)=y_0 \quad 或 \quad y\,|_{x=x_0}=y_0. \tag{4.2.4}$$

下面介绍三种较为简单的一阶微分方程.

4.2.1 可分离变量的微分方程

设有一阶微分方程

$$\frac{\mathrm{d}y}{\mathrm{d}x}=F(x,y),$$

如果其右端函数 $F(x,y)$ 能分解成 $f(x)g(y)$, 即有

$$\frac{\mathrm{d}y}{\mathrm{d}x}=f(x)g(y), \tag{4.2.5}$$

则称方程 (4.2.5) 为**可分离变量的微分方程**, 其中 $f(x),g(y)$ 均为已知连续函数.

方程 (4.2.5) 的求解步骤如下.

(1) 将方程 (4.2.5) 分离变量得

$$\frac{\mathrm{d}y}{g(y)}=f(x)\mathrm{d}x,\quad g(y)\neq 0.$$

(2) 对上式两端分别积分

$$\int\frac{\mathrm{d}y}{g(y)}=\int f(x)\mathrm{d}x,$$

得通解

$$G(y)=F(x)+C,$$

其中 $G(y)$, $F(x)$ 分别是 $\dfrac{1}{g(y)}$ 和 $f(x)$ 的一个原函数, C 为任意常数.

可分离变量的微分方程有时也可写为

$$M_1(x)M_2(y)\mathrm{d}y=N_1(x)N_2(y)\mathrm{d}x,\tag{4.2.6}$$

其中 $M_1(x),M_2(y),N_1(x),N_2(y)$ 均为已知连续函数.

例 1　求微分方程 $\dfrac{\mathrm{d}y}{\mathrm{d}x}=2xy$ 的通解.

解　将方程分离变量得

$$\frac{\mathrm{d}y}{y}=2x\mathrm{d}x,$$

两边积分, 即

$$\int\frac{\mathrm{d}y}{y}=\int 2x\mathrm{d}x,$$

求不定积分, 得

$$\ln|y|=x^2+C_1,$$

从而

$$y=\pm\mathrm{e}^{x^2+C_1}=\pm\mathrm{e}^{C_1}\cdot\mathrm{e}^{x^2}.$$

又 $y\equiv 0$ 也是方程的解, 而 $\pm\mathrm{e}^{C_1}$ 是任意的非零常数, 于是得到所求通解为

$$y=C\mathrm{e}^{x^2},$$

其中 C 为任意常数.

例 2　求微分方程 $(1+y^2)\mathrm{d}x-(1+x^2)\mathrm{d}y=0$ 的通解.

解 将方程变形为

$$(1+y^2)\mathrm{d}x=(1+x^2)\mathrm{d}y,$$

分离变量得

$$\frac{\mathrm{d}y}{1+y^2}=\frac{\mathrm{d}x}{1+x^2},$$

两边积分, 即

$$\int\frac{\mathrm{d}y}{1+y^2}=\int\frac{\mathrm{d}x}{1+x^2},$$

分别求不定积分, 得

$$\arctan y=\arctan x+C,$$

于是所求通解为

$$y=\tan(\arctan x+C).$$

例 3 根据经验知道, 某产品的净利润 y 与广告支出 x 之间有如下关系:

$$\frac{\mathrm{d}y}{\mathrm{d}x}=k(N-y),$$

其中 k,N 都是大于零的常数; 且广告支出为零时, 净利润为 $y_0, 0<y_0<N$, 求净利润函数 $y=y(x)$.

解 将方程分离变量得

$$\frac{\mathrm{d}y}{N-y}=k\mathrm{d}x,$$

两边积分得

$$-\ln|N-y|=kx+C_1,\quad C_1 \text{ 为任意常数}.$$

由于 $N-y>0$, 所以有

$$\ln|N-y|=\ln(N-y)=-kx-C_1.$$

因此, 上式整理得

$$y=N-C\mathrm{e}^{-kx},\quad C=\mathrm{e}^{-C_1}>0.$$

将 $x=0,\ y=y_0$ 代入上式, 得 $C=N-y_0$, 于是, 所求净利润函数为

$$y=N-(N-y_0)\mathrm{e}^{-kx}.$$

由题设可知 $\dfrac{\mathrm{d}y}{\mathrm{d}x}>0$, 表明 $y(x)$ 是关于 x 的单调递增函数; 另一方面, 又有 $\lim\limits_{x\to+\infty}y(x)=N$, 表明随着广告支出的增加, 净利润相应地增加, 并逐渐趋向水平渐近线 $y=N$, 因此, 参数 N 的经济意义是净利润的最大值.

例 4 设雪球在融化时体积的变化率与表面积成比例, 且在融化过程中它始终为球体, 该雪球在开始时的半径为 6 cm, 经过 2 h 后, 其半径缩小为 3 cm, 求雪球的体积随时间变化的关系.

解 设在时刻 t 雪球的体积为 $v(t)$, 表面积为 $s(t)$, 则

$$\frac{\mathrm{d}v(t)}{\mathrm{d}t}=-ks(t),\quad v(0)=\frac{4}{3}\pi6^3=288\pi,\quad v(2)=\frac{4}{3}\pi3^3=36\pi.$$

根据球体的体积和表面积的关系得

$$s(t)=(4\pi)^{\frac{1}{3}}3^{\frac{2}{3}}v^{\frac{2}{3}}(t),$$

因此微分方程可变为

$$\frac{\mathrm{d}v(t)}{\mathrm{d}t}=-k(4\pi)^{\frac{1}{3}}3^{\frac{2}{3}}v^{\frac{2}{3}}(t).$$

令 $a=k(4\pi)^{\frac{1}{3}}3^{\frac{2}{3}}$, 得

$$\frac{\mathrm{d}v(t)}{\mathrm{d}t}=-av^{\frac{2}{3}}(t).$$

分离变量得

$$\frac{\mathrm{d}v(t)}{v^{\frac{2}{3}}(t)}=-a\mathrm{d}t.$$

两边积分得方程的通解为

$$v(t)=\frac{1}{27}(C-at)^3.$$

将初始条件 $v(0)=288\pi$, $v(2)=36\pi$ 代入通解可得

$$C=36\sqrt[3]{\frac{\pi}{6}},\quad a=9\sqrt[3]{\frac{\pi}{6}}.$$

所以

$$v(t)=\frac{\pi}{6}(12-3t)^3,\quad t\in[0,4].$$

4.2.2　齐次微分方程

有些微分方程不像 (4.2.5), (4.2.6) 那样明显地可分离变量, 但是它们可以通过适当的变量代换, 转化为可分离变量的方程. 下面介绍的齐次微分方程就是一种可化为可分离变量的微分方程.

如果一阶微分方程 $y' = f(x,y)$ 中的函数 $f(x,y)$ 可以化为 $\frac{y}{x}$ 的函数, 即微分方程可以写为

$$\frac{\mathrm{d}y}{\mathrm{d}x} = \varphi\left(\frac{y}{x}\right), \tag{4.2.7}$$

则称这种类型的微分方程为**齐次微分方程**, 简称**齐次方程**. "**齐次**" 是指函数 $\varphi\left(\frac{y}{x}\right)$ 的特点.

例如, $\frac{\mathrm{d}y}{\mathrm{d}x} = \frac{xy}{x^2+y^2}$, $\frac{\mathrm{d}y}{\mathrm{d}x} = \frac{y}{x} + \tan\frac{y}{x}$ 都是齐次方程; 而 $\frac{\mathrm{d}y}{\mathrm{d}x} = x + y^2$ 不是齐次方程, 因为其右端不能写成 $\frac{y}{x}$ 的函数.

求解齐次微分方程 (4.2.7) 的步骤如下.

(1) 引进新的变量 $u = \frac{y}{x}$, 即 $y = ux$, 得 $\frac{\mathrm{d}y}{\mathrm{d}x} = x\frac{\mathrm{d}u}{\mathrm{d}x} + u$, 代入齐次微分方程 (4.2.7), 将其化为以下可分离变量的微分方程

$$u + x\frac{\mathrm{d}u}{\mathrm{d}x} = \varphi(u).$$

(2) 将上式分离变量得

$$\frac{\mathrm{d}u}{\varphi(u)-u} = \frac{\mathrm{d}x}{x}, \quad x\left[\varphi(u)-u\right] \neq 0.$$

(3) 两边积分得

$$\int\frac{\mathrm{d}u}{\varphi(u)-u} = \int\frac{\mathrm{d}x}{x},$$

从而可以得到关于函数 u 的通解.

(4) 再将 $u = \frac{y}{x}$ 回代, 即可得到关于函数 y 的通解.

注　作变量替换改变微分方程的形状再去求解, 是解微分方程的一种常用方法, 称为**变量替换法**, 今后将多次运用, 希望读者细心体会.

例 5　求微分方程 $\frac{\mathrm{d}y}{\mathrm{d}x} = 2\sqrt{\frac{y}{x}} + \frac{y}{x}$ 的通解.

解 引进新的变量 $u=\dfrac{y}{x}$, 即 $y=ux$, 有 $\dfrac{\mathrm{d}y}{\mathrm{d}x}=x\dfrac{\mathrm{d}u}{\mathrm{d}x}+u$, 代入原方程, 得

$$u+x\frac{\mathrm{d}u}{\mathrm{d}x}=2\sqrt{u}+u,$$

这就化成了变量分离的微分方程.

分离变量, 得

$$\frac{\mathrm{d}u}{2\sqrt{u}}=\frac{\mathrm{d}x}{x},$$

两边积分, 得

$$\sqrt{u}=\ln|x|+C,$$

从而关于函数 u 的通解为

$$u=(\ln|x|+C)^2.$$

再将 $u=\dfrac{y}{x}$ 代入上式, 还原变量 y, 于是得到原方程的通解为

$$y=x(\ln|x|+C)^2.$$

例 6 求解微分方程 $\dfrac{\mathrm{d}y}{\mathrm{d}x}=\dfrac{y}{x}+\tan\dfrac{y}{x}$, 满足初始条件 $y(1)=\dfrac{\pi}{6}$ 的特解.

解 所求方程为齐次微分方程, 因此引进新的变量 $u=\dfrac{y}{x}$, 即 $y=ux$, 有 $\dfrac{\mathrm{d}y}{\mathrm{d}x}=x\dfrac{\mathrm{d}u}{\mathrm{d}x}+u$, 代入原方程, 得

$$u+x\frac{\mathrm{d}u}{\mathrm{d}x}-u=\tan u,$$

分离变量, 得

$$\frac{\mathrm{d}u}{\tan u}=\frac{\mathrm{d}x}{x},$$

两边积分, 得

$$\ln|\sin u|=\ln|x|+\ln|C|,$$

即

$$\sin u=Cx,$$

再将 $u=\dfrac{y}{x}$ 回代, 则原方程的通解为

$$\sin\frac{y}{x}=Cx.$$

将初始条件 $y(1)=\dfrac{\pi}{6}$ 代入上式, 得 $C=\dfrac{1}{2}$. 因此, 所求微分方程的特解为

$$\sin\frac{y}{x}=\frac{1}{2}x.$$

例 7　某工厂生产某种产品 Q 件时的总成本为 $C=C(Q)$ 单位, 它与边际成本的关系是

$$\frac{\mathrm{d}C}{\mathrm{d}Q}=\frac{C-2Q}{2C-Q}.$$

已知该厂的固定成本是 100 单位, 求总成本函数.

解　原方程可化为

$$\frac{\mathrm{d}C}{\mathrm{d}Q}=\frac{\dfrac{C}{Q}-2}{2\dfrac{C}{Q}-1},$$

这是一个齐次微分方程, 令 $u=\dfrac{C}{Q}$, 得

$$C=u\cdot Q,\quad \frac{\mathrm{d}C}{\mathrm{d}Q}=u+Q\frac{\mathrm{d}u}{\mathrm{d}Q},$$

代入上式, 得

$$u+Q\frac{\mathrm{d}u}{\mathrm{d}Q}=\frac{u-2}{2u-1},$$

分离变量, 得

$$\frac{2u-1}{2u^2-2u+2}\mathrm{d}u=-\frac{1}{Q}\mathrm{d}Q,$$

两边积分, 得

$$\frac{1}{2}\ln(u^2-u+1)=-\ln Q+\ln C_1,$$

即

$$u^2-u+1=\left(\frac{C_1}{Q}\right)^2.$$

再将 $u=\dfrac{C}{Q}$ 代入上式, 整理后可以得到

$$C^2-CQ+Q^2=C_1^2.$$

又因为固定成本是 100, 即 $C(0)=100$, 将其代入上式得 $100^2-100\cdot 0+0^2=C_1^2$, 从而可得 $C_1=100$, 因此, 该工厂的总成本函数为

$$C^2-CQ+Q^2=10000.$$

注 这个结果表明总成本 C 是产量 Q 的隐函数.

在实际运用中还有一类可化为齐次方程的微分方程, 下面介绍给大家.

$$\frac{\mathrm{d}y}{\mathrm{d}x}=\frac{ax+by+c}{a_1x+b_1y+c_1},\quad c^2+c_1^2\neq 0.$$

(1) 若 $\dfrac{a_1}{a}\neq\dfrac{b_1}{b}$, 作变换 $x=X+h, y=Y+k$ (h,k 为待定常数), 故 $\mathrm{d}x=\mathrm{d}X$, $\mathrm{d}y=\mathrm{d}Y$, 原方程化为

$$\frac{\mathrm{d}Y}{\mathrm{d}X}=\frac{aX+bY+ah+bk+c}{a_1X+b_1Y+a_1h+b_1k_1+c_1}.$$

令 $\begin{cases} ah+bk+c=0, \\ a_1h+b_1k+c=0, \end{cases}$ 解出 h,k 的值, 从而将原方程转化成了一个新的齐次方程:

$$\frac{\mathrm{d}Y}{\mathrm{d}X}=\frac{aX+bY}{a_1X+b_1Y}.$$

求出其解后, 将 $X=x-h, Y=y-k$ 代入, 即可得原方程的解.

(2) 若 $\dfrac{a_1}{a}=\dfrac{b_1}{b}=\lambda$, 原方程可化为

$$\frac{\mathrm{d}y}{\mathrm{d}x}=\frac{ax+by+c}{\lambda(ax+by)+c_1}.$$

令 $v=ax+by$, 有

$$\frac{\mathrm{d}v}{\mathrm{d}x}=a+b\frac{\mathrm{d}y}{\mathrm{d}x}.$$

代入上式, 则

$$\frac{\mathrm{d}v}{\mathrm{d}x}=a+b\frac{v+c}{\lambda v+c_1},$$

这是一个可分离变量的微分方程, 求出其解后, 将 $v=ax+by$ 代入, 即可得原方程的解.

注 上述方法可适用于下述更一般的方程

$$\frac{\mathrm{d}y}{\mathrm{d}x}=f\left(\frac{ax+by+c}{a_1x+b_1y+c_1}\right),\quad c^2+c_1^2\neq 0.$$

例 8 求解微分方程 $\begin{cases}\dfrac{\mathrm{d}y}{\mathrm{d}x}=\dfrac{x+y+4}{x-y-6},\\ y(2)=-5.\end{cases}$

解 令 $\begin{cases}h+k+4=0,\\ h-k-6=0.\end{cases}$ 得 $h=1,k=-5$. 令 $x=X+1,y=Y-5$, 得

$$\frac{\mathrm{d}Y}{\mathrm{d}X}=\frac{X+Y}{X-Y}.$$

再令 $Y=Xu$, 得

$$\frac{1-u}{1+u^2}\mathrm{d}u=\frac{\mathrm{d}X}{X},$$

两边积分得

$$\arctan u-\frac{1}{2}\ln(1+u^2)=\ln|CX|.$$

将 $X=x-1,u=\dfrac{y+5}{x-1}$ 代入上式, 得到原方程的通解为

$$\arctan\frac{y+5}{x-1}-\frac{1}{2}\ln\left(1+\left(\frac{y+5}{x-1}\right)^2\right)=\ln|C(x-1)|.$$

将初始条件 $y(2)=-5$ 代入, 得到 $C=1$, 故所求特解为

$$\arctan\frac{y+5}{x-1}=\ln[(x-1)^2+(y+5)^2].$$

4.2.3 一阶线性微分方程

形如

$$\frac{\mathrm{d}y}{\mathrm{d}x}+P(x)y=Q(x)\tag{4.2.8}$$

的微分方程称为**一阶线性微分方程**, 其中函数 $P(x),Q(x)$ 是某一区间 I 上的连续函数. 一阶线性微分方程的一个重要特点是它对于未知函数 y 及其导数都是一次的. 如果右端 $Q(x)\equiv 0$, 则称方程 (4.2.8) 为**一阶齐次线性微分方程**; 否则称方程 (4.2.8) 为**一阶非齐次线性微分方程**. 下面分别讨论它们的解法及一类可化为此类方程的伯努利方程的解法.

1. 一阶齐次线性微分方程

显然, 一阶齐次线性微分方程

$$\frac{\mathrm{d}y}{\mathrm{d}x}+P(x)y=0 \tag{4.2.9}$$

是可分离变量的微分方程, 因此求解一阶齐次线性微分方程的解法为

(1) 分离变量, 得

$$\frac{\mathrm{d}y}{y}=-P(x)\mathrm{d}x;$$

(2) 两边积分, 得

$$\ln|y|=-\int P(x)\mathrm{d}x+\ln|C|,$$

因此得其通解为

$$y=C\mathrm{e}^{-\int P(x)\mathrm{d}x}, \tag{4.2.10}$$

其中 C 是任意常数, 记号 $\int P(x)\mathrm{d}x$ 表示 $P(x)$ 某个确定的原函数.

例 9 求微分方程 $y'+3x^2y=0$ 的通解.

解 所给方程为一阶齐次线性微分方程, 且 $P(x)=3x^2$, 因此由公式 (4.2.10) 可知其通解为

$$y=C\mathrm{e}^{-\int P(x)\mathrm{d}x}=C\mathrm{e}^{-\int 3x^2\mathrm{d}x}=C\mathrm{e}^{-x^3},$$

其中 C 为任意常数.

2. 一阶非齐次线性微分方程

下面介绍求解非齐次方程的 “**常数变易法**”, 即将常数变易为特定函数的方法来求解一阶非齐次线性微分方程

$$\frac{\mathrm{d}y}{\mathrm{d}x}+P(x)y=Q(x). \tag{4.2.11}$$

具体步骤如下.

(1) 将一阶齐次线性微分方程的通解 (4.2.10) 中的 C 换成 x 的未知函数 $u(x)$, 即作变换

$$y=u(x)\mathrm{e}^{-\int P(x)\mathrm{d}x} \tag{4.2.12}$$

得

$$\frac{\mathrm{d}y}{\mathrm{d}x}=u'(x)\mathrm{e}^{-\int P(x)\mathrm{d}x}-u(x)P(x)\mathrm{e}^{-\int P(x)\mathrm{d}x}.$$

(2) 将以上两式代入一阶非齐次线性微分方程 (4.2.11), 得

$$u'(x)\mathrm{e}^{-\int P(x)\mathrm{d}x}-u(x)P(x)\mathrm{e}^{-\int P(x)\mathrm{d}x}+P(x)u(x)\mathrm{e}^{-\int P(x)\mathrm{d}x}=Q(x),$$

即

$$u'(x)\mathrm{e}^{-\int P(x)\mathrm{d}x}=Q(x),$$

从而得

$$u'(x)=Q(x)\mathrm{e}^{\int P(x)\mathrm{d}x}.$$

(3) 将上式两边积分, 得

$$u(x)=\int Q(x)\mathrm{e}^{\int P(x)\mathrm{d}x}\mathrm{d}x+C.$$

(4) 再将上式代入 (4.2.12), 便得一阶非齐次线性微分方程 (4.2.11) 的通解为

$$y=\left(\int Q(x)\mathrm{e}^{\int P(x)\mathrm{d}x}\mathrm{d}x+C\right)\mathrm{e}^{-\int P(x)\mathrm{d}x}, \tag{4.2.13}$$

也可将通解写为两项之和

$$y=C\mathrm{e}^{-\int P(x)\mathrm{d}x}+\mathrm{e}^{-\int P(x)\mathrm{d}x}\int Q(x)\mathrm{e}^{\int P(x)\mathrm{d}x}\mathrm{d}x. \tag{4.2.14}$$

显然, 在 (4.2.14) 中, 右端第一项为一阶齐次线性微分方程 (4.2.9) 的通解, 第二项为一阶非齐次线性微分方程 (4.2.11) 的一个特解 (在通解 (4.2.13) 中取 $C=0$ 便得到这个特解). 从而可以得到以下结论.

一阶非齐次线性微分方程的通解等于其对应的一阶齐次线性微分方程的通解与非齐次线性微分方程的一个特解之和.

例 10 求微分方程 $y'+y=2x$ 的通解.

解 **方法 1** 这是一个一阶非齐次线性微分方程, 且 $P(x)=1,\ Q(x)=2x$, 因此代入通解公式 (4.2.13), 得

$$\begin{aligned}y&=\left(\int Q(x)\mathrm{e}^{\int P(x)\mathrm{d}x}\mathrm{d}x+C\right)\mathrm{e}^{-\int P(x)\mathrm{d}x}\\&=\left(\int 2x\mathrm{e}^{\int 1\mathrm{d}x}\mathrm{d}x+C\right)\mathrm{e}^{-\int 1\mathrm{d}x}\end{aligned}$$

$$
\begin{aligned}
&= \left(\int 2x\mathrm{e}^x \mathrm{d}x + C\right)\mathrm{e}^{-x}\\
&= (2x\mathrm{e}^x - 2\mathrm{e}^x + C)\mathrm{e}^{-x}\\
&= 2x - 2 + C\mathrm{e}^{-x} \quad (C\ \text{为任意常数}).
\end{aligned}
$$

方法 2 该方程也可以用常数变易法来求解. 因为它对应的齐次方程为

$$y' + y = 0,$$

它的通解为

$$y = C\mathrm{e}^{-x}.$$

令 $y = u(x)\mathrm{e}^{-x}$ 为原方程的解, 代入原方程有

$$u'(x)\mathrm{e}^{-x} + u(x)(-\mathrm{e}^{-x}) + u(x)\mathrm{e}^{-x} = 2x,$$

整理得 $u'(x) = 2x\mathrm{e}^x$, 两边积分得

$$u(x) = 2x\mathrm{e}^x - 2\mathrm{e}^x + C \quad (C\ \text{为任意常数}).$$

因此原方程的通解为

$$y = 2x - 2 + C\mathrm{e}^{-x} \quad (C\ \text{为任意常数}).$$

例 11 求微分方程 $\dfrac{\mathrm{d}y}{\mathrm{d}x} = \dfrac{y}{y-x}$ (其中 $y > 0$) 的通解.

解 若将 y 作为 x 的函数, 该微分方程不是线性微分方程, 但是若将 x 作为 y 的函数, 则原微分方程可化为

$$\frac{\mathrm{d}x}{\mathrm{d}y} + \frac{1}{y}x = 1,$$

这是一个关于 $x = x(y)$ 的一阶非齐次线性微分方程, 其中 $P(y) = \dfrac{1}{y}, Q(y) = 1$. 因此代入通解公式 (4.2.13), 得

$$
\begin{aligned}
x &= \left(\int Q(y)\mathrm{e}^{\int P(y)\mathrm{d}y}\mathrm{d}y + C\right)\mathrm{e}^{-\int P(y)\mathrm{d}y}\\
&= \left(\int \mathrm{e}^{\int \frac{1}{y}\mathrm{d}y}\mathrm{d}y + C\right)\mathrm{e}^{-\int \frac{1}{y}\mathrm{d}y}
\end{aligned}
$$

$$
\begin{aligned}
&= \left(\int \mathrm{e}^{\ln y}\mathrm{d}y + C\right)\mathrm{e}^{-\ln y}\\
&= \left(\int y\mathrm{d}y + C\right)\frac{1}{y}\\
&= \left(\frac{y^2}{2} + C\right)\frac{1}{y},
\end{aligned}
$$

因此, 原方程的通解为

$$xy - \frac{y^2}{2} = C.$$

同样该方程也可以用常数变易法求解, 以下为了方便起见, 我们都采用代公式的方法直接求一阶非齐次线性微分方程的解.

例 12　求微分方程 $y' - \dfrac{2y}{x+1} = (x+1)^3$ 满足初始条件 $y(0) = 1$ 的特解.

解　这是一个一阶非齐次线性微分方程, 其中 $P(x) = \dfrac{-2}{x+1}, Q(x) = (x+1)^3$. 代入通解公式 (4.2.13), 得

$$
\begin{aligned}
y &= \left(\int Q(x)\mathrm{e}^{\int P(x)\mathrm{d}x}\mathrm{d}x + C\right)\mathrm{e}^{-\int P(x)\mathrm{d}x}\\
&= \left(\int (x+1)^3\mathrm{e}^{\int \frac{-2}{x+1}\mathrm{d}x}\mathrm{d}x + C\right)\mathrm{e}^{-\int \frac{-2}{x+1}\mathrm{d}x}\\
&= \left(\int (x+1)^3\mathrm{e}^{-\ln(x+1)^2}\mathrm{d}x + C\right)\mathrm{e}^{\ln(x+1)^2}\\
&= \left(\int (x+1)\mathrm{d}x + C\right)(x+1)^2\\
&= \left(\frac{1}{2}(x+1)^2 + C\right)(x+1)^2\\
&= \frac{1}{2}(x+1)^4 + C(x+1)^2,
\end{aligned}
$$

再将初始条件 $y(0) = 1$ 代入上式, 得 $C = \dfrac{1}{2}$, 从而特解为 $y = \dfrac{1}{2}(x+1)^4 + \dfrac{1}{2}(x+1)^2$.

例 13　求一曲线的方程, 该曲线通过原点, 并且它在点 (x, y) 处的切线斜率等于 $2x + y$.

解　设所求曲线的方程为 $y = f(x)$. 根据导数的几何意义, 可知未知函数

$y = f(x)$ 应满足关系式

$$\frac{\mathrm{d}y}{\mathrm{d}x} = 2x + y. \tag{4.2.15}$$

此外, 未知函数 $y = f(x)$ 还应满足下列条件:

$$当\ x = 0\ 时, \quad y = 0.$$

显然, (4.2.15) 是一个一阶非齐次线性微分方程, 其中 $P(x) = -1, Q(x) = 2x$. 代入通解公式 (4.2.13), 得

$$\begin{aligned} y &= \left(\int Q(x)\mathrm{e}^{\int P(x)\mathrm{d}x}\mathrm{d}x + C\right)\mathrm{e}^{-\int P(x)\mathrm{d}x} \\ &= \left(\int 2x\mathrm{e}^{\int -1\mathrm{d}x}\mathrm{d}x + C\right)\mathrm{e}^{-\int -1\mathrm{d}x} \\ &= \left(\int 2x\mathrm{e}^{-x}\mathrm{d}x + C\right)\mathrm{e}^{x} \\ &= (-2x\mathrm{e}^{-x} - 2\mathrm{e}^{-x} + C)\mathrm{e}^{x} \\ &= -2x - 2 + C\mathrm{e}^{x}. \end{aligned}$$

再将条件 $x = 0$ 时, $y = 0$ 代入上式, 得 $0 = 0 - 2 + C$, 从而可得 $C = 2$. 因此所求曲线方程为

$$y = 2(-1 - x + \mathrm{e}^{-x}).$$

例 14 (伊万斯价格调整模型) 设某种商品的特定市场需求 D 与供给 S 都是价格 P 的线性函数, 它们分别是

$$D(t) = a_0 + a_1 P(t), \quad a_1 < 0,$$

$$S(t) = b_0 + b_1 P(t), \quad b_1 > 0.$$

在市场的整个供求时间 t 内, 价格的变化率与过度需求 $D - S$ 成正比, 这意味着正的过度需求使价格上升, 负的过度需求使价格下降, 即

$$\frac{\mathrm{d}P}{\mathrm{d}t} = k(D - S), \quad k > 0.$$

试讨论价格函数 $P(t)$.

解 由题意可知

$$\frac{\mathrm{d}P}{\mathrm{d}t}=k(D-S)=k(a_0+a_1P-b_0-b_1P),$$

即

$$\frac{\mathrm{d}P}{\mathrm{d}t}+k(b_1-a_1)P=k(a_0-b_0).$$

这是一个一阶非齐次线性微分方程, 利用通解公式 (4.2.13), 得

$$\begin{aligned}P&=\left(\int k(a_0-b_0)\mathrm{e}^{\int k(b_1-a_1)\mathrm{d}t}\mathrm{d}t+C\right)\mathrm{e}^{-\int k(b_1-a_1)\mathrm{d}t}\\&=\left(\int k(a_0-b_0)\mathrm{e}^{k(b_1-a_1)t}\mathrm{d}t+C\right)\mathrm{e}^{-k(b_1-a_1)t}\\&=\left(\frac{a_0-b_0}{b_1-a_1}\mathrm{e}^{k(b_1-a_1)t}+C\right)\mathrm{e}^{-k(b_1-a_1)t}\\&=\frac{a_0-b_0}{b_1-a_1}+C\mathrm{e}^{-k(b_1-a_1)t},\end{aligned}$$

其中 C 是任意常数.

3. 伯努利方程

在实际运用中还有一类可化为线性方程的非线性微分方程——伯努利方程, 下面介绍给大家.

形如

$$\frac{\mathrm{d}y}{\mathrm{d}x}=P(x)y+Q(x)y^n \tag{4.2.16}$$

的微分方程称为**伯努利方程**, 其中 $n\neq 0,1$. 下面讨论它的解法.

将方程的各项同乘以 y^{-n}, 得

$$y^{-n}\frac{\mathrm{d}y}{\mathrm{d}x}=P(x)y^{1-n}+Q(x). \tag{4.2.17}$$

令 $z=y^{1-n}$, 则有

$$\frac{\mathrm{d}z}{\mathrm{d}x}=(1-n)y^{-n}\frac{\mathrm{d}y}{\mathrm{d}x},\quad \frac{1}{(1-n)}\frac{\mathrm{d}z}{\mathrm{d}x}=y^{-n}\frac{\mathrm{d}y}{\mathrm{d}x},$$

因此, 式 (4.2.17) 恒等变形为

$$\frac{\mathrm{d}z}{\mathrm{d}x}=(1-n)P(x)z+(1-n)Q(x).$$

这是一个一阶非齐次线性微分方程, 求出其通解后再还原变量 $z=y^{1-n}$, 从而可得原方程的通解为

$$y^{1-n}=\mathrm{e}^{\int(1-n)P(x)\mathrm{d}x}\left(\int(1-n)Q(x)\mathrm{e}^{-\int(1-n)P(x)\mathrm{d}x}\mathrm{d}x+C\right).$$

例 15 解微分方程 $xy'+y=xy^2\ln x$.

解 将方程改写为

$$y^{-2}y'+\frac{1}{x}y^{-1}=\ln x,$$

令 $z=y^{-1}$, 则原方程可化为

$$\frac{\mathrm{d}z}{\mathrm{d}x}-\frac{1}{x}z=-\ln x.$$

这是一个一阶非齐次线性微分方程, 其通解为

$$\begin{aligned}z&=\mathrm{e}^{\int\frac{1}{x}\mathrm{d}x}\left(\int(-\ln x)\mathrm{e}^{-\int\frac{1}{x}\mathrm{d}x}\mathrm{d}x+C\right)=x\left(\int-\frac{\ln x}{x}\mathrm{d}x+C\right)\\&=x\left(-\frac{1}{2}(\ln x)^2+C\right).\end{aligned}$$

将 $z=y^{-1}$ 代入, 得到原方程的隐式通解为

$$\frac{1}{y}=x\left(-\frac{1}{2}(\ln x)^2+C\right).$$

例 16 求微分方程 $y'-3xy=xy^2$ 的通解.

解 方程两端除以 y^2, 得

$$\frac{1}{y^2}\frac{\mathrm{d}y}{\mathrm{d}x}-3x\frac{1}{y}=x,\quad \text{即}\ -\frac{\mathrm{d}(y^{-1})}{\mathrm{d}x}-3xy^{-1}=x,$$

令 $z=y^{-1}$, 则上述方程变为

$$\frac{\mathrm{d}z}{\mathrm{d}x}+3xz=-x.$$

这是一个一阶线性微分方程, 它的通解为

$$z=\mathrm{e}^{-\int 3x\mathrm{d}x}\left(\int(-x)\cdot\mathrm{e}^{\int 3x\mathrm{d}x}\mathrm{d}x+C\right)=\mathrm{e}^{-\frac{3}{2}x^2}\left(-\frac{1}{3}\mathrm{e}^{\frac{3}{2}x^2}+C\right)=C\mathrm{e}^{-\frac{3}{2}x^2}-\frac{1}{3}.$$

以 y^{-1} 代 z, 即得原方程的通解

$$\frac{1}{y}=C\mathrm{e}^{-\frac{3}{2}x^2}-\frac{1}{3},\quad 即\ y\left(C\mathrm{e}^{-\frac{3}{2}x^2}-\frac{1}{3}\right)=1.$$

利用变量代换, 把一个微分方程化为变量可分离微分方程或一阶线性微分方程等已知其求解步骤的微分方程, 这是解微分方程最常用的方法, 以下举例说明.

例 17 求微分方程 $y'=(x+y)^2$ 的通解.

解 令 $u=x+y$, 则有 $y=u-x, \dfrac{\mathrm{d}y}{\mathrm{d}x}=\dfrac{\mathrm{d}u}{\mathrm{d}x}-1$, 代入原方程得

$$\frac{\mathrm{d}u}{\mathrm{d}x}-1=u^2,$$

分离变量, 得

$$\mathrm{d}x=\frac{\mathrm{d}u}{1+u^2},$$

两边积分, 得

$$x=\arctan u+C,$$

将 $u=x+y$ 代入上式, 得原方程的通解为

$$x=\arctan(x+y)+C,\quad 即\ y=\tan(x-C)-x.$$

习 题 4.2

A 组

1. 求下列微分方程的通解:

(1) $\dfrac{\mathrm{d}y}{\mathrm{d}x}=\dfrac{1+3x^2}{1+3y^2}$;

(2) $\dfrac{\mathrm{d}y}{\mathrm{d}x}=-\dfrac{x}{y}$;

(3) $(xy^2+x)\mathrm{d}x+(y-x^2y)\mathrm{d}y=0$;

(4) $y'=\dfrac{y}{y+x}\ (y>0)$;

(5) $y'=\mathrm{e}^{\frac{y}{x}}+\dfrac{y}{x}$;

(6)$y^2+x^2\dfrac{\mathrm{d}y}{\mathrm{d}x}=xy\dfrac{\mathrm{d}y}{\mathrm{d}x}$;

(7) $\dfrac{\mathrm{d}y}{\mathrm{d}x}+2xy=2x$;

(8) $xy'+y=x^2+3x+2$;

(9) $xy'-3y=x^4\mathrm{e}^x$ (其中 $x>0$).

2. 求下列微分方程满足所给初始条件的特解:

(1) $x\mathrm{d}y+2y\mathrm{d}x=0,\ \ y(2)=1$;

(2) $xy'-y=2,\ \ y(1)=3$;

(3) $\dfrac{\mathrm{d}x}{y}+\dfrac{\mathrm{d}y}{x}=0,\ \ y(3)=4$;

(4) $y'=\dfrac{x}{y}+\dfrac{y}{x},\ \ y(1)=2$;

(5) $(x^2+y^2)\mathrm{d}y=xy\mathrm{d}x,\ \ y(1)=1$;

(6) $\dfrac{\mathrm{d}y}{\mathrm{d}x}+3y=8x,\ \ y(0)=2$;

(7) $xy'+y=3x$, 其中 $x>0, y(1)=0$;

(8) $\dfrac{\mathrm{d}y}{\mathrm{d}x}-2xy=x\mathrm{e}^{-x^2}$, $y(0)=1$;

(9) $y'-\dfrac{1}{x}y=-\dfrac{2}{x}\ln x$, $y(1)=1$.

3. 某林区现有木材 10 万立方米, 如果在每一瞬时木材的变化率与当时木材数成正比, 假使 10 年内该林区能有木材 20 万立方米, 试确定木材数 m 与时间 t 的关系.

4. 在某池塘内养鱼, 该池塘最多能养鱼 1000 尾, 在时刻 t, 鱼数 y 是时间 t 的函数 $y=y(t)$, 其变化率与池塘内鱼数 y 和池塘内还能容纳的鱼数 $1000-y$ 的乘积成正比. 已知在池塘内放养鱼 100 尾, 3 个月后池塘内有鱼 250 尾, 求放养 t 月后池塘内鱼数 $y(t)$ 的函数表达式.

5. 设 $y=f_1(x)$ 与 $y=f_2(x)$ 分别是方程

$$y'+P(x)y=Q_1(x) \quad 与 \quad y'+P(x)y=Q_2(x)$$

的解. 证明: $y=f_1(x)+f_2(x)$ 是方程

$$y'+P(x)y=Q_1(x)+Q_2(x)$$

的解.

B 组

1. (　　) 不是变量可分离微分方程.

A. $y'=\dfrac{1+y}{1+x}$

B. $y'=\dfrac{y-x}{y-1}$

C. $y^2\mathrm{d}x+x^2\mathrm{d}y=0$

D. $\dfrac{\mathrm{d}x}{y}+\dfrac{\mathrm{d}y}{x}=0$

2. (　　) 是一阶线性微分方程.

A. $x^2y'=y$

B. $y'=y^2$

C. $y'=\dfrac{1}{y}+x$

D. $y'=\mathrm{e}^y$

3. 求下列各微分方程的通解或在初始条件下的特解:

(1) $\left(1+x^2\right)\dfrac{\mathrm{d}y}{\mathrm{d}x}-y\ln y=0$;

(2) $y'+y\cos x=\mathrm{e}^{-\sin x}$;

(3) $xy'-x\tan\dfrac{y}{x}-y=0$;

(4) $(x-y-1)\mathrm{d}x+(4y+x-1)\mathrm{d}y=0$;

(5) $\dfrac{\mathrm{d}y}{\mathrm{d}x}+y=y^2(\cos x-\sin x)$;

(6) $\dfrac{\mathrm{d}x}{\mathrm{d}y}=\dfrac{x}{y}+\cos^2\dfrac{x}{y}$, $y(0)=1$;

(7) $\left(xy^2+x\right)\mathrm{d}x+\left(x^2y-y\right)\mathrm{d}y=0, y(0)=1$;

(8) $y'+y\cos x=\sin x\cos x$, $y(0)=1$;

(9) $(x+y)\mathrm{d}x+(3x+3y-4)\mathrm{d}y=0, y(0)=3$;

(10) $\dfrac{\mathrm{d}y}{\mathrm{d}x}-y=xy^5, y(0)=1$.

4. 某公司办公用品的月平均成本 C 与公司雇佣人数 x 有如下关系:

$$C'=\mathrm{e}^{-x}-2C \quad 且 \quad C(0)=2,$$

求 $C(x)$.

本章内容小结

本章的主要内容有

(1) 微分方程及阶的概念; 微分方程的解、通解、特解的概念; 微分方程的定解条件、初始条件、初值问题的概念; 积分曲线的概念; 线性和非线性微分方程、齐次和非齐次微分方程的概念.

(2) 几种常见的一阶微分方程的概念和求解: 变量可分离的微分方程的求解; 齐次微分方程的求解; 一阶线性微分方程的求解.

学习中要注意的几点.

(1) 一阶微分方程的解题步骤一般为

① 观察微分方程, 判断它属于哪一种类型;

② 根据不同类型, 确定微分方程的求解最终是化为可分离变量的微分方程还是一阶线性微分方程, 再根据具体的微分方程选择相应的求解方法或作适当的变量替换后进行求解;

③ 若求解中作了变量替换, 得出的解最后应作变量还原得原方程的解.

(2) 应用微分方程解应用问题的步骤:

① 建立微分方程要根据题意, 搞清问题所涉及的变量的意义, 建立相应的微分方程;

② 要分析问题所涉及的条件, 列出初始条件;

③ 应用适当的变量代换或直接判断微分方程的类型采用相应的方法进行求解.

(3) 关于微分方程解的几点说明:

① 微分方程的通解中一定含有任意常数;

② 微分方程的特解中不含任意常数;

③ 利用初始条件确定了通解中的任意常数后便得到特解.

微分方程简介及其在生活中的应用

参 考 文 献

陈吉象. 2003. 文科数学基础. 北京: 高等教育出版社

邓乐斌. 2004. 高等数学的基本概念与方法. 武汉: 华中科技大学出版社

菲赫金哥尔茨 Γ M. 2006. 微积分学教程. 8 版. 杨弢亮, 叶彦谦, 译. 北京: 高等教育出版社

韩旭里. 2008. 微积分. 北京: 科学出版社

李心灿. 2007. 微积分的创立者及其先驱. 3 版. 北京: 高等教育出版社

梁宗巨. 1980. 世界数学史简编. 沈阳: 辽宁人民出版社

罗定军, 盛立人. 2005. 高等数学. 北京: 化学工业出版社

上海大学理学院数学系. 2004. 文科高等数学. 上海: 上海大学出版社

上海交通大学数学系. 2006. 高等数学. 上海: 上海交通大学出版社

同济大学数学科学学院. 2023. 高等数学. 8 版. 北京: 高等教育出版社

汪国柄. 2005. 大学文科数学. 北京: 清华大学出版社

吴传生. 2003. 经济数学—微积分. 北京: 高等教育出版社

吴文俊. 1995. 世界著名数学家传记. 北京: 科学出版社

向熙廷, 周维楚. 2000. 大学数学教程. 长沙: 湖南科学技术出版社

姚孟臣. 1997. 大学文科高等数学. 北京: 高等教育出版社

张从军, 王育全, 李辉, 等. 2003. 微积分. 上海: 复旦大学出版社

张金清. 2002. 微积分. 北京: 高等教育出版社

张顺燕. 2000. 数学的源与流. 北京: 高等教育出版社

赵树嫄. 2007. 微积分. 3 版. 北京: 中国人民大学出版社

周勇. 微积分. 2007. 北京: 科学出版社

Apostol T M. 1967. Calculus. 2nd ed. New York: John Wiley & Sons, Inc.

Apostol T M. 2004. 数学分析 (英文版). 2 版. 北京: 机械工业出版社

Rudin W. 1976. Principles of Mathematical Analysis. 3rd ed. New York: McGraw-Hill, Inc.

Zakon E. 2004. Mathematical Analysis. Indiana: The Trillia Group West Lafayette

Zorich V A. 2004. Mathematical Analysis. Heidelberg: Springer

附　　录

附录 1　常见的数学公式、符号与希腊字母

一、几个重要的数学符号

$\sum$: 连加符号, 例如, $a_1 + a_2 + \cdots + a_n$ 可记作 $\sum_{k=1}^{n} a_k$.

$\prod$: 连乘符号, 例如, $a_1 \cdot a_2 \cdot \cdots \cdot a_n$ 可记作 $\prod_{k=1}^{n} a_k$.

$\mathbf{N}^+$: 表示所有大于零的自然数集.

C_n^k: 组合数, 表示 $\mathrm{C}_n^k = \dfrac{n(n-1)\cdots(n-k+1)}{k!}$, 例如 $\mathrm{C}_4^2 = \dfrac{4 \times 3}{2!} = 6$.

二、三角函数公式

1. 积化和差公式:

(1) $\sin\alpha\cos\beta = \dfrac{1}{2}[\sin(\alpha+\beta) + \sin(\alpha-\beta)]$;

(2) $\cos\alpha\sin\beta = \dfrac{1}{2}[\sin(\alpha+\beta) - \sin(\alpha-\beta)]$;

(3) $\cos\alpha\cos\beta = \dfrac{1}{2}[\cos(\alpha+\beta) + \cos(\alpha-\beta)]$;

(4) $\sin\alpha\sin\beta = -\dfrac{1}{2}[\cos(\alpha+\beta) - \cos(\alpha-\beta)]$.

2. 和差化积公式:

(1) $\sin\alpha + \sin\beta = 2\sin\dfrac{\alpha+\beta}{2}\cos\dfrac{\alpha-\beta}{2}$;

(2) $\sin\alpha - \sin\beta = 2\cos\dfrac{\alpha+\beta}{2}\sin\dfrac{\alpha-\beta}{2}$;

(3) $\cos\alpha + \cos\beta = 2\cos\dfrac{\alpha+\beta}{2}\cos\dfrac{\alpha-\beta}{2}$;

(4) $\cos\alpha - \cos\beta = -2\sin\dfrac{\alpha+\beta}{2}\sin\dfrac{\alpha-\beta}{2}$.

三、几个重要的不等式

(1) $||a| - |b|| \leqslant |a \pm b| \leqslant |a| + |b|$;

(2) $(ac+bd)^2 \leqslant (a^2+b^2)(c^2+d^2)$;

(3) $\dfrac{a+b}{2} \geqslant \sqrt{ab}\,(a>0, b>0)$.

四、几个重要的恒等式

(1) $(a+b)^n = \mathrm{C}_n^0 a^n + \mathrm{C}_n^1 a^{n-1}b + \mathrm{C}_n^2 a^{n-2}b^2 + \cdots + \mathrm{C}_n^k a^{n-k}b^k + \cdots + \mathrm{C}_n^n b^n$;

(2) $a^n - b^n = (a-b)(a^{n-1} + a^{n-2}b + \cdots + b^{n-1})$;

(3) $\log_a N = \dfrac{\log_m N}{\log_m a}$ ($a>0$, 且 $a \neq 1$,$m>0$, 且 $m \neq 1$,$N>0$).

五、希腊字母及其读音

大写	小写	英文注音	中文注音
A	α	alpha	阿尔法
B	β	beta	贝塔
Γ	γ	gamma	伽马
Δ	δ	delta	德耳塔
E	ε	epsilon	艾普西隆
Z	ζ	zeta	截塔
H	η	eta	艾塔
Θ	θ	theta	西塔
I	ι	iota	约塔
K	κ	kappa	卡帕
Λ	λ	lambda	兰布达
M	μ	mu	米尤
N	ν	nu	纽
Ξ	ξ	xi	克西
O	o	omicron	奥麦克容
Π	π	pi	派
P	ρ	rho	洛
Σ	σ	sigma	西格马
T	τ	tau	陶
Υ	υ	upsilon	宇普西隆
Φ	φ, ϕ	phi	斐
X	χ	chi	喜
Ψ	ψ	psi	普西
Ω	ω	omega	奥米伽

附录 2　常用积分公式

一、含有 $ax+b$ 的积分 $(a \neq 0)$

1. $\displaystyle\int \frac{\mathrm{d}x}{ax+b} = \frac{1}{a}\ln|ax+b| + C$

2. $\int (ax+b)^{\mu}\mathrm{d}x = \frac{1}{a(\mu+1)}(ax+b)^{\mu+1} + C\ (\mu \neq -1)$

3. $\int \frac{x}{ax+b}\mathrm{d}x = \frac{1}{a^2}(ax+b-b\ln|ax+b|) + C$

4. $\int \frac{x^2}{ax+b}\mathrm{d}x = \frac{1}{a^3}\left[\frac{1}{2}(ax+b)^2 - 2b(ax+b) + b^2\ln|ax+b|\right] + C$

5. $\int \frac{\mathrm{d}x}{x(ax+b)} = -\frac{1}{b}\ln\left|\frac{ax+b}{x}\right| + C$

6. $\int \frac{\mathrm{d}x}{x^2(ax+b)} = -\frac{1}{bx} + \frac{a}{b^2}\ln\left|\frac{ax+b}{x}\right| + C$

7. $\int \frac{x}{(ax+b)^2}\mathrm{d}x = \frac{1}{a^2}\left(\ln|ax+b| + \frac{b}{ax+b}\right) + C$

8. $\int \frac{x^2}{(ax+b)^2}\mathrm{d}x = \frac{1}{a^3}\left(ax+b-2b\ln|ax+b| - \frac{b^2}{ax+b}\right) + C$

9. $\int \frac{\mathrm{d}x}{x(ax+b)^2} = \frac{1}{b(ax+b)} - \frac{1}{b^2}\ln\left|\frac{ax+b}{x}\right| + C$

二、含有 $\sqrt{ax+b}$ 的积分

10. $\int \sqrt{ax+b}\,\mathrm{d}x = \frac{2}{3a}\sqrt{(ax+b)^3} + C$

11. $\int x\sqrt{ax+b}\,\mathrm{d}x = \frac{2}{15a^2}(3ax-2b)\sqrt{(ax+b)^3} + C$

12. $\int x^2\sqrt{ax+b}\,\mathrm{d}x = \frac{2}{105a^3}(15a^2x^2 - 12abx + 8b^2)\sqrt{(ax+b)^3} + C$

13. $\int \frac{x}{\sqrt{ax+b}}\mathrm{d}x = \frac{2}{3a^2}(ax-2b)\sqrt{ax+b} + C$

14. $\int \frac{x^2}{\sqrt{ax+b}}\mathrm{d}x = \frac{2}{15a^3}(3a^2x^2 - 4abx + 8b^2)\sqrt{ax+b} + C$

15. $$\int \frac{\mathrm{d}x}{x\sqrt{ax+b}} = \begin{cases} \frac{1}{\sqrt{b}}\ln\left|\frac{\sqrt{ax+b}-\sqrt{b}}{\sqrt{ax+b}+\sqrt{b}}\right| + C & (b>0) \\ \frac{2}{\sqrt{-b}}\arctan\sqrt{\frac{ax+b}{-b}} + C & (b<0) \end{cases}$$

16. $\int \frac{\mathrm{d}x}{x^2\sqrt{ax+b}} = -\frac{\sqrt{ax+b}}{bx} - \frac{a}{2b}\int \frac{\mathrm{d}x}{x\sqrt{ax+b}}$

17. $\int \frac{\sqrt{ax+b}}{x}\mathrm{d}x = 2\sqrt{ax+b} + b\int \frac{\mathrm{d}x}{x\sqrt{ax+b}}$

18. $\int \frac{\sqrt{ax+b}}{x^2}\mathrm{d}x = -\frac{\sqrt{ax+b}}{x} + \frac{a}{2}\int \frac{\mathrm{d}x}{x\sqrt{ax+b}}$

三、含有 $x^2 \pm a^2$ 的积分

19. $\int \frac{\mathrm{d}x}{x^2+a^2} = \frac{1}{a}\arctan\frac{x}{a} + C$

20. $\int \frac{\mathrm{d}x}{(x^2+a^2)^n} = \frac{x}{2(n-1)a^2(x^2+a^2)^{n-1}} + \frac{2n-3}{2(n-1)a^2}\int \frac{\mathrm{d}x}{(x^2+a^2)^{n-1}}$

21. $\int \frac{\mathrm{d}x}{x^2-a^2} = \frac{1}{2a}\ln\left|\frac{x-a}{x+a}\right| + C$

四、含有 $ax^2+b\,(a>0)$ 的积分

22. $\int \frac{\mathrm{d}x}{ax^2+b} = \begin{cases} \frac{1}{\sqrt{ab}}\arctan\sqrt{\frac{a}{b}}x + C, & b>0 \\ \frac{1}{2\sqrt{-ab}}\ln\left|\frac{\sqrt{a}x-\sqrt{-b}}{\sqrt{a}x+\sqrt{-b}}\right| + C, & b<0 \end{cases}$

23. $\int \frac{x}{ax^2+b}\mathrm{d}x = \frac{1}{2a}\ln\left|ax^2+b\right| + C$

24. $\int \frac{x^2}{ax^2+b}\mathrm{d}x = \frac{x}{a} - \frac{b}{a}\int \frac{\mathrm{d}x}{ax^2+b}$

25. $\int \frac{\mathrm{d}x}{x(ax^2+b)} = \frac{1}{2b}\ln\frac{x^2}{|ax^2+b|} + C$

26. $\int \frac{\mathrm{d}x}{x^2(ax^2+b)} = -\frac{1}{bx} - \frac{a}{b}\int \frac{\mathrm{d}x}{ax^2+b}$

27. $\int \frac{\mathrm{d}x}{x^3(ax^2+b)} = \frac{a}{2b^2}\ln\frac{|ax^2+b|}{x^2} - \frac{1}{2bx^2} + C$

28. $\int \frac{\mathrm{d}x}{(ax^2+b)^2} = \frac{x}{2b(ax^2+b)} + \frac{1}{2b}\int \frac{\mathrm{d}x}{ax^2+b}$

五、含有 $ax^2+bx+c\,(a>0)$ 的积分

29. $\int \frac{\mathrm{d}x}{ax^2+bx+c} = \begin{cases} \frac{2}{\sqrt{4ac-b^2}}\arctan\frac{2ax+b}{\sqrt{4ac-b^2}} + C, & b^2<4ac \\ \frac{1}{\sqrt{b^2-4ac}}\ln\left|\frac{2ax+b-\sqrt{b^2-4ac}}{2ax+b+\sqrt{b^2-4ac}}\right| + C, & b^2>4ac \end{cases}$

30. $\int \frac{x}{ax^2+bx+c}\mathrm{d}x = \frac{1}{2a}\ln\left|ax^2+bx+c\right| - \frac{b}{2a}\int \frac{\mathrm{d}x}{ax^2+bx+c}$

六、含有 $\sqrt{x^2+a^2}\,(a>0)$ 的积分

31. $\int \frac{\mathrm{d}x}{\sqrt{x^2+a^2}} = \operatorname{arsh}\frac{x}{a} + C_1 = \ln(x+\sqrt{x^2+a^2}) + C$

32. $\int \frac{\mathrm{d}x}{\sqrt{(x^2+a^2)^3}} = \frac{x}{a^2\sqrt{x^2+a^2}} + C$

33. $\int \frac{x}{\sqrt{x^2+a^2}}\mathrm{d}x = \sqrt{x^2+a^2} + C$

34. $\int \frac{x}{\sqrt{(x^2+a^2)^3}}\mathrm{d}x = -\frac{1}{\sqrt{x^2+a^2}} + C$

35. $\int \frac{x^2}{\sqrt{x^2+a^2}}\mathrm{d}x = \frac{x}{2}\sqrt{x^2+a^2} - \frac{a^2}{2}\ln(x+\sqrt{x^2+a^2}) + C$

36. $\int \frac{x^2}{\sqrt{(x^2+a^2)^3}}\mathrm{d}x = -\frac{x}{\sqrt{x^2+a^2}} + \ln(x+\sqrt{x^2+a^2}) + C$

37. $\int \frac{\mathrm{d}x}{x\sqrt{x^2+a^2}} = \frac{1}{a}\ln\frac{\sqrt{x^2+a^2}-a}{|x|} + C$

38. $\int \frac{\mathrm{d}x}{x^2\sqrt{x^2+a^2}} = -\frac{\sqrt{x^2+a^2}}{a^2x} + C$

39. $\int \sqrt{x^2+a^2}\mathrm{d}x = \frac{x}{2}\sqrt{x^2+a^2} + \frac{a^2}{2}\ln(x+\sqrt{x^2+a^2}) + C$

40. $\int \sqrt{(x^2+a^2)^3}\mathrm{d}x = \frac{x}{8}(2x^2+5a^2)\sqrt{x^2+a^2} + \frac{3}{8}a^4\ln(x+\sqrt{x^2+a^2}) + C$

41. $\int x\sqrt{x^2+a^2}\mathrm{d}x = \frac{1}{3}\sqrt{(x^2+a^2)^3} + C$

42. $\int x^2\sqrt{x^2+a^2}\mathrm{d}x = \frac{x}{8}(2x^2+a^2)\sqrt{x^2+a^2} - \frac{a^4}{8}\ln(x+\sqrt{x^2+a^2}) + C$

43. $\int \frac{\sqrt{x^2+a^2}}{x}\mathrm{d}x = \sqrt{x^2+a^2} + a\ln\frac{\sqrt{x^2+a^2}-a}{|x|} + C$

44. $\int \frac{\sqrt{x^2+a^2}}{x^2}\mathrm{d}x = -\frac{\sqrt{x^2+a^2}}{x} + \ln(x+\sqrt{x^2+a^2}) + C$

七、含有 $\sqrt{x^2-a^2}\,(a>0)$ 的积分

45. $\int \frac{\mathrm{d}x}{\sqrt{x^2-a^2}} = \ln\left|x+\sqrt{x^2-a^2}\right| + C$

46. $\int \frac{\mathrm{d}x}{\sqrt{(x^2-a^2)^3}} = -\frac{x}{a^2\sqrt{x^2-a^2}} + C$

47. $\int \frac{x}{\sqrt{x^2-a^2}}\mathrm{d}x = \sqrt{x^2-a^2} + C$

48. $\int \frac{x}{\sqrt{(x^2-a^2)^3}}\mathrm{d}x = -\frac{1}{\sqrt{x^2-a^2}} + C$

49. $\int \frac{x^2}{\sqrt{x^2-a^2}}\mathrm{d}x = \frac{x}{2}\sqrt{x^2-a^2} + \frac{a^2}{2}\ln\left|x+\sqrt{x^2-a^2}\right| + C$

50. $\int \frac{x^2}{\sqrt{(x^2-a^2)^3}}\mathrm{d}x = -\frac{x}{\sqrt{x^2-a^2}} + \ln\left|x+\sqrt{x^2-a^2}\right| + C$

51. $\int \frac{\mathrm{d}x}{x\sqrt{x^2-a^2}} = \frac{1}{a}\arccos\frac{a}{|x|} + C$

52. $\int \frac{\mathrm{d}x}{x^2\sqrt{x^2-a^2}} = \frac{\sqrt{x^2-a^2}}{a^2x} + C$

53. $\int \sqrt{x^2-a^2}\mathrm{d}x = \frac{x}{2}\sqrt{x^2-a^2} - \frac{a^2}{2}\ln\left|x+\sqrt{x^2-a^2}\right| + C$

54. $\int \sqrt{(x^2-a^2)^3}\mathrm{d}x = \frac{x}{8}(2x^2-5a^2)\sqrt{x^2-a^2} + \frac{3}{8}a^4\ln\left|x+\sqrt{x^2-a^2}\right| + C$

55. $\int x\sqrt{x^2-a^2}\mathrm{d}x = \frac{1}{3}\sqrt{(x^2-a^2)^3} + C$

56. $\int x^2\sqrt{x^2-a^2}\mathrm{d}x = \frac{x}{8}(2x^2-a^2)\sqrt{x^2-a^2} - \frac{a^4}{8}\ln\left|x+\sqrt{x^2-a^2}\right| + C$

57. $\int \frac{\sqrt{x^2-a^2}}{x}\mathrm{d}x = \sqrt{x^2-a^2} - a\arccos\frac{a}{|x|} + C$

58. $\int \frac{\sqrt{x^2-a^2}}{x^2}\mathrm{d}x = -\frac{\sqrt{x^2-a^2}}{x} + \ln\left|x+\sqrt{x^2-a^2}\right| + C$

八、含有 $\sqrt{a^2-x^2}\,(a>0)$ 的积分

59. $\int \frac{\mathrm{d}x}{\sqrt{a^2-x^2}} = \arcsin\frac{x}{a} + C$

60. $\int \frac{\mathrm{d}x}{\sqrt{(a^2-x^2)^3}} = \frac{x}{a^2\sqrt{a^2-x^2}} + C$

61. $\int \frac{x}{\sqrt{a^2-x^2}}\mathrm{d}x = -\sqrt{a^2-x^2} + C$

62. $\int \frac{x}{\sqrt{(a^2-x^2)^3}}\mathrm{d}x = \frac{1}{\sqrt{a^2-x^2}} + C$

63. $\int \frac{x^2}{\sqrt{a^2-x^2}}\mathrm{d}x = -\frac{x}{2}\sqrt{a^2-x^2} + \frac{a^2}{2}\arcsin\frac{x}{a} + C$

64. $\int \frac{x^2}{\sqrt{(a^2-x^2)^3}}\mathrm{d}x = \frac{x}{\sqrt{a^2-x^2}} - \arcsin\frac{x}{a} + C$

65. $\int \frac{dx}{x\sqrt{a^2-x^2}} = \frac{1}{a}\ln\frac{a-\sqrt{a^2-x^2}}{|x|}+C$

66. $\int \frac{dx}{x^2\sqrt{a^2-x^2}} = -\frac{\sqrt{a^2-x^2}}{a^2x}+C$

67. $\int \sqrt{a^2-x^2}dx = \frac{x}{2}\sqrt{a^2-x^2}+\frac{a^2}{2}\arcsin\frac{x}{a}+C$

68. $\int \sqrt{(a^2-x^2)^3}dx = \frac{x}{8}(5a^2-2x^2)\sqrt{a^2-x^2}+\frac{3}{8}a^4\arcsin\frac{x}{a}+C$

69. $\int x\sqrt{a^2-x^2}dx = -\frac{1}{3}\sqrt{(a^2-x^2)^3}+C$

70. $\int x^2\sqrt{a^2-x^2}dx = \frac{x}{8}(2x^2-a^2)\sqrt{a^2-x^2}+\frac{a^4}{8}\arcsin\frac{x}{a}+C$

71. $\int \frac{\sqrt{a^2-x^2}}{x}dx = \sqrt{a^2-x^2}+a\ln\frac{a-\sqrt{a^2-x^2}}{|x|}+C$

72. $\int \frac{\sqrt{a^2-x^2}}{x^2}dx = -\frac{\sqrt{a^2-x^2}}{x}-\arcsin\frac{x}{a}+C$

九、含有 $\sqrt{\pm ax^2+bx+c}\,(a>0)$ 的积分

73. $\int \frac{dx}{\sqrt{ax^2+bx+c}} = \frac{1}{\sqrt{a}}\ln\left|2ax+b+2\sqrt{a}\sqrt{ax^2+bx+c}\right|+C$

74. $\int \sqrt{ax^2+bx+c}dx = \frac{2ax+b}{4a}\sqrt{ax^2+bx+c}$

$$+\frac{4ac-b^2}{8\sqrt{a^3}}\ln\left|2ax+b+2\sqrt{a}\sqrt{ax^2+bx+c}\right|+C$$

75. $\int \frac{x}{\sqrt{ax^2+bx+c}}dx = \frac{1}{a}\sqrt{ax^2+bx+c}$

$$-\frac{b}{2\sqrt{a^3}}\ln\left|2ax+b+2\sqrt{a}\sqrt{ax^2+bx+c}\right|+C$$

76. $\int \frac{dx}{\sqrt{c+bx-ax^2}} = -\frac{1}{\sqrt{a}}\arcsin\frac{2ax-b}{\sqrt{b^2+4ac}}+C$

77. $\int \sqrt{c+bx-ax^2}dx = \frac{2ax-b}{4a}\sqrt{c+bx-ax^2}$

$$+\frac{b^2+4ac}{8\sqrt{a^3}}\arcsin\frac{2ax-b}{\sqrt{b^2+4ac}}+C$$

78. $\int \frac{x}{\sqrt{c+bx-ax^2}}dx = -\frac{1}{a}\sqrt{c+bx-ax^2}+\frac{b}{2\sqrt{a^3}}\arcsin\frac{2ax-b}{\sqrt{b^2+4ac}}+C$

十、含有 $\sqrt{\pm\dfrac{x-a}{x-b}}$ 或 $\sqrt{(x-a)(b-x)}$ 的积分

79. $\displaystyle\int\sqrt{\frac{x-a}{x-b}}\mathrm{d}x=(x-b)\sqrt{\frac{x-a}{x-b}}+(b-a)\ln(\sqrt{|x-a|}+\sqrt{|x-b|})+C$

80. $\displaystyle\int\sqrt{\frac{x-a}{b-x}}\mathrm{d}x=(x-b)\sqrt{\frac{x-a}{b-x}}+(b-a)\arcsin\sqrt{\frac{x-a}{b-x}}+C$

81. $\displaystyle\int\frac{\mathrm{d}x}{\sqrt{(x-a)(b-x)}}=2\arcsin\sqrt{\frac{x-a}{b-x}}+C\quad(a<b)$

82. $$\int\sqrt{(x-a)(b-x)}\mathrm{d}x=\frac{2x-a-b}{4}\sqrt{(x-a)(b-x)}+\frac{(b-a)^2}{4}\arcsin\sqrt{\frac{x-a}{b-x}}+C\quad(a<b)$$

十一、含有三角函数的积分

83. $\displaystyle\int\sin x\mathrm{d}x=-\cos x+C$

84. $\displaystyle\int\cos x\mathrm{d}x=\sin x+C$

85. $\displaystyle\int\tan x\mathrm{d}x=-\ln|\cos x|+C$

86. $\displaystyle\int\cot x\mathrm{d}x=\ln|\sin x|+C$

87. $\displaystyle\int\sec x\mathrm{d}x=\ln\left|\tan\left(\frac{\pi}{4}+\frac{x}{2}\right)\right|+C=\ln|\sec x+\tan x|+C$

88. $\displaystyle\int\csc x\mathrm{d}x=\ln\left|\tan\frac{x}{2}\right|+C=\ln|\csc x-\cot x|+C$

89. $\displaystyle\int\sec^2 x\mathrm{d}x=\tan x+C$

90. $\displaystyle\int\csc^2 x\mathrm{d}x=-\cot x+C$

91. $\displaystyle\int\sec x\tan x\mathrm{d}x=\sec x+C$

92. $\displaystyle\int\csc x\cot x\mathrm{d}x=-\csc x+C$

93. $\displaystyle\int\sin^2 x\mathrm{d}x=\frac{x}{2}-\frac{1}{4}\sin 2x+C$

94. $\displaystyle\int\cos^2 x\mathrm{d}x=\frac{x}{2}+\frac{1}{4}\sin 2x+C$

95. $\int \sin^n x\mathrm{d}x = -\frac{1}{n}\sin^{n-1}x\cos x + \frac{n-1}{n}\int \sin^{n-2}x\mathrm{d}x$

96. $\int \cos^n x\mathrm{d}x = \frac{1}{n}\cos^{n-1}x\sin x + \frac{n-1}{n}\int \cos^{n-2}x\mathrm{d}x$

97. $\int \frac{\mathrm{d}x}{\sin^n x} = -\frac{1}{n-1}\cdot\frac{\cos x}{\sin^{n-1}x} + \frac{n-2}{n-1}\int \frac{\mathrm{d}x}{\sin^{n-2}x}$

98. $\int \frac{\mathrm{d}x}{\cos^n x} = \frac{1}{n-1}\cdot\frac{\sin x}{\cos^{n-1}x} + \frac{n-2}{n-1}\int \frac{\mathrm{d}x}{\cos^{n-2}x}$

99. $$\begin{aligned}\int \cos^m x\sin^n x\mathrm{d}x &= \frac{1}{m+n}\cos^{m-1}x\sin^{n+1}x + \frac{m-1}{m+n}\int \cos^{m-2}x\sin^n x\mathrm{d}x \\ &= -\frac{1}{m+n}\cos^{m+1}x\sin^{n-1}x + \frac{n-1}{m+n}\int \cos^m x\sin^{n-2}x\mathrm{d}x\end{aligned}$$

100. $\int \sin ax\cos bx\mathrm{d}x = -\frac{1}{2(a+b)}\cos(a+b)x - \frac{1}{2(a-b)}\cos(a-b)x + C$

101. $\int \sin ax\sin bx\mathrm{d}x = -\frac{1}{2(a+b)}\sin(a+b)x + \frac{1}{2(a-b)}\sin(a-b)x + C$

102. $\int \cos ax\cos bx\mathrm{d}x = \frac{1}{2(a+b)}\sin(a+b)x + \frac{1}{2(a-b)}\sin(a-b)x + C$

103. $\int \frac{\mathrm{d}x}{a+b\sin x} = \frac{2}{\sqrt{a^2-b^2}}\arctan\frac{a\tan\frac{x}{2}+b}{\sqrt{a^2-b^2}} + C \quad (a^2>b^2)$

104. $\int \frac{\mathrm{d}x}{a+b\sin x} = \frac{1}{\sqrt{b^2-a^2}}\ln\left|\frac{a\tan\frac{x}{2}+b-\sqrt{b^2-a^2}}{a\tan\frac{x}{2}+b+\sqrt{b^2-a^2}}\right| + C \quad (a^2<b^2)$

105. $\int \frac{\mathrm{d}x}{a+b\cos x} = \frac{2}{a+b}\sqrt{\frac{a+b}{a-b}}\arctan\left(\sqrt{\frac{a-b}{a+b}}\tan\frac{x}{2}\right) + C \quad (a^2>b^2)$

106. $\int \frac{\mathrm{d}x}{a+b\cos x} = \frac{1}{a+b}\sqrt{\frac{a+b}{b-a}}\ln\left|\frac{\tan\frac{x}{2}+\sqrt{\frac{a+b}{b-a}}}{\tan\frac{x}{2}-\sqrt{\frac{a+b}{b-a}}}\right| + C \quad (a^2<b^2)$

107. $\int \frac{\mathrm{d}x}{a^2\cos^2 x+b^2\sin^2 x} = \frac{1}{ab}\arctan\left(\frac{b}{a}\tan x\right) + C$

108. $\int \frac{\mathrm{d}x}{a^2\cos^2 x-b^2\sin^2 x} = \frac{1}{2ab}\ln\left|\frac{b\tan x+a}{b\tan x-a}\right| + C$

109. $\int x\sin ax\mathrm{d}x = \frac{1}{a^2}\sin ax - \frac{1}{a}x\cos ax + C$

110. $\int x^2\sin ax\mathrm{d}x = -\frac{1}{a}x^2\cos ax + \frac{2}{a^2}x\sin ax + \frac{2}{a^3}\cos ax + C$

111. $\int x\cos ax\mathrm{d}x=\frac{1}{a^2}\cos ax+\frac{1}{a}x\sin ax+C$

112. $\int x^2\cos ax\mathrm{d}x=\frac{1}{a}x^2\sin ax+\frac{2}{a^2}x\cos ax-\frac{2}{a^3}\sin ax+C$

十二、含有反三角函数的积分 (其中 $a>0$)

113. $\int \arcsin\frac{x}{a}\mathrm{d}x=x\arcsin\frac{x}{a}+\sqrt{a^2-x^2}+C$

114. $\int x\arcsin\frac{x}{a}\mathrm{d}x=\left(\frac{x^2}{2}-\frac{a^2}{4}\right)\arcsin\frac{x}{a}+\frac{x}{4}\sqrt{a^2-x^2}+C$

115. $\int x^2\arcsin\frac{x}{a}\mathrm{d}x=\frac{x^3}{3}\arcsin\frac{x}{a}+\frac{1}{9}(x^2+2a^2)\sqrt{a^2-x^2}+C$

116. $\int \arccos\frac{x}{a}\mathrm{d}x=x\arccos\frac{x}{a}-\sqrt{a^2-x^2}+C$

117. $\int x\arccos\frac{x}{a}\mathrm{d}x=\left(\frac{x^2}{2}-\frac{a^2}{4}\right)\arccos\frac{x}{a}-\frac{x}{4}\sqrt{a^2-x^2}+C$

118. $\int x^2\arccos\frac{x}{a}\mathrm{d}x=\frac{x^3}{3}\arccos\frac{x}{a}-\frac{1}{9}(x^2+2a^2)\sqrt{a^2-x^2}+C$

119. $\int \arctan\frac{x}{a}\mathrm{d}x=x\arctan\frac{x}{a}-\frac{a}{2}\ln(a^2+x^2)+C$

120. $\int x\arctan\frac{x}{a}\mathrm{d}x=\frac{1}{2}(a^2+x^2)\arctan\frac{x}{a}-\frac{a}{2}x+C$

121. $\int x^2\arctan\frac{x}{a}\mathrm{d}x=\frac{x^3}{3}\arctan\frac{x}{a}-\frac{a}{6}x^2+\frac{a^3}{6}\ln(a^2+x^2)+C$

十三、含有指数函数的积分

122. $\int a^x\mathrm{d}x=\frac{1}{\ln a}a^x+C$

123. $\int \mathrm{e}^{ax}\mathrm{d}x=\frac{1}{a}\mathrm{e}^{ax}+C$

124. $\int x\mathrm{e}^{ax}\mathrm{d}x=\frac{1}{a^2}(ax-1)\mathrm{e}^{ax}+C$

125. $\int x^n\mathrm{e}^{ax}\mathrm{d}x=\frac{1}{a}x^n\mathrm{e}^{ax}-\frac{n}{a}\int x^{n-1}\mathrm{e}^{ax}\mathrm{d}x$

126. $\int xa^x\mathrm{d}x=\frac{x}{\ln a}a^x-\frac{1}{(\ln a)^2}a^x+C$

127. $\int x^na^x\mathrm{d}x=\frac{1}{\ln a}x^na^x-\frac{n}{\ln a}\int x^{n-1}a^x\mathrm{d}x$

128. $\int \mathrm{e}^{ax}\sin bx\mathrm{d}x=\frac{1}{a^2+b^2}\mathrm{e}^{ax}(a\sin bx-b\cos bx)+C$

129. $\int e^{ax}\cos bx\mathrm{d}x=\frac{1}{a^2+b^2}e^{ax}(b\sin bx+a\cos bx)+C$

130. $\int e^{ax}\sin^n bx\mathrm{d}x=\frac{1}{a^2+b^2n^2}e^{ax}\sin^{n-1}bx(a\sin bx-nb\cos bx)$

$$+\frac{n(n-1)b^2}{a^2+b^2n^2}\int e^{ax}\sin^{n-2}bx\mathrm{d}x$$

131. $\int e^{ax}\cos^n bx\mathrm{d}x=\frac{1}{a^2+b^2n^2}e^{ax}\cos^{n-1}bx(a\cos bx+nb\sin bx)$

$$+\frac{n(n-1)b^2}{a^2+b^2n^2}\int e^{ax}\cos^{n-2}bx\mathrm{d}x$$

十四、含有对数函数的积分

132. $\int \ln x\mathrm{d}x=x\ln x-x+C$

133. $\int \frac{\mathrm{d}x}{x\ln x}=\ln|\ln x|+C$

134. $\int x^n\ln x\mathrm{d}x=\frac{1}{n+1}x^{n+1}\left(\ln x-\frac{1}{n+1}\right)+C$

135. $\int(\ln x)^n\mathrm{d}x=x(\ln x)^n-n\int(\ln x)^{n-1}\mathrm{d}x$

136. $\int x^m(\ln x)^n\mathrm{d}x=\frac{1}{m+1}x^{m+1}(\ln x)^n-\frac{n}{m+1}\int x^m(\ln x)^{n-1}\mathrm{d}x$

十五、定积分

137. $\int_{-\pi}^{\pi}\cos nx\mathrm{d}x=\int_{-\pi}^{\pi}\sin nx\mathrm{d}x=0$

138. $\int_{-\pi}^{\pi}\cos mx\sin nx\mathrm{d}x=0$

139. $\int_{-\pi}^{\pi}\cos mx\cos nx\mathrm{d}x=\begin{cases}0, & m\neq n\\ \pi, & m=n\end{cases}$

140. $\int_{-\pi}^{\pi}\sin mx\sin nx\mathrm{d}x=\begin{cases}0, & m\neq n\\ \pi, & m=n\end{cases}$

141. $\int_0^{\pi}\sin mx\sin nx\mathrm{d}x=\int_0^{\pi}\cos mx\cos nx\mathrm{d}x=\begin{cases}0, & m\neq n\\ \frac{\pi}{2}, & m=n\end{cases}$

142. $I_n=\int_0^{\frac{\pi}{2}}\sin^n x\mathrm{d}x=\int_0^{\frac{\pi}{2}}\cos^n x\mathrm{d}x$

$$I_n \ \frac{n-1}{n} I_{n-2}$$

$$I_n = \frac{n-1}{n} \cdot \frac{n-3}{n-2} \cdot \cdots \cdot \frac{4}{5} \cdot \frac{2}{3}, \qquad n \text{ 为大于 1 的正奇数}, \quad I_1 = 1$$

$$I_n = \frac{n-1}{n} \cdot \frac{n-3}{n-2} \cdot \cdots \cdot \frac{3}{4} \cdot \frac{1}{2} \cdot \frac{\pi}{2}, \qquad n \text{ 为正偶数}, \quad I_0 = \frac{\pi}{2}$$

附录 3　常见曲线及其方程

1. 伯努利双纽线

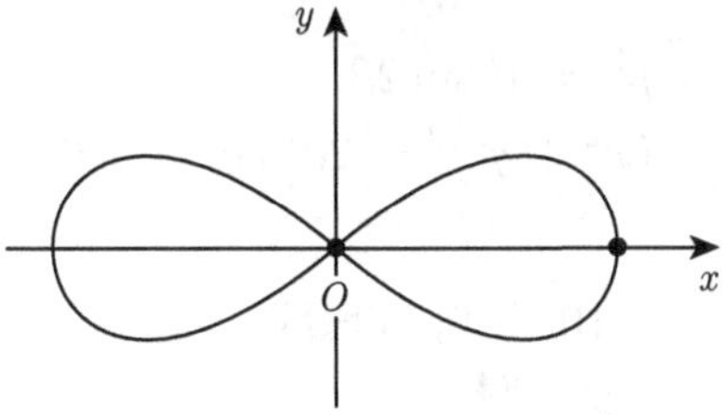

$$\rho^2 = a^2 \cos 2\theta$$

$$(x^2 + y^2)^2 = a^2(x^2 - y^2)$$

2. 摆线

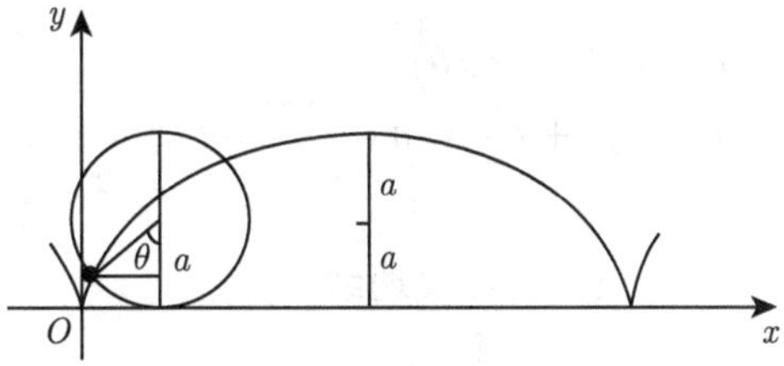

$$\begin{cases} x = a(\theta - \sin\theta) \\ y = a(1 - \cos\theta) \end{cases}$$

3. 阿基米德螺线

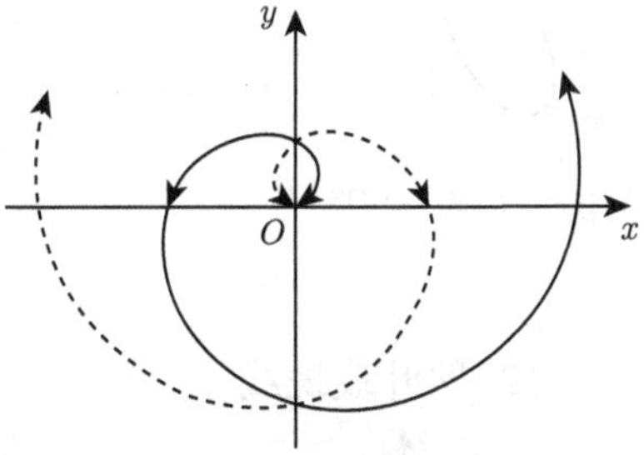

$$\rho = a\theta$$

4. 对数螺线

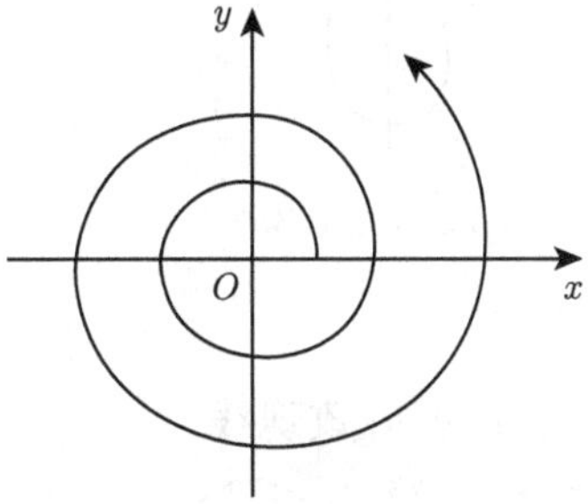

$$\rho = e^{a\theta}$$

5. 星形线

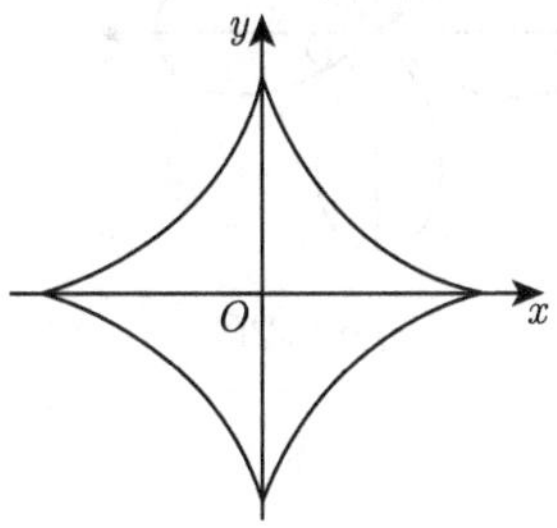

$$x^{\frac{2}{3}} + y^{\frac{2}{3}} = a^{\frac{2}{3}}$$

6. 箕舌线

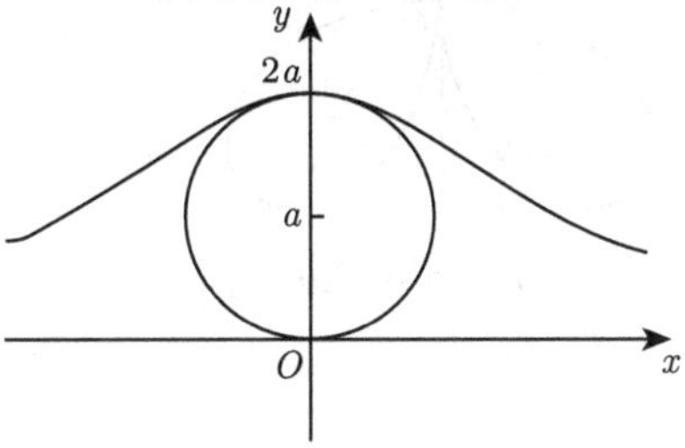

$$y = \frac{8a^3}{x^2 + 4a^2}$$

7. 心形线

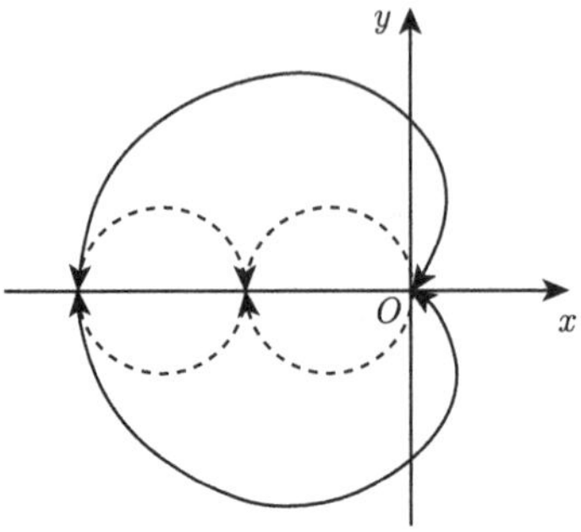

$$\rho = a(1 - \cos\theta)$$
$$x^2 + y^2 + ax = a\sqrt{x^2 + y^2}$$

8. 伯努利双纽线

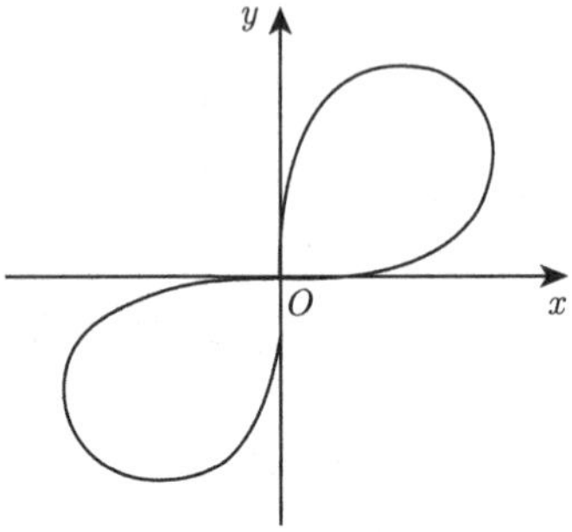

$$\rho^2 = a^2 \sin 2\theta$$
$$(x^2 + y^2)^2 = 2a^2xy$$

9. 三叶玫瑰线

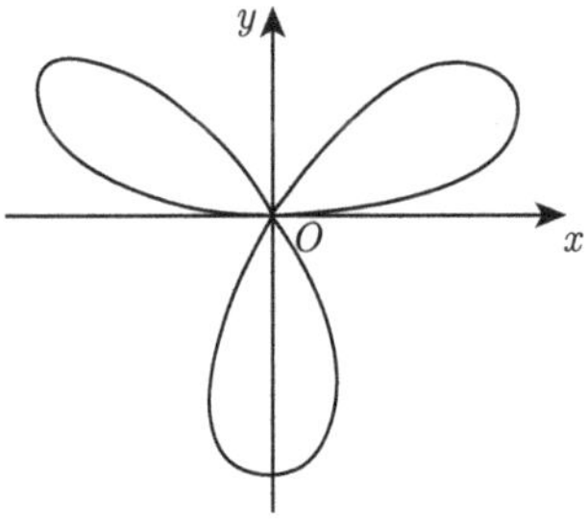

$$\rho = a \sin 3\theta$$

10. 三叶玫瑰线

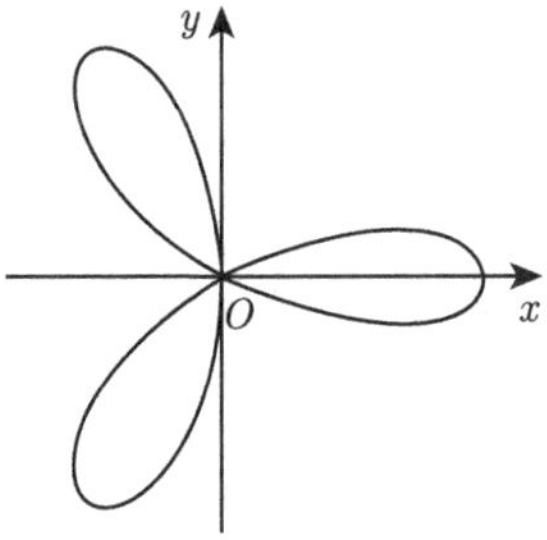

$$\rho = a \cos 3\theta$$

11. 四叶玫瑰线

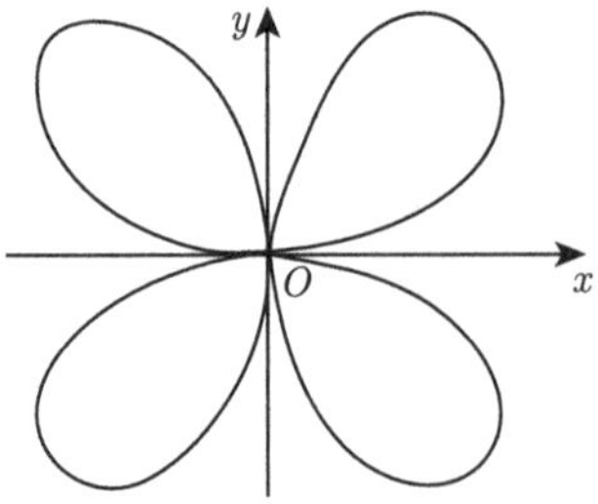

$$\rho = a \sin 2\theta$$

12. 四叶玫瑰线

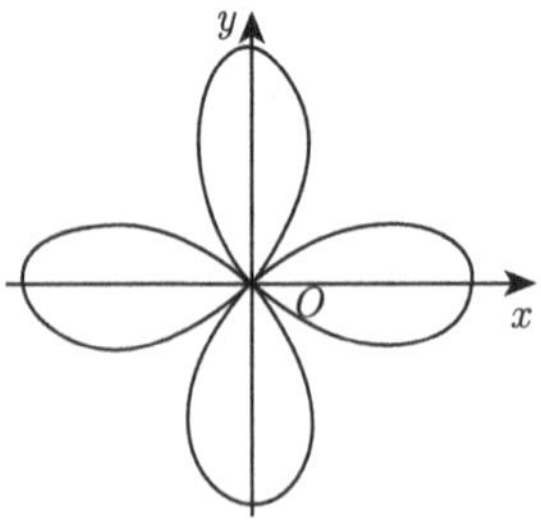

$$\rho = a \cos 2\theta$$

13. 概率曲线

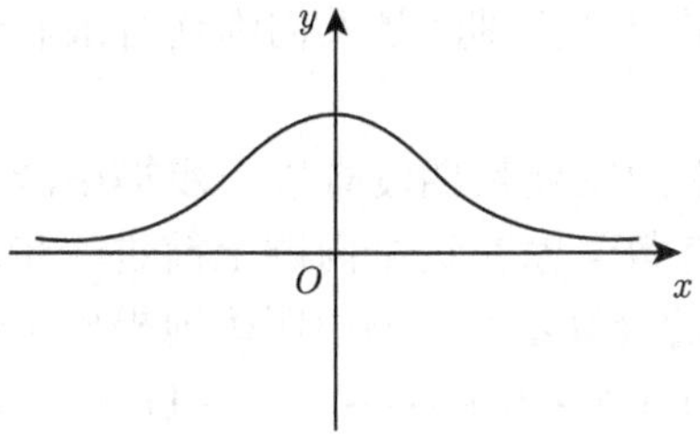

$y = \mathrm{e}^{-x^2}$

14. 蔓叶线

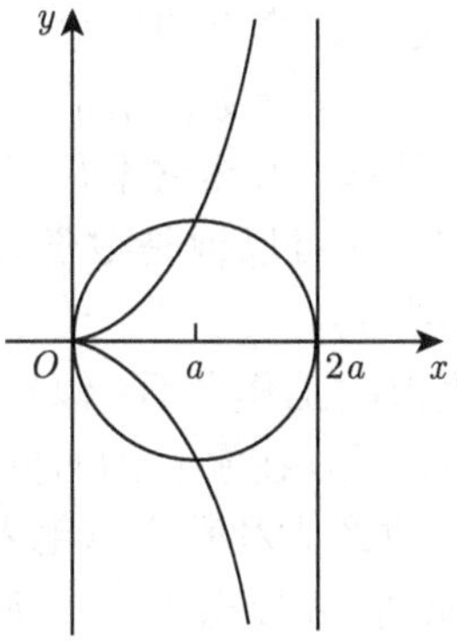

$\sin^2\theta\,(2a - \rho\cos\theta) = \rho\cos^3\theta$

$y^2\,(2a - x) = x^3$

附录 4　数学归纳法

数学归纳法是数学中一种重要的证明方法, 也是数学学习的一个非常重要的内容, 用于证明与无穷的正整数集相关的命题. 但凡涉及无穷, 总会花费数学家大量时间与精力, 去理解并弄清它的真正意义. 普通归纳法与正整数这一最古老的数学概念及“无穷”这个无法直观感觉的概念相结合的“数学归纳法”, 自然也需要一个漫长的认识过程. 数学归纳法在数学中有着广泛的应用, 它是沟通有限和无限的桥梁.

引例 (黑箱摸球)　一个大大的黑箱里装满了小小的乒乓球, 小邓同学从黑箱里第一次摸出的是一个白色的乒乓球, 第二次摸出的也是一个白色的乒乓球, 第三次摸出的还是一个白色的乒乓球, 于是得出结论: 黑箱里装的乒乓球全部是白色的.

请问引例中所得的结论正确吗?

同学们经常会遇到涉及全体正整数的命题, 对待这种问题, 如果要否定它, 只要能举出一个反例即可; 但要证明它, 由于正整数有无穷多个, 若是一个接一个地验证下去, 则世世代代无穷尽焉. 为此数学家想出了一种非常重要的数学方法来解决这类问题, 那就是数学归纳法.

追根溯源, 数学归纳法可以在印度和古希腊时代的著作中找到蛛丝马迹, 例如, 印度婆什迦罗的“循环方法”和欧几里得素数无限的证明中都可以找到这种踪迹: 古希腊数学家欧几里得在他的《几何原本》中采用了近似于数学归纳法的思想. 该书第 9 卷第 20 命题: “素数比任何指定数目都要多.” 即素数无穷. 欧几里得在证明这一命题时采用了独特的“几何”方式, 他把数视为线段: 设有素数 a, b, c, 另设 $d = a \cdot b \cdot c + 1$, 则 d 或是素数或不是素数. 如果 d 是素数, 则 d 是与

a, b, c 三者都不同的素数. 如 d 不是素数, 则它必有素因数 e, 并且 e 与 a, b, c 都不同, 所以一定有比给定的素数更多的素数. 这一证明里隐含了: 若有 n 个素数, 就必然存在 $n+1$ 个素数, 因而自然推出素数有无穷多个. 这是一种试图用有限推导把握无限的做法. 虽然它不是很完善, 但由于它隐含着这个命题, 因此人们还是普遍接受了它. 这可以说是数学归纳法思想产生的早期, 是人们沟通有限和无限的一种初步的尝试.

在欧几里得的工作之后, 似乎是由于数学的发展长期没有进一步提出涉及无穷集合的问题, 所以在漫长的时间岁月中没有数学家在这个问题上前进一步. 直到 16 世纪, 一位意大利数学家毛罗利科在他的《算术》一书中明确地提出了一个 "递归推理" 原则, 并提出了一个例子: "证明 $1+3+5+\cdots+(2n-1)=n^2$ 对任何正整数都成立." 他用这一例子来说明这一原则的应用. 不过他并没有对这一原则作出清晰的表述, 所作的证明也仅限于对 $n=2,3,4$ 时进行的计算. 他如同欧几里得那样, 隐含地表示出原则的必要性. 但由于毛罗利科第一次正式提出这一原则, 并以例子说明, 所以后世认为毛罗利科是第一个正式应用数学归纳法的人. 现代形式的数学归纳法, 很多学者认为明确而清晰地阐述并使用了数学归纳法的是法国数学家、物理学家帕斯卡. 帕斯卡发现了一种后来被称为 "帕斯卡三角形" 的数表, 即二项展开式系数表, 中国称为 "贾宪三角形"(是宋代贾宪于公元 11 世纪最先发现的). 而帕斯卡在研究证明这个算术三角形命题时, 他最先准确而清晰地指出了证明过程所必须且只需的两个步骤, 他称之为第一条引理和第二条引理. 具体内容如下.

第一条引理 该命题对于第一个底 (即 $n=1$) 成立, 这是显然的.

第二条引理 如果该命题对任一底 (对任一 n) 成立, 它必对其下一底 (对 $n+1$) 也成立.

由此可知, 该命题必定对所有的底 (任一 n) 都成立.

帕斯卡的证明方法正是现在的数学归纳法, 他所提出的两个引理就是数学归纳法的两个步骤, 他在 1654 年写出的著作《论算术三角形》中做了详尽的论述. 因此, 在数学史上, 学者认为帕斯卡是现代数学归纳法的创建人. 数学归纳法的完善由于帕斯卡的时代尚没有建立表示正整数的符号, 所以帕斯卡证明的第二步仍然只能以例子来陈述. 1686 年, 瑞士数学家伯努利提出了表示任意正整数的符号, 他在《猜度术》(1713 年出版) 一书中, 给出并使用了现代形式的数学归纳法. 这样, 数学归纳法开始得到世人的承认并得到数学界日益广泛的应用. 后来, 英国逻辑学家、数学家德摩根给出了 "数学归纳法" 的名称. 1889 年, 意大利数学家佩亚诺建立正整数的公理体系时, 把数学归纳法作为正整数的公理之一 (称为递归公理或数学归纳法公理) 确立起来. 至此数学归纳法拥有了坚实的理论基础. 那么数学归纳法与人们通常说的逻辑学中的 "归纳法" 有什么关系呢? 对这一问题曾有过数学归纳法是归纳方法还是演绎方法的争论. 这主要缘于“数学归纳法”的名称有误, 实际上, 它应称为“递归方法”或“递推方法”, 是一种“从 n 过渡到 $n+l$”的证明方法, 与逻辑学中的归纳法没有什么关系. 严格地说, 数学归纳法属于演绎方法: 递归公理是它的一个大前提. 以有限把握无穷数学归纳法中的递推思想在人们的生活实践中经常会遇到. 例如家族的姓氏, 人们知道通常按父系姓氏遗传, 即下一代的姓氏随上一代父亲的姓确定, 并且知道某个家族第一代姓王, 只要明确了这两点, 人们就可以得出结论: 这个家族世世代代都姓王. 再例如, 多米诺骨牌是一种木制、骨制或塑料制成的长方体骨牌, 按一定间距排列成行, 轻轻碰倒第一枚骨牌, 其余的骨牌就会产生连锁反应, 依次全部会倒掉. 这两个事例告诉同学们这样一个道理: 在证明一个包含无穷多个对象的问题时, 不需要也不可能逐个验证下去, 只要能明确肯定两点, 一是问题所指的头一个对象成立, 二是假定某一个对象成立时, 则它的下一个也必然成立, 这两条合起来就足以证明原问题. 数学归纳法就是在这个简单道理的基础上抽象而成的, 它的现代表述是: 证明关于正整数 n 的命题 $P(n)$, 只要一是证明 $P(1)$ 为真; 二是假设 $P(k)$ 为真, 则 $P(k+1)$ 为真. 如果两项都得到了证明, 则 $P(n)$ 为真. 依赖于正整数的命题在数学中普遍存在, 用数学归纳法证明这类命题, 两步缺一不可: 第一步称为奠基, 是基础; 第二步称为归纳, 实际上是证明某种递推关系的存在. 这是以有限来把握无限, 通过有限次的操作来证明关于无限集合的某些命题. 数学界把数学归纳法视为沟通有限和无限的桥梁. 假如没有这个桥梁, 很难想象人类如何认识无限集合问题, 数学的发展也将会大打折扣. 所以, 数学家非常重视并经常使用它, 正是这座桥梁使人类通向了认识的彼岸.

当一个关于正整数 n 的命题 $P(n)$ 满足以下条件时:

(1) 当 $n=1$ 时命题 $P(n)$ 成立;

(2) 当 $n=k$ 时命题 $P(n)$ 成立可推得 $n=k+1$ 时命题 $P(n)$ 成立.

可证得命题 $P(n)$ 对任意正整数 n 成立.

上述形式也称作**第一数学归纳法**.

事实上, 数学归纳法有多种变形形式. 如当 $n=k$ 替换为 $n\leqslant k$ 时称为**第二数学归纳法**.

数学归纳法的两个步骤是:

(1) 证明当 $n=1$ 时命题 $P(n)$ 成立;

(2) 假定当 $n=k$ (或 $n\leqslant k$) 时命题 $P(n)$ 成立, 证明当 $n=k+1$ 时命题 $P(n)$ 成立.

数学归纳法的原理在于: 首先证明在某个起点值时命题成立, 然后证明从一个值到下一个值的过程有效. 当这两点都已经证明, 那么任意值都可以通过反复使用这个方法推导出来.

例 1　对任意正整数 n, 证明: $1+3+5+\cdots+(2n-1)=n^2$.

证　(1) 当 $n=1$ 时, $1=1^2$, 结论成立.

(2) 假定当 $n=k$ 时结论成立, 即

$$1+3+5+\cdots+(2k-1)=k^2.$$

则当 $n=k+1$ 时, 有

$$1+3+5+\cdots+(2k-1)+[2(k+1)-1]=k^2+[2(k+1)-1]=(k+1)^2.$$

故当 $n=k+1$ 时, 结论成立.

因此由数学归纳法可知结论成立.

例 2　对任意正整数 n, 证明: $1+\dfrac{1}{\sqrt{2}}+\dfrac{1}{\sqrt{3}}+\cdots+\dfrac{1}{\sqrt{n}}\leqslant 2\sqrt{n}$.

证　(1) 当 $n=1$ 时, $1<2$, 结论成立.

(2) 假定当 $n=k$ 时结论成立, 即

$$1+\frac{1}{\sqrt{2}}+\frac{1}{\sqrt{3}}+\cdots+\frac{1}{\sqrt{k}}\leqslant 2\sqrt{k}.$$

则当 $n=k+1$ 时, 有

$$1+\frac{1}{\sqrt{2}}+\frac{1}{\sqrt{3}}+\cdots+\frac{1}{\sqrt{k}}+\frac{1}{\sqrt{k+1}}\leqslant 2\sqrt{k}+\frac{1}{\sqrt{k+1}}.$$

又因为

$$\frac{1}{\sqrt{k+1}}=\frac{2}{2\sqrt{k+1}}=\frac{2}{\sqrt{k+1}+\sqrt{k+1}}<\frac{2}{\sqrt{k}+\sqrt{k+1}}=2(\sqrt{k+1}-\sqrt{k}).$$

所以

$$2\sqrt{k}+\frac{1}{\sqrt{k+1}}<2\sqrt{k}+2(\sqrt{k+1}-\sqrt{k})=2\sqrt{k+1}.$$

故当 $n=k+1$ 时, 结论成立.

因此由数学归纳法可知结论成立.

部分习题参考答案